● 地榆，蔷薇科

● 冬凌草，唇形科

● 防风，伞形科

● 粉防己，防己科

● 黄精，百合科

● 黄芩，唇形科

● 藿香，唇形科

● 金银花，忍冬科

● 决明，豆科

● 连浅草（活血丹），唇形科

● 络石，夹竹桃科

● 蔓百部，百部科

● 七叶一枝花，百合科

● 瞿麦，石竹科

● 山茱萸，山茱萸科

● 威灵仙，毛茛科

● 菘蓝（板蓝根），十字花科

● 五味子，五味子科

● 乌头，毛茛科

● 辛夷，木兰科

● 续随子，大戟科

● 野牛膝，苋科

● 益母草，唇形科

● 淫羊藿，小檗科

● 直立百部，百部科

● 紫苏，唇形科

高职高专"十二五"规划教材 药学系列

药用植物学

李利红 罗世炜 曹正明 主编

化学工业出版社

·北京·

本书根据中药材种植员、中药购销员、中药质检工、中药调剂员国家职业资格要求，以理论知识"必需、够用"为原则选取内容，主要包括药用植物显微结构鉴别、器官鉴别、分类鉴别等理论教学内容和13个实践教学项目，并设计了学习要点、知识目标、能力目标、归纳总结、复习与思考栏目；为了满足学生拓展能力培养需要，本书末增加了植物分类检索、药用植物识别彩图等内容，以方便师生课外使用。

　　本书注重职业技能与学科知识的结合，可作为大中专院校中药学、中药资源与开发、生物制药、生物技术及相关专业师生的教材，也可以作为成人教育或本科院校学生的自学参考教材，或作为该领域从业人员和读者的参考书。

图书在版编目（CIP）数据

药用植物学/李利红，罗世炜，曹正明主编 . —北京：
化学工业出版社，2013.3（2024.9重印）
高职高专"十二五"规划教材　药学系列
ISBN 978-7-122-16402-5

Ⅰ.①药…　Ⅱ.①李…②罗…③曹…　Ⅲ.①药用植
物学-高等职业教育-教材　Ⅳ.①Q949.95

中国版本图书馆 CIP 数据核字（2013）第 018290 号

责任编辑：梁静丽　李植峰　　　　　　　　文字编辑：赵爱萍
责任校对：宋　夏　　　　　　　　　　　　装帧设计：关　飞

出版发行：化学工业出版社（北京市东城区青年湖南街 13 号　邮政编码 100011）
印　　装：北京虎彩文化传播有限公司
787mm×1092mm　1/16　印张 14¾　彩插 2　字数 440 千字　2024 年 9 月北京第 1 版第 6 次印刷

购书咨询：010-64518888　　　　　　　　售后服务：010-64518899
网　　址：http://www.cip.com.cn
凡购买本书，如有缺损质量问题，本社销售中心负责调换。

定　　价：45.00 元

《药用植物学》编写人员名单

主　　编 李利红　罗世炜　曹正明

副 主 编 杨军衡　乔卿梅

编写人员（按照姓名汉语拼音排列）

曹正明　（黄冈职业技术学院）

傅　红　（天津生物工程职业技术学院）

李　健　（广西农业职业技术学院）

李利红　（郑州牧业工程高等专科学校）

罗世炜　（襄阳职业技术学院）

乔卿梅　（郑州牧业工程高等专科学校）

孙　玲　（盐城卫生职业技术学院）

谭书贞　（济宁职业技术学院）

杨军衡　（湖南环境生物职业技术学院）

张　瑜　（黑龙江农业职业技术学院）

前　言

　　《药用植物学》是高职高专中药鉴定与质量检测技术、现代中药技术及相关专业的重要专业基础课。按照高职高专教育的培养目标和发展方向，本书在编写过程中，参照国家"中药材种植员"、"中药购销员"、"中药质检工"、"中药调剂员"等工种的职业资格标准，遵循"突出实用、贴近就业、重视实践、融合岗位"的原则，在保证学科系统性的前提下，适当减少了植物分类的理论知识，强化了支撑岗位能力的药用植物鉴别知识和技能。全书分为基础知识和技能训练两大部分，"基础知识"主要包括药用植物细胞和组织、器官、分类等内容，涉及 64 科药用植物的鉴别特征，其中双子叶植物 39科、单子叶植物 12 科，另外还有藻类、菌类、苔藓植物、蕨类、裸子植物等的代表性药用植物，列举了百余种药用植物的图片。技能训练与基础知识相对应，列出了 13 个训练项目，突出了知识和实践的统一，强化了实践能力的提高。

　　本书语言规范，深入浅出。每章设计了"学习要点、知识目标、能力目标"栏目，以方便学生整体把握；"归纳总结"栏目将重要知识点以简单的图表形式展示，有助于学生巩固知识并引导学生掌握正确的学习方法；"复习与思考"栏目便于学生进行自我检测；被子植物分类作为本书的重点，每科植物均配备有朗朗上口的"鉴别要点"，以化繁为简，便于学生记忆；书末的代表性药用植物彩图和植物分类检索表方便学生在课外使用，以拓展学生的实践技能。

　　本书突出职业性与学科性的结合，既可以作为大中专院校中药学、药学、中药资源与开发、生物制药、生物技术等专业的教材，也可以作为成人教育或本科院校学生的自学参考教材，或作为该领域从业人员和读者的参考书。

　　本书由来自 10 所高职高专院校的骨干教师联合编写，彩图部分由郑州牧业工程高等专科学校乔卿梅拍摄提供。在此向大家的辛勤劳动表示感谢。

　　由于编者水平有限，书中的不足与疏漏之处在所难免，欢迎各位读者批评指正。

编　者
2013 年 1 月

目　录

第六章　药用植物学实践技能训练 /163

参考文献 /227

第一章

药用植物的细胞与组织

【学习目标】

通过学习植物细胞和组织的概念、类型及结构特点，掌握药用植物细胞和组织的显微结构和鉴别特征，具备鉴定药用植物各种组织构造的实际能力。

【知识目标】

1. 掌握植物细胞的形态和结构。

2. 熟悉细胞后含物的形态、类型和显微鉴别特征，理解其在生药显微鉴定中的意义。

3. 掌握植物组织的类型、结构特征、分布及相应的生理功能；掌握维管束的概念及种类。

【能力目标】

能够独立完成植物细胞和组织的显微鉴别。

第一节 药用植物的细胞

细胞是构成生物有机体形态结构和生理功能的基本单位。生物有机体除了病毒和类病毒外，都是由细胞构成的。最简单的生物有机体仅由一个细胞构成，各种生命活动都在一个细胞内进行；复杂的生物有机体可由几个到亿万个形态和功能各异的细胞组成，例如海带、蘑菇等低等植物以及所有的高等植物。多细胞生物体中的所有细胞，在结构和功能上密切联系、分工协作，共同完成有机体的各种生命活动。植物的生长、发育和繁殖都是细胞不断进行生命活动的结果。因此，掌握细胞的结构和功能，对于了解植物体生命活动规律有着重要的意义。

一、植物细胞的形状和大小

植物细胞的形状是多种多样的。细胞的形状主要决定于其遗传性、生理机能和所处的位置及其对环境的适应性，常见的有长方形、长柱形、球形、纤维形、多面体形、不规则形、长筒形、长菱形、星形等（图 1-1-1）。

植物细胞一般都较小，直径在 $10\sim100\mu m$，但植物细胞的大小相差很大，细菌的细胞最小，其直径小于 $0.2\mu m$。有的植物细胞比较大，肉眼可直接看到，如番茄、西瓜的成熟果肉细胞，直径可达 $1000\mu m$；苎麻的纤维细胞长度高达 $550mm$。

二、植物细胞的结构

植物细胞虽然形状多样，大小不一，但是一般都有相同的结构，由原生质体和细胞壁两部分组成（植物细胞的显微结构如图 1-1-2 所示）。

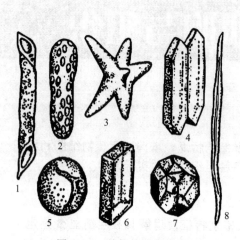

图 1-1-1　植物细胞的形状

1—长筒形；2—长柱形；3—星形；4—长菱形；

5—球形；6—长方形；7—多面体形；8—纤维形

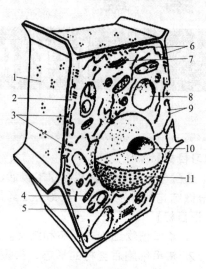

图 1-1-2　植物细胞的亚显微结构立体模式图

1—细胞壁（具有胞间连丝通过的孔）；2—质膜；

3—胞间连丝；4—线粒体；5—前质体；6—内质网；

7—高尔基体；8—液泡；9—微管；10—核仁；11—核膜

（一）原生质体

细胞内具有生命活性的物质称为原生质。原生质是细胞生命活动的物质基础，是一种无色、半透明、具有黏性和弹性的胶体状物质。它的主要成分是蛋白质、核酸、脂类和糖类，此外还含有无机盐和水分。原生质体是由细胞内原生质分化而来的，具有生命活动的各种细胞结构的总称。原生质体是细胞进行各类代谢活动的主要场所，可分为细胞质和细胞核两部分。

1. 细胞质

质膜以内、细胞核以外的原生质叫细胞质。活细胞的细胞质在光学显微镜下呈均匀透明的胶体状态。在年幼的植物细胞内，细胞质充满整个细胞，随着细胞的逐渐长大和大液泡的形成，细胞质便被挤成紧贴细胞壁的一薄层。细胞质包括质膜、细胞器和胞基质三部分。

（1）质膜　植物细胞的细胞质外方与细胞壁紧密相连的一层薄膜，称为质膜或细胞膜。质膜和细胞内的所有膜统称为生物膜。质膜主要是由脂类中的磷脂分子（膜脂）和蛋白质分子（膜蛋白）组成，此外还有少量的糖类等。

质膜的主要功能是控制细胞与外界环境的物质交换。质膜具有"选择透性"，即能让一些物质透过，而另一些物质则不能透过的特性（水分子可以自由通过）。这种选择透性控制着细胞内、外物质的交换，为细胞的生命活动提供了相对稳定的内环境。一旦细胞死亡，膜的这种选择能力也就随之消失。此外，质膜还在细胞识别、细胞内外信息传送等过程中具有重要作用。

（2）细胞器　细胞器是细胞质中具有一定形态和特定生理功能的微结构或微器官。细胞质内有许多细胞器，进行着各种各样的代谢活动。它们悬浮在胞基质中，有的用光学显微镜可以看到，如质体、线粒体、液泡等，有的必须借助于电子显微镜才能观察到，如核糖体、内质网、高尔基体、溶酶体、微体、微管等。

① 质体 质体是植物细胞所特有的结构，通常呈颗粒状分布在细胞质中，在光学显微镜下即可看到。质体主要由蛋白质和类脂组成，是一类合成和积累同化产物的细胞器。根据所含色素的种类和生理机能的不同，质体可分为三种类型：叶绿体、有色体和白色体（图1-1-3）。

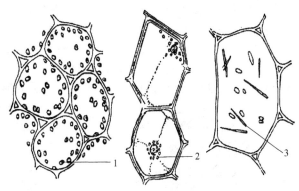

a. 叶绿体 叶绿体存在于植物所有绿色部分的细胞中，一个细胞可含十几个到几百个叶绿体。叶绿体含有绿色的叶绿素（叶绿素a和叶绿素b）和黄色、橙黄色的类胡萝卜素（胡萝卜素和叶黄素），叶绿素的含量往往占总量的2/3，掩盖着其他色素，故叶绿体呈绿色。当营养不良、气温降低或叶片衰老时，叶绿素含量下降，显现类胡萝卜素的颜色，叶片变黄。光学显微镜下叶绿体一般呈扁平的球形或椭圆形，在电子显微镜下可以看到，叶绿体表面由双层膜包被（图1-1-4），双层膜内是基质和分布在基质中的类囊体。

图1-1-3 含有不同类型质体的细胞
1—叶绿体（天竺葵叶）；2—白色体
（紫鸭跖草）；3—有色体（胡萝卜根）

类囊体是由单层膜围成的扁平小囊，也叫片层，常10～100个垛叠在一起形成柱状的基粒（图1-1-4），一个叶绿体内可含有40～60个基粒。组成基粒的类囊体叫基粒类囊体（基粒片层）。基粒与基粒之间也有类囊体相连，这叫基质类囊体（基质片层），叶绿体的色素就分布在类囊体膜上。叶绿体是高等植物进行光合作用的场所。

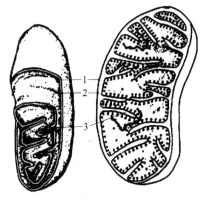

图1-1-4 叶绿体立体结构
1—外膜；2—内膜；3—基粒

b. 有色体 常存在于植物的花瓣（如红花的花瓣）、成熟的果实（如番茄的果实）、胡萝卜的贮藏根等部位。它含有胡萝卜素和叶黄素，由于二者的比例不同，可呈黄色、橙色或橙黄色。有色体的形状多种多样，有球形、椭圆形、多边形及其他不规则形状。有色体能积累淀粉和脂类，还能使花和果实呈现不同的颜色，吸引昆虫，利于传播花粉或种子。

c. 白色体 白色体不含色素，呈无色颗粒状，多存在于幼嫩细胞和根、茎、种子等无色的细胞中及一些植物的表皮中。白色体多呈球形或纺锤形，常聚集在细胞核附近。白色体结构简单，由双层膜包被着不发达的片层和基质构成。白色体的功能是合成和贮藏营养物质。不同类型组织中的白色体其功能有所不同，可分为合成淀粉的造粉体；合成脂肪的造油体；合成贮藏蛋白质的造蛋白体。

在一定条件下，三种质体可以相互转化。例如萝卜的根、马铃薯块茎中的前质体（质体的前身）在见光后变绿，发育成叶绿体，就是白色体在光下转变为叶绿体的缘故。在光下，白色体可以转变成叶绿体；在黑暗中，叶绿体可以转变成白色体。若将在光下生长的植物移到暗处，植物的颜色由绿变黄，出现黄化现象。有色体一般认为不是由前质体直接发育而来的，它是由白色体或叶绿体转变而成。例如番茄果实在发育过程中，果实颜色由白变绿再变红，是由于最初含有白色体，以后转变成叶绿体，后期叶绿体失去叶绿素而转变成有色体。

相反，有色体也能转变成其他质体，胡萝卜根在光下变为绿色，就是由于有色体转变为叶绿体。

② 线粒体   线粒体普遍存在于动、植物细胞中，除细菌、蓝藻和厌氧真菌外，生活细胞中都有线粒体。在光学显微镜下经特殊染色，它呈球状、粒状或短杆状的小颗粒，直径 $0.5\sim1\mu m$，长 $1\sim2\mu m$。在电子显微镜下观察，线粒体由双层膜构成，为囊状结构，外膜平滑，内膜的某些部位向内折叠，形成许多隔板状或管状突起，称为嵴；内膜上有许多具柄颗粒，叫做电子传递粒，它含有三磷酸腺苷（ATP）酶，能催化 ATP 的合成；在嵴的周围充满液态的基质，基质中含有许多与呼吸作用有关的酶，还有少量的 DNA。如图 1-1-5。

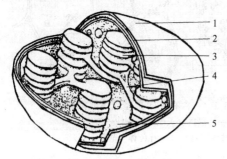

图 1-1-5   线粒体的立体结构
1—外膜；2—内膜；3—嵴；
4—基质片层；5—基质

线粒体是细胞有氧呼吸的主要场所。细胞生命活动所需的能量，大约 95% 来自线粒体，因此，线粒体被喻为细胞内的"动力站"。线粒体的数量及分布与细胞新陈代谢的强弱密切有关，代谢旺盛的细胞内线粒体数量较多，代谢较弱的细胞内线粒体的数量较少。

③ 液泡   亦是植物细胞特有的细胞器。在幼小的植物细胞中液泡小而分散。随着细胞的生长，液泡逐渐增大，并且彼此联合成几个大的液泡或一个大的中央液泡，而将细胞质和细胞核等挤向细胞的周边（图 1-1-6）。液泡是由单层膜围成的细胞器，膜内的水溶液称为细胞液。细胞液的主要成分是水，其中溶有无机盐（如硝酸盐、磷酸盐）、糖类、有机酸、植物碱、单宁、色素（如花青素）等，因此，细胞具有酸、甜、苦、涩等味道。许多植物的细胞液中含有一种叫花青素的色素，它的颜色与细胞液的 pH 值有关，酸性时呈红色，碱性时呈蓝色，中性时呈紫色，这些颜色与质体中的色素一起使植物的花瓣、果实和叶片呈现多种颜色，五彩缤纷。细胞液中还含有一些结晶体，如草酸钙结晶等，能消除细胞中草酸过多产生的危害。

液泡不仅能贮藏代谢产物，液泡还具有重要的生理功能。液泡与细胞的吸水有关。液泡膜的选择透性对液泡内物质的积累起调节作用，可通过控制物质的出入而使细胞维持一定的渗透压和膨压，使细胞保持紧张状态，并具有适宜的吸水能力，也有利于各种生理活动的进行。

液泡内含有多种水解酶，能分解液泡中的贮藏物质以重新参加各种代谢活动，也能通过膜的内陷来"吞噬"、"消化"细胞中的衰老部分，进而参与细胞分化、结构更新等生命活动过程。

（3）胞基质   胞基质是细胞器与细胞核生活的场所，由半透明的原生质胶体组成，化学成分很复杂，含有水、无机盐、溶解的气体、糖类、氨基酸、核苷酸等小分子物质，也含用一些生物大分子，如蛋白质、RNA 等，其中包括许多酶类。在生活细胞中，胞基质总处于不断定向运动状态，而且它还可以带动

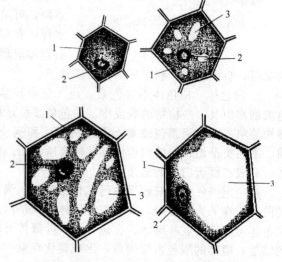

图 1-1-6   细胞的生长和液泡的形成
1—细胞质；2—细胞核；3—液泡

其中的细胞器，在细胞内作有规律的持续流动，这种运动称为细胞质的环流运动。细胞内的这种不断进行的缓慢环流运动可促进营养物质的运输、气体的交换、细胞的生长和创伤的恢复等，所以胞基质是细胞进行新陈代谢的主要场所。

2. 细胞核

大多数植物中都有细胞核，除了细菌和蓝藻外，一般一个细胞只有一个细胞核，但在某些真菌和藻类的细胞中，也有两个或数个核。细胞核是细胞内最重要的结构，呈球形或椭圆形，细胞核的结构可分为核膜、核仁和核质三部分。

（1）核膜　核膜为双层膜，包被在细胞核的最外层，核膜上有许多小孔，叫做核孔，它是细胞质和细胞核之间较大分子物质交换的通道。核孔具有精细的结构，可随着细胞的生理状况不同开放或关闭，细胞的新陈代谢越旺盛，核孔开放度越高，反之越低。

（2）核仁　核质内有一个或数个球状小体，叫核仁。核仁由核糖核酸、脱氧核糖核酸及蛋白质组成，它的折光性很强，电子显微镜下它为无被膜的球体。核仁的主要功能是合成核糖体核糖核酸（rRNA），并与蛋白质结合经核孔输送到细胞质，再形成核糖体。核仁的大小随细胞代谢状态而变化。蛋白质合成旺盛、活跃生长的细胞核仁大，如分生区的细胞；反之，其核仁很小，如休眠的植物细胞。

（3）核质　核膜以内、核仁以外充满的物质称为核质。它包括染色质和核液两部分。其中易被碱性染料染成深色的物质叫染色质，主要由 DNA、蛋白质和少量 RNA 组成。不能被碱性染料染色的部分叫核液，核液是细胞核内没有明显结构的基质。在光学显微镜下，染色质以极细的细丝分散在核液中。当细胞分裂时，染色质浓缩成较大的不同形状的棒状体，叫染色体。核液中含有蛋白质、RNA（包括 mRNA、tRNA）和多种酶，这些物质保证了DNA 的复制和 RNA 的转录。

细胞核的核酸主要成分是脱氧核糖核酸，脱氧核糖核酸是生物的遗传物质，能控制生物的遗传性，染色体是遗传物质的载体。可见，细胞核是遗传物质存在的主要部位，也是遗传物质复制的主要场所，并由此决定蛋白质的合成，从而控制细胞整个生命过程。因此细胞核是细胞的控制中心，在细胞的遗传和代谢方面起着主导作用。

（二）细胞壁

细胞壁是植物细胞所特有的结构，由原生体分泌的物质所构成，包围在原生体外面，有一定的硬度和弹性，有保护原生质体、巩固细胞的作用，并在很大程度上决定了细胞的形状和功能。

1. 细胞壁的构造

高等植物细胞壁的主要化学成分是多糖，包括纤维素、果胶质和半纤维素。根据细胞壁形成的先后和化学成分的不同，可将细胞壁分为三层，由外而内依次为胞间层、初生壁和次生壁（图 1-1-7）。胞间层和初生壁是所有植物细胞都具有的，次生壁则不一定每种植物细胞都具有。

（1）胞间层　胞间层又称为中胶层或中层，是连接相邻细胞之间的共有的一层，位于细胞壁的最外侧。胞间层的主要成分是果胶，具有很强的亲水性和可塑性，使相邻细胞彼此黏结在一起，并能缓冲细胞间的挤压。

（2）初生壁　初生壁是在细胞生长过程中，原生质体分泌纤维素、半纤维素和果胶质在胞间层的内侧形成的细胞壁。初生壁一般较薄，厚 $1\sim3\mu m$。具有较大的可塑性，能随细胞生长而延展。

（3）次生壁　次生壁是细胞在停止生长后，其初生壁内侧继续积累的细胞壁层。位于质膜和初生壁之间。它的主要成分为纤维素，并含有少量的半纤维素。次生壁能增加植物体某

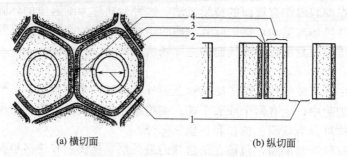

(a) 横切面   (b) 纵切面

图 1-1-7 具次生壁的细胞壁结构

1—细胞腔；2—胞间层；3—初生壁；4—次生壁

些部位细胞的机械强度，但并非所有的细胞都需要，只是那些生理上分化成熟后原生质体消失的细胞，才在分化过程中产生次生壁。

2. 细胞壁的特化

细胞壁主要由纤维素构成，具有一定的韧性和弹性，但由于环境的影响和生理功能的不同，细胞壁内常渗入其他物质，致使细胞壁的理化性质发生改变，即细胞壁发生特化。常见的有角质化、木质化、木栓化、黏液质化和矿质化等。

① 角质化 细胞壁为角质所浸透的变化叫角质化。角质是一种脂类化合物。角质一般在细胞壁的外侧呈膜状或堆积成层，称为角质层。角质层的细胞壁不易透水，不易透气，可减少水分散失；但可透光，又不影响植物的光合作用；还能有效防止微生物侵袭，增强对细胞的保护作用。角质层遇苏丹Ⅲ试液可染成红色。

② 木质化 细胞壁中渗入木质素的变化叫木质化。木质素是几种醇类化合物脱氢形成的高分子丙酸苯酯类聚合物，有亲水性，并具有很强的硬度和弹性，因此，木质化后的细胞壁硬度加大，机械支持能力增强，但仍能透水透气。木质化的细胞壁加间苯三酚溶液一滴，待片刻，再加浓盐酸一滴，即显红色。

③ 木栓化 细胞壁中渗入了木栓质的变化叫木栓化。木栓质也是脂类化合物。木栓化的细胞壁不透水、不透气，常导致原生质体解体，仅剩下细胞壁，从而增强了对内部细胞的保护作用。老根、老茎外表都有这类木栓化的死细胞。木栓化细胞壁遇苏丹红Ⅲ试液也可染成红色。

④ 黏液质化 细胞壁中的纤维素和果胶质等成分发生变化而成为黏液。黏液质化所形成的细胞的表面常呈固体状态，吸水膨胀后则成黏滞状态。如车前子、亚麻子的表皮细胞中具有黏液化细胞。黏液质化的细胞壁遇玫红酸钠醇溶液染成玫瑰红色；遇钌红试剂可染成红色。

⑤ 矿质化 细胞壁中渗入矿质的变化称为矿质化。矿物主要是钾、镁、钙、硅等不溶性化合物。细胞壁矿质化后硬度增大，加强了支持能力和保护能力。如禾本科、莎草科等植

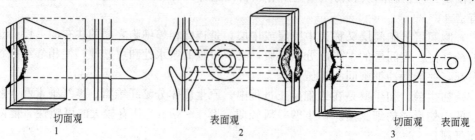

切面观   表面观   切面观 表面观
  1   2   3

图 1-1-8 纹孔对的类型

1—单纹孔；2—具缘纹孔；3—半缘纹孔

物的茎、叶，木贼茎和硅藻的表皮细胞壁中常渗入二氧化硅而发生硅质化。硅质能溶于氟化氢，但不溶于乙酸或浓硫酸（可区别于碳酸钙和草酸钙）。

3. 纹孔和胞间连丝

细胞在生长过程中，次生壁的增厚并不是完全均一的，常留下一些没有增厚的部分，仅有胞间层和初生壁。这些部分也就是初生壁上完全不被次生壁覆盖的，在细胞壁上形成凹陷的区域，称为纹孔。相邻细胞的纹孔常成对发生，称纹孔对。纹孔对之间的胞间层和初生壁合称纹孔膜。纹孔对分为单纹孔、具缘纹孔和半缘纹孔三种类型（图 1-1-8）。

细胞在形成初生壁时，也常留下一些较薄的凹陷区域，称为初生纹孔场，上面分布着许多小孔，它们是相邻细胞原生质细丝连接的孔道。这些贯穿细胞壁而联系两细胞的原生质细丝称胞间连丝（图 1-1-9）。在高等植物的活细胞中，胞间连丝是普遍存在的，如柿核、马钱子胚乳的细胞经染色处理可在光学显微镜下观察到胞间连丝。胞间连丝是细胞原生质体之间物质和信息联系的桥梁，从而使各细胞在结构上形成一个统一的有机整体。

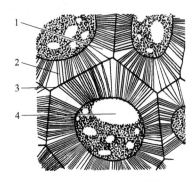

图 1-1-9 胞间连丝（柿核）
1—细胞壁；2—胞间连丝；
3—胞间层；4—细胞腔

以上是细胞各部分的结构和功能，必须指出：细胞的各个部分不是彼此孤立的，而是相互联系的，实际上一个细胞就一个有机的统一体，细胞只有保持结构的完整性，才能够正常完成各种生命活动。

第二节 药用植物细胞后含物

植物细胞在生活过程中，由于新陈代谢活动而产生的各种非生命的物质，统称为细胞后含物。后含物种类很多，有些是对人体具有重要生理作用的活性成分，有些是具有营养价值的贮藏物，是人类食物的主要来源，有些是细胞的废物。它们有的存在于原生质体中，有的存在于细胞壁中，其形态或性质往往随植物种类的不同而异，因而细胞的后含物是生药显微鉴定和理化鉴定的重要依据之一。本节就对那些成形的贮藏物质和废物，包括淀粉粒、菊糖、糊粉粒、脂肪油和各种结晶体介绍如下。

一、淀粉

淀粉是由多分子葡萄糖脱水缩合而成，其分子式为 $(C_6H_{10}O_5)_n$。植物光合作用的产物转运到贮藏器官后，在造粉体内重新形成的淀粉称为贮藏淀粉。贮藏淀粉是以淀粉粒的形式常贮存在植物根、块茎和种子等薄壁细胞中。淀粉积累时，先形成淀粉的核心——脐点，然后环绕核心继续由内向外层沉积。有许多植物的淀粉粒，在显微镜下可以看到围绕脐点有许多亮暗相间的轮纹（层纹），这是由于淀粉沉积时，直链淀粉（葡萄糖分子成直线排列）和支链淀粉（葡萄糖分子成分支排列）相互交替地分层沉积的缘故，直链淀粉较支链淀粉对水有更强的亲和性，两者遇水膨胀不一，从而显出了折光上的差异。如果用酒精处理，使淀粉脱水，这种轮纹就随之消失。

淀粉粒的形状有圆球形、卵圆球形、长圆球形或多面体等；脐点的形状有颗粒状、裂隙状、分叉状、星状等，有的在中心，有的偏于一端。淀粉还有单粒、复粒、半复粒之分：一个淀粉粒只具有一个脐点的称为单粒淀粉；具有两个或多个脐点，每个脐点只具有自己的层纹的称为复淀粉粒；具有两个或多个脐点，每个脐点除有它各自的层纹外，同时在外面被有共同

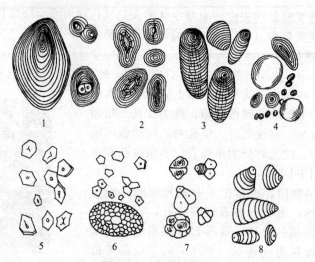

图 1-2-1　各种淀粉粒

1—马铃薯（左为单粒，右上为复粒，右下为半复粒）；2—豌豆；3—藕；
4—小麦；5—玉米；6—大米；7—半夏；8—姜

的层纹的称为半复粒淀粉。淀粉粒的形状、大小、层纹和脐点常随植物的不同而异（图 1-2-1），因此，可作为鉴定药材的一种依据。淀粉粒不溶于水，在热水中膨胀而糊化，与酸或碱共煮则变为葡萄糖。淀粉粒遇稀碘液变成蓝黑色。

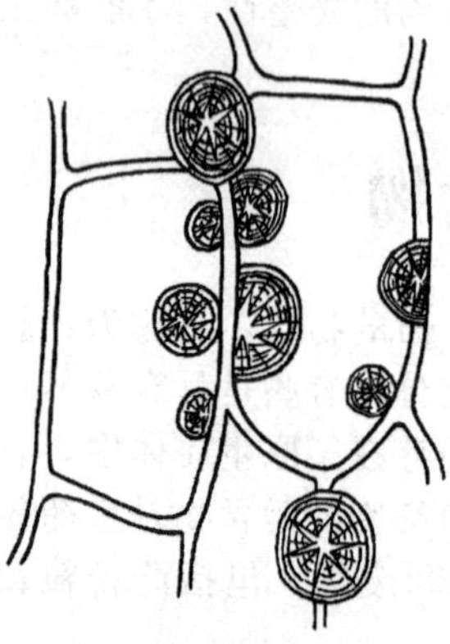

二、菊糖

菊糖是由果糖分子聚合而成，多含在菊科、桔梗科和龙胆科部分植物根的细胞液里。由于它能溶于水，不溶于乙醇，所以新鲜的植物体细胞不能直接看到菊糖，可将含菊糖的材料（如蒲公英、大丽菊或桔梗的根）浸于乙醇中，一周后，制成切片在显微镜下观察，在细胞内可见圆球状或半球状结晶的菊糖（图 1-2-2）。菊糖遇 25% α-萘酚溶液及浓硫酸显紫红色而溶解。

三、蛋白质

图 1-2-2　菊糖结晶（桔梗根）

蛋白质也是细胞内的一种贮藏营养物质，贮藏蛋白质是化学性质稳定的无生命物质，它与构成原生质体的活性蛋白质完全不同，不可混淆。

在种子的胚乳和子叶细胞里多含有丰富的蛋白质。它们有的是以无定形的状态分布在细胞中，如小麦的胚乳细胞；但通常是以糊粉粒的状态贮存在细胞质或液泡里，体形很小，但有些植物如蓖麻种子的糊粉粒比较大，并有一定的结构，它的外面有一层蛋白质膜，在里面无定形的蛋白质基质中分布有蛋白质拟晶体和环己六醇磷脂的钙或镁盐的球形体。在茴香胚乳的糊粉粒中还包含有细小草酸钙簇晶。如图 1-2-3。这些贮藏蛋白质遇碘呈暗黄色；遇硫酸铜加苛性碱水溶液显紫红色。

四、脂肪和脂肪油

脂肪和脂肪油是由脂肪酸和甘油结合而成的酯，也是植物贮藏的一种营养物质，存在于植物各器官中，特别是种子中。一般在常温下呈固态或半固态的称脂肪，如乌桕脂、可可豆脂；若呈液态的称脂肪油（图 1-2-4），呈小油滴状态分布在细胞质里。有些植物种子含脂肪油特别丰富，如蓖麻子、芝麻、油菜子等。

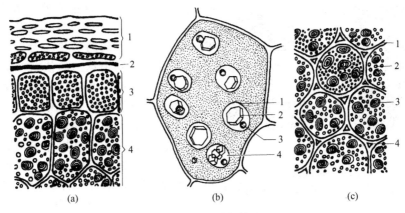

图 1-2-3　各种糊粉粒

（a）小麦颖果外部的构造　1—果皮；2—种皮；3—糊粉层；4—胚乳细胞

（b）蓖麻的胚乳细胞　1—糊粉层；2—蛋白质晶体；3—球晶体；4—基质

（c）豌豆的子叶细胞　1—细胞壁；2—糊粉粒；3—淀粉粒；4—细胞间隙

　　脂肪和脂肪油不溶于水，易溶于有机溶剂，遇碱则皂化，遇苏丹Ⅲ溶液显橙红色，遇铌酸变成黑色。有些脂肪油可作食用和工业用，有的供药用，如蓖麻油常用于泻下剂，大风子油用于治疗麻风病，月见草油用于治疗高脂血症等。

五、晶体

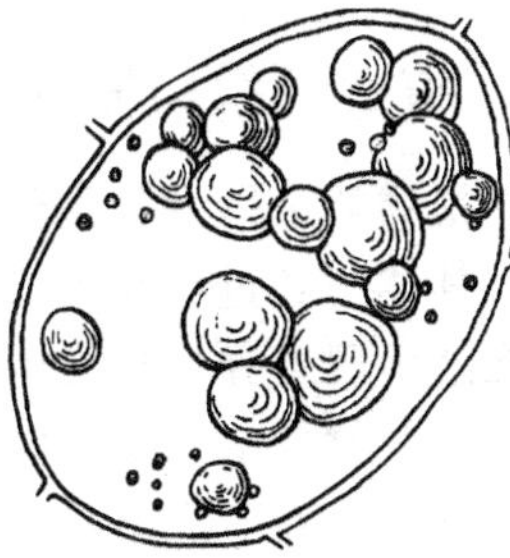

　　晶体一般认为是细胞生活中所产生的废物。常见的晶体是草酸钙和碳酸钙。

1. 草酸钙结晶

　　植物体内草酸钙结晶的形成，被认为是有解毒作用的，即对植物有毒害的多量草酸被钙中和。在某些植物器官中，随着组织衰老，部分细胞内的草酸钙结晶也逐渐增多。草酸钙常为无色透明的结晶，并以不同的形态分布在细胞液中，一般一种

图 1-2-4　脂肪油（椰子胚乳细胞）

植物只能见到一种形态，但少数也有两种或三种的，如椿根皮除含有簇晶外尚有方晶，曼陀罗叶含有簇晶、方晶和砂晶。草酸钙结晶的形状有以下几种（图 1-2-5）。

　　① 方晶　又称单晶或块晶，通常单独存在于细胞内，呈正方形、斜方形、菱形、长方形等。如甘草、黄柏。有时方晶交叉而形成双晶，如莨菪叶。

　　② 针晶　为两端尖锐的针状晶体，在细胞中大多成束存在，称为针晶束，常存在于黏液细胞中。如半夏、黄精等。也有的针晶不规则地分散在细胞中，如苍术根茎。

　　③ 簇晶　由许多菱状晶集合而成，一般呈多角形星状。如大黄、人参等。

　　④ 砂晶　为细小的三角形、箭头状或不规则形，聚集在细胞里。如颠茄、牛膝、地骨皮等。

　　⑤ 柱晶　为长柱形，长度为直径的四倍以上。如射干、淫羊藿叶等。

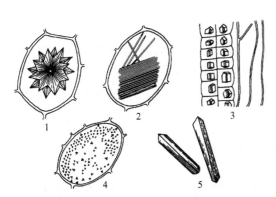

图 1-2-5　各种草酸钙结晶

1—簇晶（大黄根茎）；2—针晶束（半夏块茎）；3—方晶（甘草根）；4—砂晶（牛膝根）；5—柱晶（射干根茎）

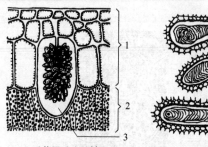

图 1-2-6　碳酸钙结晶

(a) 无花果叶内的钟乳体　　(b) 穿心莲细胞中的螺状钟乳体

1—表皮和皮下层；2—栅栏组织；3—钟乳体和细胞腔

不是所有植物都含有草酸钙结晶，所含有的草酸钙结晶又因植物种类不同而具有不同的形状和大小，这些特征可作为鉴别中草药的依据。草酸钙结晶不溶于乙酸，但遇 20%硫酸便溶解并形成硫酸钙针状结晶析出。

2. 碳酸钙结晶

多存在于植物叶的表层细胞中，其一端与细胞壁连接，形状如一串悬垂的葡萄，形成钟乳体。钟乳体多存在于爵床科、桑科等植物体中，如穿心莲叶、无花果叶、大麻叶等的表层细胞中含有。碳酸钙结晶加乙酸则溶解并放出 CO_2 气泡，可与草酸钙结晶区别（图 1-2-6）。

除草酸钙结晶和碳酸钙结晶外，某些植物体内存在其他类型的结晶，如柽柳叶中含有硫酸钙结晶、菘蓝叶中含靛蓝结晶、槐花中含芸香苷结晶等。

第三节　药用植物的组织

一、植物组织的概念

植物的个体发育是细胞不断分裂、生长和分化的结果。一般植物细胞分裂后产生的子细胞，其体积和重量在不可逆增加，称为细胞的生长；当细胞生长到一定程度时，其形态和功能逐渐出现差异，称为细胞的分化。细胞分化的结果，会导致植物体中形成多种类型的细胞群。组织就是由许多来源相同、形态结构相似、生理功能相一致且彼此联系的细胞所组成的细胞群。由同一类型的细胞群构成的组织叫简单组织，由多种类型、执行一定生理功能的细胞群构成的组织叫复合组织。

二、植物组织的类型

依据组织的发育程度、生理功能和形态结构的不同，通常将植物组织分为分生组织和成熟组织两大类。

（一）分生组织

1. 分生组织的概念

具有持续分裂能力的细胞群称为分生组织。它存在于植物体的特定部位，这些部位的细胞在植物体的一生中保持着强烈的分裂能力，一方面不断增加新细胞到植物体中，另一方面自己继续存在下去。分生组织细胞的特点是：细胞体积小而等径，排列紧密，细胞壁薄，细胞质浓，细胞核大，无明显的液泡。

2. 分生组织的类型

（1）根据位置分类　分生组织按其在植物体内存在的位置，可将其分为顶端分生组织、侧生分生组织和居间分生组织三种类型（图 1-3-1）。

① 顶端分生组织　顶端分生组织是位于根或茎顶端的分生组织，如根尖、茎尖的分生区，其分裂活动使根和侧根、茎和侧枝不断伸长，并在茎上形成叶，茎的顶端分生组织还将产生生殖器官。

② 侧生分生组织　侧生分生组织主要存在于裸子植物及木本双子叶植物中，它位于根

和茎侧方的周围部分，靠近器官的边缘。侧生分生组织包括形成层和木栓形成层。形成层的活动能使根和茎不断加粗，以适应植物营养面积的扩大；木栓形成层的活动可使增粗的根、茎表面，或受伤器官的表面形成新的保护组织。

单子叶植物中一般没有侧生分生组织，故不会进行加粗生长。

③ 居间分生组织　居间分生组织分布在成熟组织之间，是顶端分生组织在某些器官的局部区域保留下来的、在一定时间内仍保持分裂能力的分生组织。如薏苡、淡竹叶等禾本科植物，依靠茎节间基部的居间分生组织活动，使节间伸长，进行抽穗和拔节，居间分生组织的细胞分裂持续活动时间较短，分裂一段时间后即转变为成熟组织。

（2）按来源和性质分类　分生组织按来源与性质的不同，可分为原生分生组织、初生分生组织和次生分生组织三种类型。

① 原生分生组织　原生分生组织是直接由种子的胚细胞保留下来的，一般具有持久而强烈的分裂能力，位于根尖、茎尖分生区内前端部位，是形成其他组织的来源。

② 初生分生组织　初生分生组织是由原生分生组织分裂衍生的细胞组成，这些细胞在形态上已初步分化，但细胞仍具有很强的分裂能力，是一种边分裂边分化的组织，是发育形成初

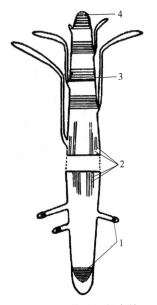

图 1-3-1　分生组织在植物体中的分布位置
1—根尖顶端分生组织；2—侧生分生组织；3—居间分生组织；4—茎尖顶端分生组织

生成熟组织的主要分生组织。根尖、茎尖中分生区的稍后部位的原表皮、原形成层和基本分生组织都属于初生分生组织。

③ 次生分生组织　次生分生组织是由成熟组织的细胞（如薄壁细胞、表皮细胞等），经过形态上和生理上的变化，脱离原来的成熟状态（即脱分化），重新恢复分裂能力转变成的分生组织。

如果把这两种分类方法联系起来，则广义的顶端分生组织包括原分生组织和初生分生组织，两者共同组成根、茎的分生区。而侧生分生组织一般属于次生分生组织，其中形成层和木栓形成层是典型的次生分生组织。

（二）成熟组织

分生组织分裂所产生的大部分细胞经过生长和分化逐渐丧失分裂能力，转变为具有特定形态结构和生理功能的成熟组织。因此，由分生组织分裂、生长和分化逐渐转变而成的，由不再进行分裂的细胞群组成的组织，就是成熟组织。多数成熟组织在一般情况下不再进行分裂，有些完全丧失分裂的潜能，而有些分化程度较浅的组织在一定条件下可恢复分裂。成熟组织依据形态、结构和功能的不同，可分为基本组织、保护组织、机械组织、输导组织和分泌组织。

1. 基本组织

基本组织在植物体中分布很广，占植物体体积的大部分，是组成植物体的基础。它是由主要起代谢活动和营养作用的薄壁细胞所组成，所以又称薄壁组织。基本组织的主要特征是细胞壁薄，细胞排列疏松，有明显的细胞间隙，液泡较大；细胞分化程度低，有潜在分裂能力，在一定条件下既可特化为具有一定功能的其他组织，也可恢复分裂能力而成为分生组织。细胞的形状有圆球形、圆柱形、多面体等。

基本组织依其结构、功能的不同可分为一般薄壁组织、通气薄壁组织、同化薄壁组织、

输导薄壁组织、贮藏薄壁组织等（图1-3-2）。

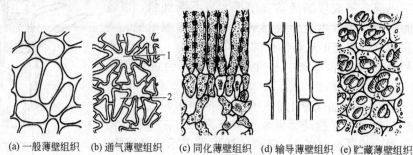

(a) 一般薄壁组织　(b) 通气薄壁组织　(c) 同化薄壁组织　(d) 输导薄壁组织　(e) 贮藏薄壁组织

图1-3-2　几种基本组织
1—星状细胞；2—细胞间隙

（1）一般薄壁组织　通常存在于根、茎的皮层和髓部。这类薄壁细胞主要起填充和联系其他组织的作用，并具有转化为次生分生组织的可能。

（2）通气薄壁组织　多存在于水生和沼泽植物体内。其特征是细胞间隙特别发达，常形成大的空隙或通道，具有贮存空气的功能。如莲的叶柄和灯心草的髓部。

（3）同化薄壁组织　多存在于植物的叶肉和幼茎的皮层中，细胞中含有叶绿体，能进行光合作用，制造有机物质。

（4）输导薄壁组织　多存在于植物器官的木质部及髓部。细胞细长，具有输导水分与养料的作用。如髓射线。

（5）贮藏薄壁组织　常存在于植物的种子、果实、根和地下茎中。主要特点是细胞内贮存了大量的淀粉、蛋白质、糖类、油脂等营养物质。

（6）吸收薄壁组织　位于根尖的根毛区，它的表皮细胞外壁向外凸起，形成根毛，细胞壁薄。其主要功能是从土壤中吸收水分和矿物质等，并将吸入的物质转运到输导组织中。

2. 保护组织

保护组织是对植物起保护作用的组织，覆盖在植物体表面，由一层或数层细胞构成。保护组织可防止植物体遭受病虫害的侵袭及机械损伤，并有控制植物与环境的气体交换，防止水分过度蒸腾的功能。保护组织包括表皮和周皮。

（1）表皮　表皮分布于幼嫩的根、茎、叶、花、果实和种子的表面，一般只有一层细胞。表皮组织包括多种细胞类型，其中以表皮细胞为主，其他细胞分散于表皮细胞之间。表皮细胞排列紧密，无细胞间隙，含有较大的液泡，一般不具叶绿体，无色透明。细胞与外界接触的壁常角质化，形成角质层。有的在角质层外还有一层霜状的蜡被，有防止水分散失的作用。有些表皮细胞常分化形成气孔或向外突出形成毛茸。

①气孔　在表皮上（特别是叶的下表皮）可见一些呈星散或成行分布的小孔，称为气孔。气孔是由两个半月形的保卫细胞对合而成的。保卫细胞是由表皮细胞分化而来，保卫细胞的细胞质比较丰富，细胞核比较明显，含有叶绿体，它的胞壁厚薄不均，近气孔方面的细胞壁较厚，而邻近表皮细胞方面的细胞壁较薄。因此，当保卫细胞充水膨胀时，气孔隙缝就张开，当保卫细胞失水萎缩时，气孔隙缝就闭合。所以气孔有控制气体交换和调节水分蒸发的作用。

保卫细胞与其周围相邻的表皮细胞称副卫细胞。保卫细胞与其周围的副卫细胞排列的方式，称为气孔的轴式类型。气孔轴式类型随植物种类的不同而有所不同，因此可用于叶类、全草类植物药材的鉴定。双子叶植物叶中常见的气孔轴式类型有不定式、不等式、环式、直轴式、平轴式五种（图1-3-3）。

a. 不定式　气孔周围的副卫细胞数目不定，其大小基本相同，并与其他表皮细胞形状相似。如毛茛、艾、桑和玄参科的玄参、地黄、洋地黄等。

b. 不等式　气孔周围有 3 个或 3 个以上副卫细胞，大小不等，其中一个特别小。如十字花科的荠菜、薄菜、菘蓝，茄科的曼陀罗、烟草等。

c. 环式　气孔周围的副卫细胞数目不定，其形状较其他表皮细胞狭窄，围绕气孔排列成环状。如山茶科的茶、桃金娘科的桉叶等。

d. 直轴式　气孔周围的副卫细胞常为 2 个，其长轴与气孔长轴垂直。如石竹科的石竹、瞿麦，爵床科的穿心莲、爵床，唇形科的薄荷、益母草等。

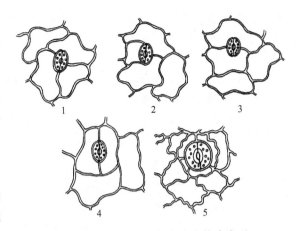

图 1-3-3　双子叶植物气孔的轴式类型

1—不定式；2—不等式；3—直轴式；4—平轴式；5—环式

e. 平轴式　气孔周围的副卫细胞常为 2 个，其长轴与气孔长轴平行。如茜草科的茜草，豆科的番泻、补骨脂，虎耳草科的常山，马齿苋科的马齿苋等。

此外，单子叶植物的气孔类型也很多，如禾本科植物的气孔其保卫细胞呈哑铃形，两端的细胞壁较薄，中间较厚，当保卫细胞充水两端膨胀时，气孔隙缝就张开。同时在保卫细胞的两边，还有两个平行排列而略作三角形的副卫细胞，对气孔的开闭有辅助作用，因此，有的称为辅助细胞。如淡竹叶、芸香草等（图 1-3-4）。

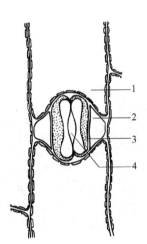

图 1-3-4　禾本科植物气孔

1—表皮细胞；2—副卫细胞；
3—保卫细胞；4—气孔缝

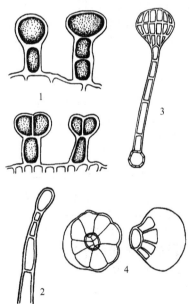

图 1-3-5　各种腺毛

1—洋地黄叶的腺毛；2—曼陀罗叶的腺毛；
3—金银花的腺毛；4—薄荷叶的腺毛（腺鳞）

② 毛茸　是由表皮细胞分化而成的突起物，具有保护和减少水分蒸发或分泌物质的作用。毛茸主要有两类；一类有分泌作用，称为腺毛；一类没有分泌作用，称为非腺毛。

a. 腺毛　是能分泌挥发油、黏液、树脂等物质的毛茸。通常是由具有分泌作用的腺头和无分泌作用的腺柄组成。由于组成腺头和腺柄的细胞数目不同而有多种类型的腺毛。有少数腺毛无腺柄或腺柄短,其腺头常由6~8个细胞组成,呈鳞片状,称腺鳞,多见于唇形科植物(图1-3-5)。

　b. 非腺毛　是不具分泌功能的毛茸。由单细胞或多细胞组成,顶端常狭尖,无头、柄之分。有的非腺毛细胞壁表面常见不均匀的角质增厚,形成多数小凸起,称为疣点。有的细胞内壁常见硅质化增厚,因而变得坚硬。由于组成非腺毛的细胞数目、分枝状况不同而有多种类型的非腺毛,如线状毛、分枝状毛、丁字形毛、星状毛、鳞毛等(图1-3-6)。

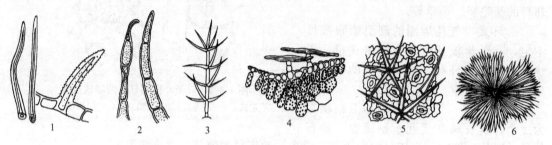

图1-3-6　各种非腺毛
1—单细胞非腺毛;2—多细胞非腺毛(洋地黄叶);
3—分枝状毛(毛蕊花叶);4—丁字形毛(艾叶);
5—星状毛(蜀葵叶);6—鳞毛(胡颓子叶)

　(2)周皮　大多数草本植物的器官表面和木本植物的叶终生具有表皮。而木本植物茎和根的表皮仅见于幼年时期,以后在茎和根的加粗过程中由于表皮组织已无法起到保护作用,而产生次生保护组织周皮,以代替表皮继续行使保护内部器官的功能。周皮是由木栓形成层不断分裂而产生的,木栓形成层向外分生出多层细胞扁平、排列整齐紧密、细胞壁栓质化、成熟后即死亡的木栓层,向内分生少量薄壁的栓内层。木栓层、木栓形成层和栓内层三者合称周皮(图1-3-7)。

　皮孔是植物枝条上一些颜色较浅而凸出或下凹的点状物。当周皮形成时,原来位于气孔下面的木栓形成层向外分生出许多非木栓化的薄壁细胞——填充细胞,由于填充细胞的增多,结果将表皮突破,形成圆形或椭圆形的裂口,这种裂口即为皮孔,可作为气体交换的通道。皮孔结构见图1-3-8。

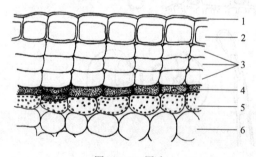

图1-3-7　周皮
1—角质层;2—表皮层;3—木栓层;
4—木栓形成层;5—栓内层;6—皮层

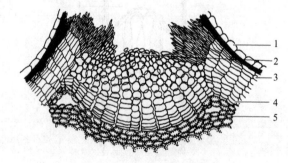

图1-3-8　皮孔的横切面
1—表皮层;2—填充细胞;3—木栓层;
4—木栓形成层;5—栓内层

3. 机械组织

　机械组织具有支持植物体和增加其巩固性以承受机械压力的作用。其主要特征是都具有加厚的细胞壁。根据细胞壁增厚的方式、增厚的部位、增厚的程度不同,可分为厚角组织和厚壁组织两大类。

（1）厚角组织　厚角组织的细胞是活细胞，常含有叶绿体，细胞壁由纤维素和果胶质组成，不木质化，呈不均匀的增厚（图1-3-9），一般在角隅处增厚。厚角组织是双子叶植物地上部分幼嫩器官（茎、叶柄、花梗）的支持组织。它主要在这些器官的表皮下成环或成束分布，在许多具有棱角的嫩茎中，厚角组织常集中分布于棱角处，如薄荷茎、益母草茎、南瓜茎、芹菜叶柄等。根内很少产生厚角组织，但如果暴露于空气中，则易于产生。

（2）厚壁组织　厚壁组织的特征是它的细胞有较厚的次生壁，常具层纹和纹孔，成熟细胞后细胞腔小，成为死的细胞。根据其细胞形态的不同，又可分为纤维和石细胞。

①纤维　是细胞壁为纤维素或有的木质化增厚的细长细胞。一般为死细胞，通常成束，称为纤维束（图1-3-10）。每个纤维细胞的尖端彼此紧密嵌插而加强巩固性。分布在皮部的纤维称为韧皮纤维或皮层纤维，这种纤维一般纹孔及细胞腔都较显著，如肉桂。分布在本质部的纤维称为木纤维，木纤维往往极度木质化增厚，细胞腔通常较小，如川木通。

此外，在药材鉴定中，还可以见到以下几种特殊类型的纤维（图1-3-10）。

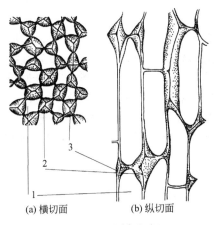

图1-3-9　厚角组织

1—细胞腔；2—胞间层；3—增厚的壁

(a) 横切面　　　(b) 纵切面

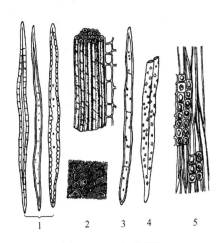

图1-3-10　各种纤维

1—单纤维；2—纤维束；3—分隔纤维（姜）；
4—嵌晶纤维（南五味子根）；5—晶鞘纤维（甘草）

a．分隔纤维　是一种细胞腔中生有横向隔壁的纤维，如姜、葡萄属、金丝桃属等植物。

b．嵌晶纤维　纤维次生壁外层嵌有一些细小的草酸钙方晶和砂晶，如冷饭团的根和南五味子的根皮中的纤维嵌有方晶，草麻黄茎的纤维嵌有细小的砂晶。

c．晶鞘纤维（晶纤维）　由纤维束和含有晶体的薄壁细胞所组成的复合体称晶鞘纤维。这些薄壁细胞中，有的含有方晶，如甘草、黄柏、葛根等；有的含有簇晶，如石竹、瞿麦等；有的含有石膏结晶，如柽柳等。

②石细胞　细胞呈球形、多面体形、短棒状或分枝状等，但不及纤维那样细长。石细胞是细胞壁明显增厚且木质化，并渐次死亡的细胞。细胞壁上未增厚的部分呈细管状，有时分枝，向四周射出。因此，细胞壁上可见到细小的壁孔，称为孔道或纹孔，而细胞壁渐次增厚所形成的纹理则称为层纹［图1-3-11（a）］。石细胞常单个或成群的分布在植物的根皮、茎皮、果皮及种皮中，如党参、黄柏、八角茴香、杏仁；有些植物的叶或花也有分布，这些石细胞通常呈分枝状，所以又称为畸形石细胞或支柱细胞［图1-3-11（b）］。

4. 输导组织

输导组织是植物体内运输水分、无机盐和营养物质的组织。其共同特点是细胞呈长

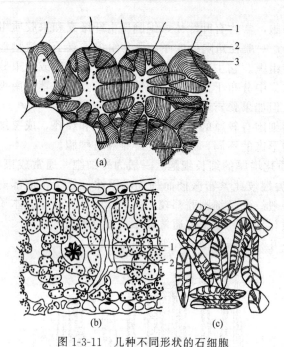

图 1-3-11　几种不同形状的石细胞
(a) 梨的石细胞　1—孔沟；2—细胞腔；3—层纹
(b) 茶叶横切面　1—草酸钙结晶；2—畸形石细胞
(c) 椰子果皮内的石细胞

管状，常上下相连，贯穿于整个植物体内，形成适于运输的管道。根据构造和运输物质的不同，分为运输水分和无机盐的导管、管胞和运输有机物的筛管、伴胞。

(1) 导管和管胞　导管和管胞是自下而上输送水分及溶于水中的无机盐类的输导组织，存在于植物的木质部中。

① 导管　导管是被子植物中最主要的输水组织，少数裸子植物（麻黄等）中也有导管。导管是由多数管状细胞纵向连接而成，每个管状细胞称为导管分子。导管分子在发育过程中，随着细胞壁的增厚和木质化，相接处的横壁常溶解消失，形成穿孔，最后原生质体解体，细胞死亡，上下导管分子之间以穿孔相连，形成一个中空的导管管道，输送水分和无机盐的速度较快。导管分子壁上常有不均匀增厚的木质化的次生壁所形成的各种纹理。根据增厚所形成纹理的不同，可将导管分为环纹导管、螺纹导管、梯纹导管、网纹导管、

孔纹导管五种类型（图 1-3-12）。

a. 环纹导管　导管壁上的增厚部分呈环状。

b. 螺纹导管　导管壁上的增厚部分呈一条或数条螺旋带状。

c. 梯纹导管　导管壁上既有横的增厚，也有纵的增厚，与未增厚部分相隔呈梯形。

d. 网纹导管　导管增厚部分密集交织成网状，网眼是未增厚的部分。

e. 孔纹导管　导管壁几乎全面增厚，只有纹孔是未增厚的部分。根据纹孔不同又可分为单纹孔导管和具缘纹孔导管，前者未增厚部分为单纹孔，后者为具缘纹孔。

② 管胞　管胞是绝大多数蕨类植物和裸子植物的输水组织，同时兼有支持作用。在被子植物的木质部中也有管胞，但含量较少，不为主要输水组织。管胞是狭

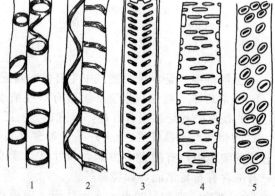

图 1-3-12　导管的主要类型
1—环纹导管；2—螺纹导管；3—梯纹导管；
4—网纹导管；5—具缘纹孔导管

长形的死细胞，两端尖斜，末端不穿孔，细胞直径小，壁木质化增厚并形成各种纹理，以梯纹及具缘纹孔管胞较为多见（图 1-3-13）。管胞互相连接并集合成群，依靠纹孔运输水分等，所以输导能力较导管低，是一类较原始的输导组织。

侵填体：是与导管或管胞邻接的薄壁组织细胞，从纹孔处侵入导管或管胞腔内，膨大和

沉积树脂、单宁、油类等物质，形成部分或完全阻塞导管或管胞的突起结构。侵填体的产生，使导管或管胞的输导能力降低，但有一定的防腐作用。具有侵填体的木材是较耐水湿的。

（2）筛管、伴胞和筛胞　筛管、伴胞和筛胞是输送有机营养物质的组织，存在于植物的韧皮部中。

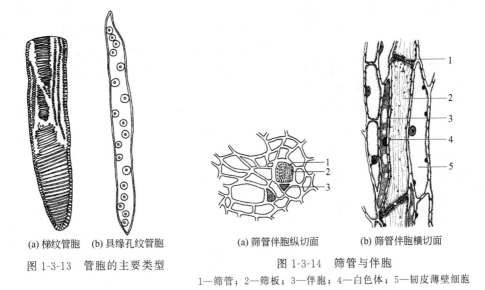

（a）梯纹管胞　（b）具缘孔纹管胞

图 1-3-13　管胞的主要类型

（a）筛管伴胞纵切面　（b）筛管伴胞横切面

图 1-3-14　筛管与伴胞

1—筛管；2—筛板；3—伴胞；4—白色体；5—韧皮薄壁细胞

① 筛管　存在于被子植物中，是由多数长管状的薄壁生活细胞纵向连接构成的，其中每一个管状细胞称为筛管分子。成熟的筛管分子是无核的生活细胞，其细胞核在筛管成熟过程中通过解体而消失。在筛管分子连接的横壁上穿有许多小孔称筛孔，具筛孔的横壁称筛板。见图 1-3-14。穿过筛孔的原生质丝比胞间连丝粗大，称为联络索。筛管分子通过筛孔由联络索相连，成为有机物输送的通道。

在被子植物筛管的旁边有一个或几个细长梭形的薄壁细胞，称为伴胞（图 1-3-14）。伴胞具浓厚的细胞质和明显的细胞核，并含有多种酶，生理上很活跃。筛管的输导功能与伴胞有着密切的关系。伴胞为被子植物所特有，蕨类及裸子植物中则不存在。

胼胝体：是温带树木进入冬季时，由一种称为胼胝质的黏稠的碳水化合物在筛管的筛板上形成的垫状物。胼胝体形成后，筛管就失去了输导机能，直到来年春天，胼胝体被酶溶解后，筛管才重新恢复输导机能。

② 筛胞　筛胞存在于蕨类植物和裸子植物中。筛胞是单个分子的狭长细胞，直径较小，端壁倾斜，没有特化成筛板，仅在端壁及侧壁上形成小孔，孔间有较细的原生质丝通过，其输导能力不如筛管分子。

5. 分泌组织

分泌组织是植物体中具有分泌功能的细胞群。其主要特征是多为生活细胞，能分泌某些特殊的物质，如挥发油、树脂、乳汁、黏液、蜜汁等。根据分泌物是积聚在体内还是排出体外，分泌组织可分为外部分泌组织和内部分泌组织两大类。

（1）外部分泌组织（图 1-3-15）　位于植物的体表，其分泌物直接排出体外，其中有腺毛和蜜腺。

① 腺毛　是由表皮细胞分化而来的，有头部和柄部之分，头部具有分泌能力。头部的细胞覆盖着角质层，而分泌物则积聚在细胞与角质层之间所形成的囊中，如薄荷叶。

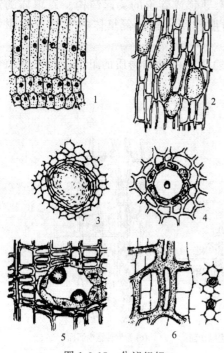

图 1-3-15　分泌组织
1—蜜腺（大戟属）；2—分泌细胞；
3—溶生分泌腔（橘果皮）；4—离生
分泌腔（当归根）；5—树脂道（松属
木材）；6—乳汁管（蒲公英根）

② 蜜腺　是分泌蜜汁的腺体，由一层表皮细胞或及其下面数层细胞分化而来。蜜腺的细胞壁较薄，具浓厚的细胞质。细胞质产生的蜜汁可由扩散通过细胞壁由角质层的破裂扩散，或经过表皮层上的气孔而到体外。蜜腺常存在于虫媒花植物的花瓣基部或花托上，如油菜花、荞麦花、酸枣花、槐花等；有时也存在于植物的叶、托叶或花柄等处，如蚕豆托叶的紫黑色腺点，桃和樱桃叶片基部的腺体，大戟科植物的杯状蜜腺等。

（2）内部分泌组织（图 1-3-15）　存在于植物体内，其分泌物贮藏在细胞内或细胞间隙中。根据形态结构和分泌物的不同，内部分泌组织可分为分泌细胞、分泌腔、分泌道和乳汁管。

① 分泌细胞　是单个分散于薄壁组织中的具有分泌能力的细胞，常比周围细胞大，其分泌物贮存在细胞内。分泌细胞在充满分泌物后，即成为死亡的贮藏细胞。分泌细胞有的是油细胞，含有挥发油，如肉桂皮、姜、菖蒲；有的是黏液细胞，含有黏液质，如半夏、玉竹、山药、白及；还有的含鞣质的鞣质细胞，如葡萄科、景天科、豆科、蔷薇科等。

② 分泌腔　它是由多数分泌细胞所形成的腔室，大多是挥发油贮存在腔室内，故又称油室。腔室的形成，一种是由于分泌细胞中层裂开形成，分泌细胞完整地围绕着腔室，称为离生（裂生）分泌腔，如当归；另一种是由许多聚集的分泌细胞本身破裂溶解而形成的腔室，腔室周围的细胞常破碎不完整，称为溶生分泌腔，如橘的果皮（陈皮）。

③ 分泌道　它是由多数分泌细胞形成的管道，分泌物贮在管道里，分泌道顺轴分布于器官中，故横切面观呈类圆形，与分泌腔相似，但纵切面观则呈管状。分泌道中的分泌物有的是挥发油，称为油管，如茴香；有的是树脂或油树脂，称为树脂道，如松茎。

④ 乳汁管　是由一个或多个细长分枝的乳细胞形成。乳细胞是具有细胞质和细胞核的生活细胞，原生质体紧贴在胞壁上，具有分泌作用，其分泌的乳汁贮在细胞中。乳汁管通常有下列两种。

a. 无节乳汁管　是由单个乳细胞构成的，随器官长大而伸长，管壁上无节，有的在发育过程中，细胞核进行分裂，但细胞质不分裂而形成多核细胞，因而常有分枝，贯穿在整个植物体中；若有多个乳细胞，它们彼此各成一独立单位而永不相连。具分枝乳汁管的如大戟、夹竹桃，具不分枝乳汁管的如大麻。

b. 有节乳管　是由一系列管状乳细胞错综连接而成的网状系统，连接处细胞壁溶化贯通，乳汁可以互相流动。如蒲公英、桔梗、番木瓜、罂粟、橡胶树等。

乳汁具黏滞性，多为白色，但也有黄色的，如白屈菜、博落回。乳汁的成分复杂，主要为糖类、蛋白质、橡胶、生物碱、苷类、酶、单宁等物质，有些可供药用，如罂粟的乳汁含有多种止痛、抗菌、抗肿瘤作用的生物碱，番木瓜的乳汁含有蛋白酶等。

（三）维管束及其类型

维管束是在植物进化到较高级的阶段时才出现的组织。维管束在植物体内出现，是从蕨类植物开始的。所谓维管束植物，就是指蕨类植物和种子植物。在维管束植物体中，维管束贯穿于各种器官内，并彼此相连形成一个维管系统，承担着水分和物质的运输，并兼有支持作用。

维管束是主要由韧皮部和木质部组成的束状结构。在被子植物中，韧皮部主要由筛管、伴胞、韧皮薄壁细胞和韧皮纤维组成，木质部主要由导管、管胞、木薄壁细胞和木纤维组成；裸子植物和蕨类植物的韧皮部主要由筛胞和韧皮薄壁细胞组成，木质部主要由管胞和木薄壁细胞组成。

根据维管束中韧皮部和木质部排列方式的不同，以及形成层的有无，可将维管束分为下列几种类型（图 1-3-16）。

（1）有限外韧维管束　韧皮部位于外侧，木质部位于内侧，两者并行排列，中间没有形

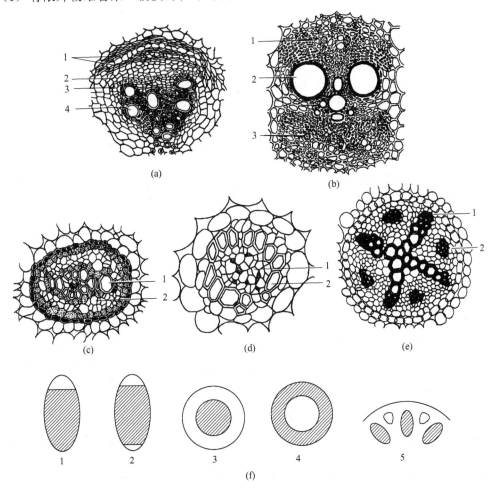

图 1-3-16　维管束的类型

（a）外韧维管束　1—压扁的韧皮部；2—韧皮部；3—形成层；4—木质部

（b）双韧维管束　1,3—韧皮部；2—木质部

（c）周韧维管束　1—木质部；2—韧皮部　　（d）周木维管束　1—韧皮部；2—木质部；

（e）辐射维管束　1—木质部；2—韧皮部　　（f）维管束的类型图解　1—外韧维管束；2—双韧维管束；3—周韧维管束；4—周木维管束；5—辐射维管束

成层。如单子叶植物茎的维管束。

（2）无限外韧维管束　与有限外韧维管束的不同之处在韧皮部和木质部之间有形成层。如裸子植物和双子叶植物茎中的维管束。

（3）双韧维管束　木质部的内外两侧都有韧皮部。常见于茄科、葫芦科、夹竹桃科、旋花科、桃金娘科等植物的茎中。如颠茄、南瓜、夹竹桃等植物茎的维管束。

（4）周韧维管束　木质部位于中间，韧皮部围绕在木质部的四周。如百合科、禾本科、棕榈科、蓼科及蕨类的某些植物。

（5）周木维管束　韧皮部位于中间，木质部围绕在韧皮部的四周。如百合科、鸢尾科、天南星科、莎草科、仙茅科等某些植物的茎中。如菖蒲、石菖蒲、铃兰等。

（6）辐射维管束　韧皮部和木质部相互间隔成辐射状排列，并形成一圈。存在于被子植物根的初生构造中。

归 纳 总 结

表1　细胞壁的特化

特化方式	增加物质	特化组织	作用	检识方法
木质化	木质素	管胞、导管、木纤维、木薄壁细胞、石细胞等	增强机械支持力	加间苯三酚浓盐酸显红紫色或樱桃红色
木栓化	木栓质	木栓层细胞	保护作用	加苏丹红Ⅲ试液显红色
角质化	角质	表皮细胞	保护作用	同木栓化
黏液质化	纤维素转变为黏液	表皮或其他细胞	利于种子吸水萌发	加钌红试液染成红色
矿质化	硅质或钙质等无机物	禾本科植物茎、叶等	增强机械支持力	根据增加无机物的种类不同进行检识

表2　质体的类型及其区别

类型	分布	形态	主要生理功能
叶绿体	植物体内能透光的部位,以叶肉细胞中最多	球形或扁球形	光合作用的场所
有色体	花、果实和根	杆状、圆形或不规则形	使花和果实呈现出鲜艳的色彩,与吸引昆虫或其他动物传粉或传播种子有关
白色体	分生组织、幼胚及所有器官的无色部分	颗粒状球形或纺锤形	积累贮藏有机物。包括造粉体、造油体、造蛋白体三种

表3　纤维与石细胞的区别

类型	横切面	纵切面
纤维	常呈圆形或多边形,壁极厚,胞腔很小,可见层纹,少见壁孔	全形狭长,两端狭尖,壁孔常呈斜裂隙状,胞腔狭长
石细胞	不规则长方形或卵形、不规则形,略等径,壁厚,壁孔多,孔沟状,并常呈分枝状,胞腔稍大或狭长	全形与横切面类似,壁孔多呈圆形

表 4　导管、管胞、筛管及筛胞的区别

导管	管胞	筛管	筛胞
位于被子植物维管束内的木质部。具穿孔，由多个细胞组成管状结构	位于裸子植物维管束内的木质部。无穿孔，端壁及侧壁具许多纹孔。为单个细胞	位于被子植物维管束内韧皮部。具筛板，成熟后细胞无原生质体，由多个细胞组成的管状结构	位于裸子植物维管束内韧皮部。无筛板，为单个细胞

植物细胞
- 细胞壁
  - 胞间层
  - 初生壁
  - 次生壁
- 原生质体
  - 细胞质
  - 细胞核
    - 核膜：由双层单位膜组成，分布有若干核孔，控制核内外物质运输
    - 核液：细胞膜内呈黏性的液体
    - 核仁：折光率较强的匀质小体，通常一个或几个
    - 染色质：散布在核液中，易被碱性染料染色。为遗传物质的载体
  - 细胞器：质体、液泡、线粒体、内质网、高尔基体、核糖体等
- 后含物
  - 贮藏物质
    - 淀粉粒
      - 单粒淀粉粒
      - 复粒淀粉粒
      - 半复粒淀粉粒
    - 菊糖
    - 糊粉粒
    - 脂肪和脂肪油
  - 代谢废物
    - 草酸钙结晶：方晶、簇晶、针晶、砂晶、柱晶
    - 碳酸钙结晶：无柄碳酸钙晶体、钟乳体
    - 其他结晶：石膏晶体、橙皮苷结晶、芸香苷结晶等
  - 生理活性物质：酶、维生素、植物激素、抗生素等

分生组织
- 依据来源分类
  - 原生分生组织：位于生长点最先端，由胚性细胞组成
  - 初生分生组织：由原分生组织衍生的细胞组成，由原表皮细胞、基本分生组织和原形成层组成
  - 次生分生组织：由薄壁细胞转化而成，如维管形成层、木栓形成层

分化成熟的细胞和组织
- 成熟组织
  - 保护组织
    - 初生保护组织：表皮
    - 次生保护组织：由木栓层、木栓形成层、栓内层组成的周皮
  - 基本组织
    - 一般薄壁组织：根、茎的皮层和髓部起填充和联系的薄壁细胞
    - 通气薄壁组织：胞间隙非常发达的组织，常为水生植物所有
    - 同化薄壁组织：叶肉组织
    - 输导薄壁组织：位于木质部及髓部，有输导水分和养料作用的细胞
    - 吸收薄壁组织：根毛区的根毛和皮层
    - 贮藏薄壁组织：植物地下部分及果实、种子中的营养组织
  - 分泌组织
    - 外部分泌组织：腺毛、蜜腺等
    - 内部分泌组织：分泌细胞、分泌腔、分泌道、乳汁管等
  - 机械组织
    - 厚角组织：细胞壁不均匀增厚，增厚部分为初生壁；为活细胞
    - 厚壁组织：细胞壁全面增厚，常木质化，增厚部分为次生壁；成熟后死细胞
  - 输导组织
    - 木质部
      - 导管：被子植物主要的输导组织，有穿孔板
      - 管胞：蕨类和裸子植物主要的输导组织，无穿孔板
    - 韧皮部
      - 筛管：存在于被子植物中，端壁有筛板，具伴胞
      - 筛胞：存在于蕨类、裸子植物中，端壁不成筛板，无伴胞

图 1　植物的细胞与组织

复习与思考

一、名词解释

原生质；原生质体；质体；细胞壁；纹孔；纹孔对；细胞壁的特化；细胞器；后含物；气孔；皮孔；石细胞；周皮；导管；管胞；筛管；伴胞；气孔的轴式；维管束；晶鞘纤维

二、判断正误

1. 细胞核、质体、线粒体、液泡都可以在光学显微镜下观察到。

2. 内质网、质体、高尔基体只能在电镜下看到，光镜下看不到。

3. 液泡、叶绿体、质体是植物细胞与动物细胞不同的三大结构特征。

4. 细胞壁形成时，次生壁在初生壁上不均匀增厚，在很多地方留有一些未增厚的部分呈凹陷的孔状结构，称纹孔。纹孔处有胞间层、初生壁和次生壁。

5. 在电子显微镜下，核膜是一层薄膜。

6. 淀粉粒在形态上有三种：单粒淀粉、复粒淀粉、半复粒淀粉。其中半复粒淀粉具有2个以上的脐点，每个脐点分别有各自的层纹围绕。

7. 在半夏、黄精和玉竹的根状茎中多存在草酸钙结晶。

8. 角质化细胞壁或角质层加入苏丹Ⅲ试剂显橘红色或红色，遇碱液溶解成黄色油滴状。

9. 淀粉粒只存在于种子的胚乳和子叶中。

10. 观察菊糖时，可将含菊糖的药材浸入水中，1周后做切片在显微镜下观察，可见球状、半球状或扇状的菊糖结晶。

11. 基本薄壁组织普遍存在于植物体内，尤其是植物表皮中，含有大量的叶绿体。

12. 茎、叶、子房都是由顶端分生组织的薄壁组织分化而来。

13. 厚角组织细胞壁主要是由纤维素和果胶质组成，不含木质素。

14. 裸子植物和双子叶植物的根和茎中形成层属于侧生分生组织。

15. 裸子植物的木质部由木薄壁细胞、木纤维组成。

16. 维管植物包括裸子植物、被子植物和蕨类植物。

17. 在被子植物中，韧皮部由筛管、伴胞组成；木质部由导管、管胞组成。

18. 保卫细胞是生活细胞，有明显的细胞核，并含有叶绿体。

19. 分泌细胞完整地包围着腔室，腔室周围的细胞常破碎不完整，如当归的根。

20. 石细胞壁强烈增厚，均木栓化，成熟后原生质体通常消失。

三、论述题

1. 植物体中每个细胞所含有的细胞器类型是否相同？为什么？举例说明。

2. 胡萝卜、马铃薯和番茄不同部位变色的原因是什么？

3. 植物细胞有哪些主要后含物？如何鉴别和检识？

第二章

药用植物的器官

【学习目标】

通过学习植物器官的类型、功能和形态特征，掌握根、茎、叶、花、果实、种子的构造特点，鉴别常见药用植物的器官类型。

【知识目标】

1. 熟练掌握与中药鉴定相关的药用植物器官的形态特征及其变态类型。

2. 了解根的异常结构、裸子植物茎的构造和茎的异常构造；花图式、花的生殖功能；常见的药用果实和种子。

【能力目标】

1. 能够正确鉴别根、茎、叶、花、果实、种子的形态特征和结构类型。

2. 能依据表皮、木栓层、木质部、韧皮部等本章植物学形态术语及其构造特征准确理解与鉴别药用植物。

3. 能准确地识别鉴定根的异常结构。

4. 能够鉴别常见药用植物的器官。

植物的形态结构是植物在长期的进化过程中逐渐形成的。组成植物体形态结构和生命活动的基本单位——细胞，在不同的环境条件下，行使特定的生理功能，进而分化出各种组织。再由多种组织构成的具有一定外部形态和内部结构，并执行一定生理功能的器官。被子植物一般可分为根、茎、叶、花、果实和种子六大器官，其中根、茎、叶担负着植物体的营养生长活动，称为营养器官。

第一节　根

根是植物适应陆上生活在进化中逐渐形成的器官，自蕨类植物开始才出现真根，它具有吸收、输导、合成、分泌、贮藏、繁殖、固着和支持等功能。由此可见，根具有极其重要的作用，任何植物的健壮生长都必须有一个发育良好、生长健壮的根系。很多植物的根可供药用，如人参、当归、甘草、乌头、龙胆等。

一、根的形态

植物的主根通常呈圆柱形，如中药甘草、防风、怀牛膝；也有圆锥形的，再如桔梗、白芷、黄芩。侧根也称支根，不同植物的根数目有别，如野山参2个支根、圆参2～3个支根、当归 3～5 个支根。根是无节的，一般也不生芽和叶。但有皮孔，如杭白芷和川白芷皮孔大而明显呈纵列或交错排列。少数根表面是光滑的表皮，如中药麦冬，但大多数表面粗糙为木栓层，比如当归、甘草；根晒干后有纵的或横的皱纹。根的横断面观呈圆形，少数呈方形，如杭白芷。根的表面颜色也有区别，如甘草红棕色、川乌棕褐色、丹参砖红色、白芷灰白色。

二、根的类型

（一）主根与侧根

（1）主根　种子萌发时最先是胚根突破种皮，向下生长，这个由胚根发育形成的根称为主根（图 2-1-1）。

（2）侧根　主根生长达到一定长度，在一定部位上侧向地从内部生长出许多分枝称为侧根（图 2-1-1）。侧根和主根往往形成一定角度，侧根达到一定长度时，又能生出新的侧根。在主根和各级侧根上还能形成小的分枝称为纤维根，如人参、丹参。

（二）定根和不定根

（1）定根　主根、侧根、须根都是由植株的一定部位上长出的根，故称为定根。它是直接或间接由胚根发育成的根，有固定的生长部位。如人参、当归、桔梗、党参的根。

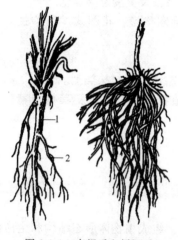

图 2-1-1　直根系和须根系
1—主根；2—侧根

（2）不定根　一些植物的茎、叶、老根及胚轴上也能发生根，此类根生长位置不固定，称为不定根。如人参芦头上的根，药材上称为苄；秋海棠、落地生根的叶上生出的根；黄连根茎上须根；以及菊、桑的枝条插入土壤中后生出的根都是不定根。

（三）根系的类型

根系是一株植物地下部分全部根的总称。根据根系的形态和生长特性不同，可分为直根系和须根系两种基本类型（图 2-1-1）。

（1）直根系　大多数双子叶植物和裸子植物的根系。从外形上看，主根通常粗壮发达，垂直向下生长，主根和侧根区别明显，各级侧根的粗度依次递减，如松、桔梗、人参等。

（2）须根系　大多数单子叶植物的根系及少数双子叶植物的根系。主根不发达或早期死亡，而从茎基部的节上长出许多粗细相近、长短相仿的不定根，簇生呈胡须状，无主次之分，如半夏、麦冬、知母等。

（四）根的变态类型

根在长期适应生活环境的变化过程中，其形态构造产生了许多变态，常见的有下列几种（图 2-1-2，图 2-1-3）。

1. 贮藏根

根的一部分或全部形成肥大肉质，其内贮存养料。常见于两年生或多年生草本双子叶植物。

（1）肉质直根　主要是由主根发育而成，并包括下胚轴和节间极短的茎。一株植物上只有一个肉质直根，其肥大部位可以是韧皮部，也可以是木质部。如桔梗、白芷等。

（2）块根　由不定根或侧根发育而来，因此，一株植物上可以形成多个块根，它的组成没有胚轴和茎的部分。如麦冬、直立百部等。

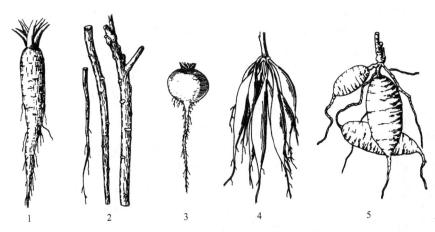

图 2-1-2　根的变态（地下部分）
1—圆锥根；2—圆柱根；3—圆球根；4—块根（纺锤状）；5—块根（块状）

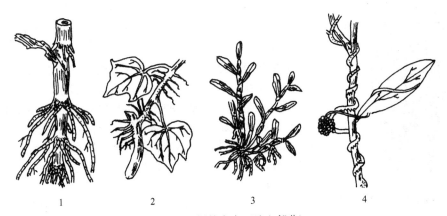

图 2-1-3　根的变态（地上部分）
1—支持根（玉米）；2—攀援根（常春藤）；3—气生根（石斛）；4—寄生根（菟丝子）

2. 气生根

由植物茎上发生的，生长在地面以上的、暴露在空气中的不定根。一般无根冠和根毛的结构，它具有在潮湿空气中吸收和贮藏水分的能力。

（1）支持根　是由茎节上长出的一种具有支持作用的变态根。如甘蔗、薏苡、玉米等茎基部节上发生许多不定根，伸入土壤中有支持作用，可防止倒伏。

（2）攀援根　有些植物的茎细长，不能直立，茎上生许多很短的气生根，固着于其他物体之上，借此向上攀援生长。如常春藤、络石、凌霄等。

（3）呼吸根　一部分生长在泥水中的植物，有部分根垂直向上伸出土面，暴露于空气之中，便于进行呼吸。

3. 寄生根

也是不定根的变态，它们直接伸入到寄主植物体内，吸收生活所需的物质，因而严重影响寄主植物的生长。如菟丝子、桑寄生、肉苁蓉、槲寄生等。

三、根的构造

（一）根尖的构造

根尖是指根的顶端到生有根毛的部分的这一段（图 2-1-4）。不论主根、侧根或不定根都有根尖，长度因种而异，可以从数毫米至几厘米。它是根的生命活动最旺盛的部分，是根内部组织分化发育的起始区域，根的伸长生长及对水分和养料的吸收，主要是在根尖内进行的。根尖损伤后，会直接影响根的生长、发育和吸收作用的进行。

根据根尖细胞的形态、结构特点和分化的程度不同，可将其从顶端自下而上依次分为根冠、分生区、伸长区和成熟区（图 2-1-4）4 个既相互区别又彼此联系的区段。

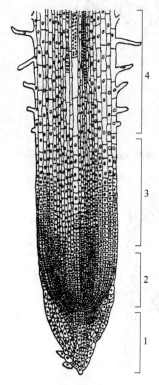

图 2-1-4　根尖纵切面（大麦）
1—根冠；2—分生区；
3—伸长区；4—成熟区

1. 根冠

根冠位于根的先端，是根特有的一种构造，纵切面观一般是圆锥形，由许多排列不规则的薄壁细胞组成，它像一顶帽子套在分生区的外方，保护着根冠内侧的幼嫩生长点。当根不断生长，向前延伸时，根冠外层细胞与土粒发生摩擦，常受破坏不断解体、死亡和脱落，但由于分生区的细胞不断地分裂产生新细胞，因此，根冠细胞可以陆续得到补充，始终保持一定的形状和厚度。同时，通过其细胞内高尔基体的作用，将多糖黏液分泌至细胞的外表，使根冠表面黏滑，有利于根尖在土壤中向前推进。同时对促进物质的溶解和离子交换也有一定作用。绝大多数植物的根尖都有根冠，但寄生植物和有菌根共生的植物通常无根冠。

2. 分生区

分生区也叫生长点，位于根冠的内侧，长 1～2mm，为顶端分生组织所在部位，是细胞分裂最旺盛的部分，分生区最先端的一群原始细胞来源于种子的胚，属于原分生组织。纵切面观细胞为方形，排列紧密，细胞壁薄，细胞质浓，细胞核大，这些分生组织细胞不断地进行细胞分裂增加细胞数目。分生区是分生新细胞的主要场所，是根内一切组织的"发源地"。

3. 伸长区

伸长区位于分生区的上方，至有根毛的地方止。一般长 2～5mm，主要特点为多数细胞已逐渐停止分裂，细胞中液泡大量出现，细胞纵向沿根的长轴方向显著延伸，成为根尖在土壤颗粒间向前生长的主要动力。同时，伸长区也是根吸收无机盐的主要区域。在内部结构上，除了清楚地分化出原表皮、基本分生组织和原形成层外，原形成层细胞已开始分化形成维管组织，最早分化出原生韧皮部的筛管，随后分化出原生木质部的导管。

4. 成熟区

成熟区紧接于伸长区，细胞分化形成了初生组织。根的成熟区表皮上密生根毛，根毛是表皮细胞的外壁向外突出形成的、顶端密闭的管状结构，细胞壁薄软而胶黏。每平方毫米的表皮上可产生数十至数百条根毛，一般可使根接触面积增加 3～10 倍。成熟区是根部行使吸收作用的主要区域，因此，又称根毛区。在农、林、园艺和中草药栽培工作中，移栽植物时，应尽量减少损伤幼根和根尖，保护根毛区，以保证水分的吸收和供应，提高植株的成活率，这也是带土移栽的主要原因。

（二）根的初生构造

根尖的顶端分生组织细胞经过分裂、生长和分化，形成了根的成熟结构，此过程称为初生生长。在初生生长过程中形成的各种成熟组织，属初生组织。由初生组织形成的结构，叫初生结构，即成熟区的结构。从外向内分为表皮、皮层、维管柱三部分，如图 2-1-5。

1. 表皮

表皮位于根的最外围，是由原表皮发育而成，由单层生活细胞组成，表皮细胞近似长方体，延长的面和根的纵轴平行，排列整齐、紧密，无细胞间隙，细胞壁薄没有角质化，不具气孔，一部分细胞外壁向外突出形成根毛。根的这些特征和它的吸收、固着等作用密切相关。根的表皮一般是一层细胞组成的，但也有例外，在热带的兰科植物和一些腐生的天南星科植物的气生根中，表皮是多层的，形成根被。根被是由排列紧密的死细胞构成，细胞壁上有带状或网状增厚，常木化和栓化。当空气干燥时，这些细胞充满着空气，当降雨时它们又充满了水，当根的水气饱和时，根被也有气体交换的作用，有些植物如麦冬、百部的根表皮为多层细胞的根被。

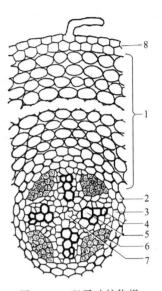

图 2-1-5　双子叶植物根的初生构造（毛茛幼根）
1—表皮；2—皮层；3—内皮层；
4—中柱鞘；5—原生木质部；
6—后生木质部；7—初生韧皮部；8—未成熟的后生木质部

2. 皮层

皮层位于表皮内方，由多层薄壁细胞组成，占根相当大的部分。通常可分为外皮层、皮层薄壁细胞和内皮层组成。

（1）外皮层　为皮层最外方的细胞，通常由一层细胞组成，少数为多层，细胞排列紧密，没有细胞间隙。当根毛枯死，表皮被破坏后，外皮层细胞的细胞壁常增厚并栓化，称后生皮层，如川乌，代替表皮起保护作用。有些植物的根如鸢尾，外皮层由多层细胞组成。

（2）皮层薄壁组织　为外皮层内方、内皮层外方的组织，由多层细胞组成，细胞壁薄，排列疏松，有细胞间隙，具有将根毛吸收的水分及溶质转送到根的维管柱的作用，又可以将维管柱内的养料转送出来，有的细胞中贮藏有淀粉、晶体。

（3）内皮层　为皮层最内的一层细胞，细胞排列整齐紧密，无细胞间隙，通常在内皮层细胞的径向壁和上下壁有木质化和栓质化的局部增厚，呈带状环绕细胞一周，称为凯氏带。在单子叶植物根中，内皮层进一步发展，细胞在径向壁、上下壁和内切向壁（向维管柱的一面）显著增厚，也只有外切向壁仍保持薄壁，细胞横切面呈马蹄形。在内皮层细胞壁增厚过程中有少数正对初生木质部角的内皮层细胞的胞壁不增厚为薄壁细胞，这种细胞称为通道细胞，起着皮层与维管柱间物质交流的作用。

3. 维管柱

也称中柱，是指内皮层以内的所有组织，由原形成层发展而来，结构较复杂，包括中柱鞘、初生维管束（即初生木质部、初生韧皮部）和薄壁组织四部分，占根的较小面积（图2-1-5）。通常单子叶植物有髓部。

（1）中柱鞘　是维管柱最外方组织，向外紧贴着内皮层。通常由一层薄壁细胞组成，如多数双子叶植物；少数由两层或多层的细胞组成，如桃、桑以及裸子植物等；也有的为厚壁组织，如竹类、菝葜等。根的中柱鞘细胞排列整齐，具有潜在的分生能力，在一定时期可以产生侧根、不定根、不定芽、一部分维管形成层和木栓形成层等。

（2）初生维管束　根维管柱中的初生维管组织由初生木质部和初生韧皮部组成。它们相间排列，各自成束，是由原形成层直接分化形成。一般初生木质部分为几束，呈星角状，和初生韧皮部相间排列呈辐射状，称为辐射型维管束；这是根的初生构造特点之一。由于根的初生木质部在分化过程中，是由外方开始向内方逐渐发育成熟，这种方式称为外始式。先分化的初生木质部的外方，也就是近中柱鞘的部位，是最初成熟的部分称为原生木质部，它是由管腔较小的环纹导管或螺纹导管组成，位于初生木质部的角隅处；渐近中部，成熟较迟的、后分化的部分称为后生木质部，其导管直径较粗，多为梯纹、网纹、孔纹导管，这种分化成熟的顺序表现了形态构造和生理机能的统一性，因为最初形成的导管出现在木质部的外方，由根毛吸收的水分和无机盐类，通过皮层传到导管中的距离就短些，从而加速了由根毛所吸收的物质向地上部分运输。被子植物的初生木质部由导管、管胞、木薄壁细胞和木纤维组成；裸子植物的初生木质部只有管胞。初生韧皮部束的数目和初生木质部束的数目相同，它的分化成熟方向也是外始式，即在外方的先分化成熟的初生韧皮部称为原生韧皮部，在内方的后分化成熟的初生韧皮部称后生韧皮部。被子植物的初生韧皮部一般有筛管和伴胞、韧皮薄壁细胞，偶有韧皮纤维；裸子植物的初生韧皮部只有筛胞。

在根的横切面上，初生木质部整个轮廓呈辐射状，而原生木质部构成辐射状的棱角，即木质部脊，不同植物的根中，木质部脊数是相对稳定的，但是脊数随植物的种而异。如十字花科、伞形科的一些植物的根中只有两束，称为二原型；毛茛科的唐松草属有三束，称为三原型；葫芦科、杨柳科及毛茛科毛茛属的一些植物有四束，称为四原型；棉花和向日葵有四束或五束，蚕豆有四至六束。一般双子叶植物束较少，为二至六原型；而单子叶植物至少是六束，有些单子叶植物可达数十束之多（图 2-1-6）。

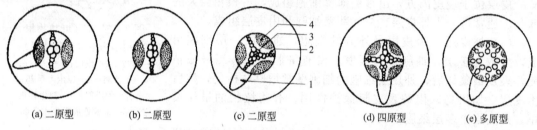

(a) 二原型　　(b) 二原型　　(c) 二原型　　(d) 四原型　　(e) 多原型

图 2-1-6　根中木质部脊数的类型

1—侧根；2—原生木质部；3—后生木质部；4—初生韧皮部

一般双子叶植物的根，初生木质部往往一直分化到维管柱的中心，因此一般根不具髓部。但也些植物初生木质部不分化到维管柱中心，保留未分化的薄壁细胞，故而这些根的中心有髓部，如乌头、龙胆等。单子叶植物根的初生木质部一般不分化到中心，有发达的髓部（图 2-1-7），如百部、麦冬的块根，也有的髓部细胞增厚木化而成为厚壁组织，如鸢尾。

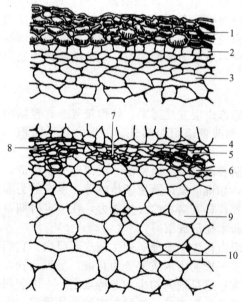

图 2-1-7　百部根横切面（示髓部）

1—根被；2—外皮层；3—皮层；4—内皮层；
5—中柱鞘；6—木质部；7—韧皮部；8—韧皮纤维；
9—髓；10—髓部纤维

（三）根的次生构造

在植物中绝大多数蕨类植物和单子叶植物的根，在整个生活期中一直保存着初生构造。而一般双子叶植物和裸子植物的根，则可以进行次生生长，形成次生结构。次生构造是由次生分生组织（维管形成层和木栓形成层）经过细胞的分裂、分化产生的。

1. 维管形成层的发生及其活动

（1）维管形成层的发生　当次生生长开始时，位于初生木质部和初生韧皮部之间的由原形成层遗留下来的一层薄壁细胞恢复分裂能力，成为维管形成层的一部分。在根的横切面上，这部分细胞主要进行切向分裂，产生一段段的弧形狭条，这就是最早产生的维管形成层片断。以后各片断的细胞进行径向分裂，扩大维管形成层的弧长，直到与初生木质部辐射角处的中柱鞘细胞相接。这时，此处的中柱鞘细胞也恢复分裂能力，并分别与形成层段相连接，成为完整、连续的、呈波浪状的形成层环，包围着初生木质部。

（2）维管形成层的活动　维管形成层的原始细胞只有一层，但在生长季节，由于刚分裂出来的尚未分化的衍生细胞与原始细胞相似，而成为多层细胞，合称为维管形成层区，简称形成层区（图2-1-8）。通常看到的维管形成层就是指形成层区。维管形成层发生之后，就向内、外分裂产生新细胞，由于形成层环的不同部位发生的先后不同，向内、外分裂产生新细胞的速度存在着差别，原来形成层环的内凹处形成较早，其分裂活动亦开始较早，同时向内分裂增加的细胞数量多于向外分裂的细胞数量，因而形成层环中内凹的这部分向外推移，结果原来波浪状的维管形成层就逐渐变成了圆环状。此后形成层环中的各部分基本上等速地进行分裂，形成新的次生组织。横切面观，维管形成层细胞不断进行平周分裂，向内产生新的木质部细胞，包

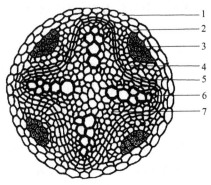

图 2-1-8　形成层发生的过程
1—内皮层；2—中柱鞘；3—初生韧皮部；
4—次生韧皮部；5—形成层；
6—初生木质部；7—次生木质部

括导管、管胞、木薄壁细胞和木纤维，加于木质部的外方，称为次生木质部；向外产生新的韧皮部，包括筛管。伴胞、韧皮薄壁细胞和韧皮纤维，加于初生韧皮部的内方，称为次生韧皮部。此时，木质部和韧皮部已由初生结构的相间排列的辐射型维管束转变为内外排列的无限外韧型维管束。次生木质部和次生韧皮部合称为次生维管组织，是次生构造的主要部分。

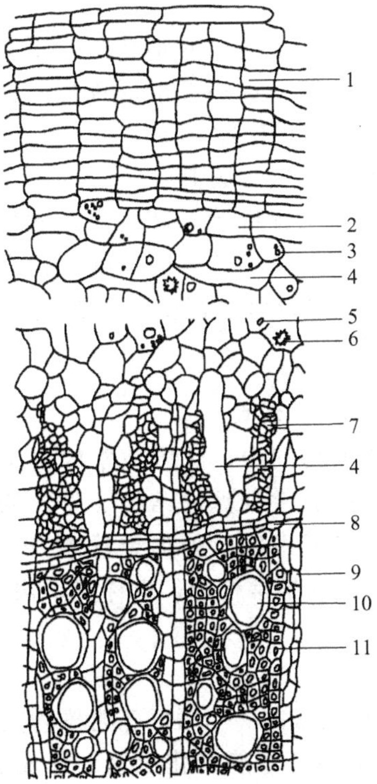

维管形成层细胞活动时，在一定部分也分生一些薄壁细胞沿径向延长，呈辐射状排列，贯穿在次生维管组织中，称次生射线，位于木质部的称木射线，位于韧皮部的称韧皮射线，两合称为维管射线。在有些植物根中，由中柱鞘部分细胞转化的形成层所产生维管射线较宽，故在横切面上，可见数条较宽的维管射线，将次生维管组织分割成若干束。这种射线都具有横向运输水分和养料的能力。

在次生生长的同时，初生构造也起了一些变化，因新生的次生维管组织总是添加在初生韧皮部的内方，初生韧皮部遭受挤压而被破坏，成为没有细胞形态的颓废组织。由于维管形成层产生的次生木质部的数量较多，并添加在初生木质部之外，因此，粗大的树根主要是次生木质部，非常坚固。

在根的次生韧皮部中，常有各种分泌组织分布（图2-1-9）。如马兜铃根（青木香）有油细胞，人参的根中有树脂道，当归的根有油室，蒲公英的根有乳汁管。有的薄壁细胞（包括射线薄壁细胞）中常含有结晶体并贮藏多种

图 2-1-9　远志根的横切面
（含分泌组织）
1—木栓层；2—皮层；3—脂肪油滴；
4—裂隙；5—草酸钙方晶；6—草酸钙结晶；7—韧皮部；8—形成层；9—射线；
10—导管；11—木纤维

营养，如糖类、生物碱等，多与药用有关。

2. 木栓形成层的发生及其活动

（1）木栓形成层的发生　由于维管形成层的活动，根不断加粗，外方的表皮及部分皮层因不能适应维管柱的加粗遭到破坏。与此同时，根的部分中柱鞘细胞恢复分裂机能形成木栓形成层。

（2）木栓形成层的活动　木栓形成层向外分生木栓层，向内分生栓内层，栓内层为数层薄壁细胞，排列较疏松。有的栓内层比较发达，成为"次生皮层"。但是，通常仍然称为皮层。木栓层细胞在横切面上，多呈扁平状，排列整齐，往往数层叠加，细胞壁木栓化，呈褐色，因此，根在外形上由白色逐渐转变为褐色，由较柔软、较细小而逐渐转变为较粗硬，这就是次生生长的体现。木栓层、木栓形成层和栓内层三者合成周皮。在周皮外方的各种组织（表皮和皮层）由于内部失去水分和营养的关系而全部枯死。所以，一般根的次生结构中没有表皮和皮层，而为周皮所代替。

最初的木栓形成层通常是由中柱鞘分化而成。随着根的增粗，到一定时候，木栓形成层便终止了活动，其内方的薄壁细胞（皮层和次生韧皮部内），又能恢复分生能力产生新的木栓形成层，而形成新的周皮。

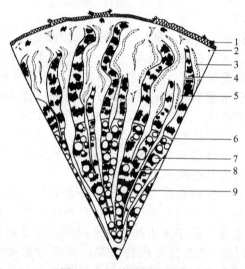

图 2-1-10　甘草根横切面
1—木栓层；2—方晶；3—裂隙；4—韧皮
纤维和韧皮部；5—韧皮射线；6—形成层；
7—导管；8—木射线；9—木纤维束

植物学上的根皮是指周皮这部分，而药材中的根皮类药材，如香加皮、地骨皮、牡丹皮等，却是指维管形成层以外的部分，主要包括韧皮部和周皮。

单子叶植物的根没有维管形成层，不能加粗，没有木栓形成层，也不能形成周皮，而由表皮或外皮层行使保护机能。

中药甘草根的次生构造中（图 2-1-10），木栓层为数列整齐的木栓细胞。韧皮部及木质部中均有纤维束存在，其周围薄壁细胞中常含草酸钙方晶，形成晶鞘纤维。韧皮部射线常弯曲，束间形成层不明显。

（四）根的异常构造

某些双子叶植物的根，除了正常的次生构造外，还产生一些通常少见的结构类型，例如产生一些额外的维管束以及附加维管束、木间木栓等，形成了根的异常构造，也称三生构造。

常见的有以下几种类型。

1. 同心环状排列的异常维管组织

在一些双子叶植物根中，初生生长和早期的次生生长都是正常的。当根的正常维管束形成以后，形成层往往失去分生能力，而在相当于中柱鞘部位的薄壁细胞转化成新的形成层，向外分裂产生薄壁细胞和一圈异形的无限外韧型维管束，如此反复多次，形成多圈异常维管束，并有薄壁细胞间隔，一圈套一圈，呈同心环状排列。有两种情况。

（1）不断产生的新形成层环始终保持分生能力，并使层层同心排列的异常维管束不断增大，呈年轮状，如商陆的根（图 2-1-11）。

（2）不断产生的新形成层环仅最外一层保持分生能力，而内面各层同心形成层环于异常维管束形成后即停止活动，如牛膝、川牛膝的根（图 2-1-12、图 2-1-13）。

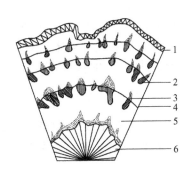

图 2-1-11　商陆根的横切面
1—木栓层；2—木质部；3—韧皮部；
4—形成层；5—针晶束；6—木质部

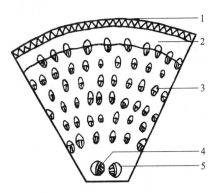

图 2-1-12　川牛膝根的横切面
1—木栓层；2—皮层；3—异常维管束；
4—木质部；5—韧皮部

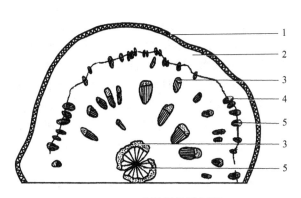

图 2-1-13　牛膝根的横切面
1—木栓层；2—皮层；3—韧皮部；
4—形成层；5—木质部

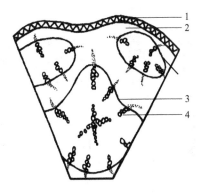

图 2-1-14　何首乌根的横切面
1—木栓层；2—皮层；3—异常维管束；
4—形成层

2. 附加维管束

　　有些双子叶植物的根，在维管柱外围的薄壁组织中能产生新的附加维管柱，形成异常构造。如何首乌块根在正常次生结构的发育中，次生韧皮部外缘薄壁细胞脱分化从而形成多个环状的异常形成层环，它向内产生木质部，向外产生韧皮部，形成异常维管束。异常维管束有单独的和复合的，其结构与中央维管柱很相似。故在何首乌块根的横切面上可以看到一些大小不等的圆圈状花纹，药材鉴别上称为"云锦纹"（图 2-1-14）。

3. 木间木栓

　　有些双子叶植物的根，在次生木质部内也形成木栓带，称木间木栓。木间木栓通常由次生木质部薄壁组织细胞分化形成。如黄芩的老根中央可见木栓环；新疆紫草根中央也有木栓带。甘松根中的木间木栓环包围一部分韧皮部和木质部而把维管柱分隔成 2～5 个束（图2-1-15）。

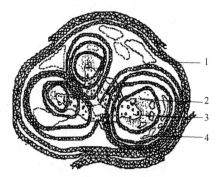

图 2-1-15　甘松横切面
1—木栓层；2—韧皮部；3—木质部；4—裂隙

第二节 茎

茎是植物的营养器官之一，一般是组成地上部分的枝干，主要功能是输导、支持、贮藏、繁殖和药用作用。如苏木、沉香、檀香、桂枝、杜仲、合欢皮、半夏、天麻、黄精等都是著名的药材，奎宁是金鸡纳树的树皮中所含的生物碱，为著名的抗疟药。

一、茎的形态

多数茎呈圆柱形，也有些植物的茎呈三角形（如莎草）、方柱形（如薄荷、益母草、紫苏）或扁平柱形（如昙花、仙人掌）。茎的内部散布着机械组织和维管组织，从力学上看，茎的外形和结构都具有支持和抗御的能力。

图 2-2-1　长枝与短枝
1—长枝；2—短枝

茎上着生叶的部位，称为节。两个节之间的部分，称为节间。茎和根在外形上的主要区别是，茎有节和节间，在节上着生叶，在叶腋和茎的顶端具有芽。着生叶和芽的茎称为枝或枝条，因此，茎就是枝上除去叶和芽所留下的轴状部分。

在植株生长过程中，枝条延伸生长的强弱影响节间的长短。不同种的植物节间的长度是不同的。在木本植物中，节间显著伸长的枝条，称为长枝；节间短缩，各个节间紧密相接，甚至难于分辨的枝条，称为短枝如图 2-2-1。短枝上的叶也就因节间短缩而呈簇生状态。例如银杏，长枝上生有许多短枝，叶簇生在短枝上。马尾松的短枝更为短小，基部着生许多鳞片，先端丛生二叶，落叶时，短枝与叶同时脱落。果树中例如梨和苹果，在长枝上生许多短枝，花多着生在短枝上，在这种情况下，短枝就是果枝，并常形成短果枝群。有些草本植物节间短缩，叶排列成基生的莲座状，如车前、蒲公英的茎。

禾本科植物（如芦苇、毛竹、薏苡等）和蓼科植物（如蓼蓝、何首乌等）的茎，由于节部膨大，节特别显著。少数植物（如莲），它的粗壮的根状茎（藕）上的节也很显著，但节间膨大，节部却缩小。大多数植物的节部，一般是稍微膨大，但不显著。

多年生落叶乔木和灌木的冬枝，除了节、节间和芽以外，还可以看到叶痕、维管束痕、芽鳞痕和皮孔等（图 2-2-2）。

落叶植物叶落后，在茎上留下的叶柄痕迹，称为叶痕。叶着生在茎上的位置有一定顺序，因此，叶痕在茎上也有一定的顺序，如榆是互生的，丁香是对生的。此外，不同植物的叶痕形状和颜色等，也各不同。叶痕内的点线状突起，是叶柄和茎间的维管束断离后留的痕迹，称维管束痕。在生产上，需要采取一定生长年龄的枝或茎，作为扦插、嫁接或制作切片等的材料时，芽鳞痕就可作为一种识别的依据。有的茎上，还可以看到皮孔，这是木质茎上内外交换气体的通道。皮孔的形状、颜色

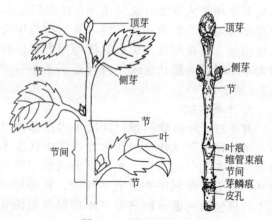

图 2-2-2　枝条的外形

和分布的疏密情况，也因植物而异。因此，落叶乔木和灌木的冬枝，可按叶痕、芽鳞痕、皮孔等的形状，作为鉴别植物种类、生长年龄等的依据。

二、茎的类型

（一）按茎的生长习性

不同植物的茎在长期的进化过程中，有各自的生长习性，以适应外界环境，使叶在空间合适分布，尽可能地充分接受日光照射，制造自己生活需要的营养物质，并完成繁殖后代的生理功能，产生了以下四种主要的生长方式：直立茎、缠绕茎、攀援茎、匍匐茎如图 2-2-3 所示。

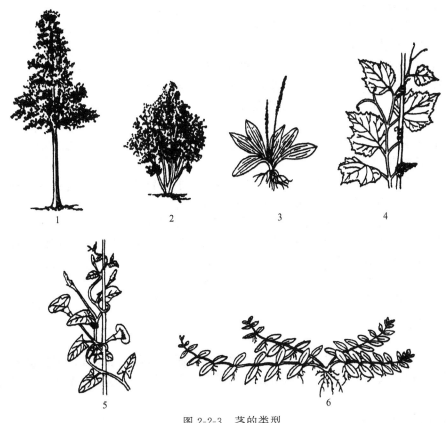

图 2-2-3　茎的类型

1—乔木；2—灌木；3—草本；4—攀援茎；5—缠绕茎；6—匍匐茎

（1）直立茎　茎背地面而生，直立。大多数植物的茎是这样的，如紫苏、白芷、桑等。

（2）缠绕茎　茎较柔软，不能直立，以茎本身缠绕于其他支柱上升。缠绕茎的缠绕方向，有些是左旋的，即按逆时针方向的，如茑萝、牵牛、马兜铃和菜豆等；有些是右旋的，即按顺时针方向的，如忍冬、葎草等。葎草的茎上有倒刺，还可以钩着它物上升，因此，有时也归入攀援茎。此外，有些植物的茎既可左旋，也可右旋，称为中性缠绕茎，如何首乌的茎。

（3）攀援茎　茎幼时较柔软，不能直立，以特有的结构攀援它物上升。按它们的攀援结构的性质，又可分成以下五种。

以卷须攀援的，如菝葜、乌蔹莓、绞股蓝等的茎。

以气生根攀援的，如常春藤、络石等的茎。

以叶柄攀援的，如旱金莲、铁线莲等的茎。

以钩刺攀援的，如白藤、茜草等的茎。

以吸盘攀援的，如爬山虎的茎。

有缠绕茎和攀援茎的植物，统称藤本植物。缠绕茎和攀援茎都有草本和木本之分，因此，藤本植物也分为草本和木本，前者如旱金莲等，后者如紫藤、忍冬等。藤本植物在热带森林和湿润的亚热带森林里，由于条件优越，生长特别茂盛，形成森林内的特有景观。

（4）匍匐茎　茎细长柔弱，沿着地面蔓延生长，如虎耳草、连钱草等的茎。匍匐茎一般节间较长，节上能生不定根，芽会生长成新株。

（二）按茎的质地分

1. 木本植物茎的分类

木本植物茎的维管组织中含有大量的木质素，一般比较坚硬，又可分为乔木、灌木、亚灌木、木质藤本四类，如图 2-2-3 所示。

（1）乔木　乔木是有明显主干的高大树木，如槐、合欢、玉兰、厚朴等。

（2）灌木　主干不明显，比较矮小，茎木质，基部常分枝。如紫荆、连翘等。

（3）亚灌木　主干不明显，比较矮小，茎基部木质，上部草质，常分枝。如芍药、麻黄。

（4）木质藤本　茎木质，不能直立，依靠缠绕或攀援生长。如鸡血藤、木通等。

2. 草本植物茎的分类

草本植物茎的维管组织中含有的木质素很少，一般比较柔软，可分为以下几种。

（1）一年生草本　生活周期在本年内完成，如红花、马齿苋。

（2）二年生植物　生活周期在两个年份内完成，如小茴香、萝卜。

（3）多年生草本　植物地下部分生活多年，每年继续发芽生长，又分宿根草本和常绿草本。宿根草本是地下部分多年不死，而地上部分越冬前死亡；如人参、丹参、桔梗等。常绿草本是地上地下部分多年不死；如万年青、天门冬。

（4）草质藤本　茎草质，不能直立，依靠缠绕或攀援生长。如牵牛、打碗花等。

三、茎的变态

茎与根一样，有些植物为了适应生活环境的变化而在形态、结构及生理功能等方面均发生了相应的变化，即茎的变态。茎的变态种类很多，可分为地下茎的变态和地上茎的变态两大类。

（一）地下茎的变态

生长在地面以下的茎称地下茎，地下茎外形与根相似，我们日常生活中也习惯称之为"根"，但其形态和内部结构都保持有茎的特征；即有明显的节与节间，节上长有芽及退化的鳞片叶，与根有显著的区别。地下茎的变态类型常见的有下列四种（图 2-2-4）。

1. 根茎

通常横生于地下，外形似根，具有明显的节与节间，先端具顶芽，节上有腋芽和退化的鳞片叶，在节上常生有不定根。根状茎的形态和节间的长短随植物种类而异，有的短而直立，如三七、人参等；有的细长，如白茅、芦苇等；有的肉质肥厚，如莲、姜等；有的呈团块状，如川芎、苍术等；有的还有明显的茎痕，如黄精、人参等的地下根茎。

2. 块茎

常肉质肥大呈不规则块状，节间短缩，节上长有芽或留有退化的鳞片叶，但顶芽不突出，如天南星、半夏、天麻等的地下块茎。

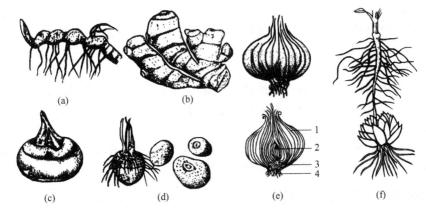

图 2-2-4　地下茎的变态

（a）根茎（玉竹）；（b）根茎（姜）；（c）球茎（荸荠）；（d）块茎（半夏：左新鲜品，右除外皮的药材）；

（e）鳞茎（洋葱）；（f）鳞茎（百合）

1—鳞片叶；2—顶芽；3—鳞茎盘；4—不定根

3. 球茎

为节间短缩的地下直生茎，常肉质膨大呈球形或扁球形，具有明显的节，节上有膜质的鳞片叶和腋芽，顶端有发达的顶芽，基部生有不定根，如慈姑、泽泻、番红花等。

4. 鳞茎

呈球形或扁球形，由茎的节间极度缩短而形成圆盘状的结构称鳞茎盘，盘上密生肉质肥厚的鳞片叶，顶芽和腋芽均被鳞叶所包裹，基部有不定根。依据茎外围有无膜质鳞叶分为有被鳞茎如大蒜、洋葱等和无被鳞茎如百合、贝母等。

（二）地上茎的变态

地上茎的变态主要与同化、保护、攀援等功能有关。地上茎的变态类型有叶状茎、刺状茎、茎卷须、小块茎和小鳞茎等几种（图 2-2-5）。

图 2-2-5　地上茎的变态

1—不分枝的枝刺（山楂）；2—分枝的枝刺（皂荚）；3—茎卷须（葡萄）；

4—叶状茎（天门冬）；5—叶状茎（仙人掌）；6—小块茎（山药的株芽——零余子）

1. 叶状茎

植物的一部分茎或枝变态成绿色扁平叶状，代替叶片行使光合作用，而实际上真正的叶已退化或转变为刺，如仙人掌、天门冬、竹节蓼等。

2. 刺状茎（枝刺或棘刺）

有些植物的部分侧枝特化为刺状结构，坚硬而锐利，具有保护作用。枝刺常分枝如皂荚或不分枝如山楂、酸橙、木瓜等。

3. 钩状茎

有些植物的枝刺特化为弯曲的钩状，如钩藤。枝刺多生于叶腋，因而可与叶刺相区别。

4. 茎卷须

有些植物部分茎枝特化成卷须，柔软并常有分枝，用来攀援它物向上生长，如绞股蓝、丝瓜等的卷须。

5. 小块茎

有些植物的腋芽或叶柄上的不定芽发育形成小块茎，常具有繁殖作用，如山药叶腋所生的珠芽，半夏三出复叶的总叶柄上所生的不定芽均为小块茎。

6. 小鳞茎

有些植物在叶腋或花序处由腋芽或花芽形成小鳞茎，也具有繁殖作用，如百合、卷丹的腋芽以及洋葱、大蒜花序中的花芽均可形成小鳞茎。

四、双子叶植物木质茎的构造

茎的顶端分生组织中的初生分生组织所衍生的细胞，经过分裂、生长、分化而形成的组织，称为初生组织，由这种组织组成了茎的初生结构。

（一）茎尖结构

茎尖是指茎的最先端部分，从纵剖面上看茎尖与根尖一样也可分为分生区、伸长区和成熟区三个部分，但是茎尖所处的环境与它所担负的生理功能与根尖不同，所以茎尖没有类似根冠的帽状结构，而是被许多幼叶紧紧包裹（图2-2-6）。同时在生长锥四周形成叶原基或腋芽原基的小突起，后发育成叶或腋芽，腋芽则发育成枝，使茎尖的结构比根更为复杂。成熟区的表皮不形成根毛，但常有气孔和毛茸。

由生长锥分裂出来的细胞逐渐分化为原表皮层、基本分生组织和原形成层等初生分生组织。这些分生组织细胞继续分裂分化，进而形成茎的初生构造。

（二）双子叶植物茎的初生结构

双子叶植物茎的初生结构如图2-2-7所示。

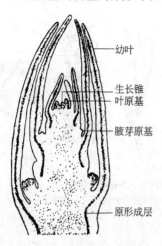

图 2-2-6　忍冬芽纵切面
（幼叶包裹茎类）

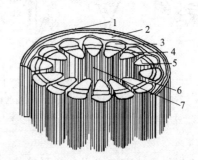

图 2-2-7　双子叶植物茎的初生结构
1—表皮；2—皮层；3—初生韧皮部；4—形成层；
5—初生木质部；6—髓射线；7—髓

1. 表皮

表皮通常由单层的活细胞组成，是由原表皮发育而成，一般不具叶绿体，分布在整个茎的最外面，起着保护内部组织的作用，因而是茎的初生保护组织。有些植物茎的表皮细胞含花青素，因此茎有红、紫等色，如蓖麻、薄荷等的茎。表皮细胞在横切面上呈长方形或方形，纵切面上呈长方形。因此，总的来讲，表皮是由一种或多或少成狭长形的细胞组成。它的长径和茎的纵轴平行，细胞腔内有发达的液泡，原生质体紧贴着细胞壁，暴露在空气中的外切向壁比其他部分厚，而且角质化，具角质层。这些结构既能控制蒸腾，也能增强表皮的坚韧性，是地上茎表皮细胞常具的特征。在旱生植物茎的表皮上，角质层显著增厚，而沉水植物的表皮上，角质层一般较薄或甚至不存在。

表皮除表皮细胞外，往往有气孔，它是水气和气体出入的通道。此外，表皮上有时还分化出各种形式的毛茸，包括分泌挥发油、黏液等的腺毛和起保护作用的非腺毛。毛茸可以反射强光、降低蒸腾，坚硬的毛可以防止动物为害，而具钩的毛可以使茎具攀援作用。

2. 皮层

皮层位于表皮内方，是表皮和维管柱之间的部分，为多层细胞所组成，是由基本分生组织分化而成。在皮层中，包含多种组织，但薄壁组织是主要的组成部分。幼嫩茎中近表皮部分的薄壁组织，细胞具叶绿体，能进行光合作用。通常细胞内还贮藏有营养物质。水生植物茎皮层的薄壁组织，具发达的胞间隙，构成通气组织。紧贴表皮内方一至数层的皮层细胞，常分化成厚角组织，连续成层或为分散的束。在方形（薄荷、紫苏）或多棱形（伞形科植物的茎、叶柄，如芹菜、白芷、当归等）的茎中，厚角组织常分布在四角或棱角部分，有些植物茎的皮层还存在纤维或石细胞。皮层最内一层，有时有内皮层，在多数植物茎内不甚显著或不存在，但在水生植物茎中，或一些植物的地下茎中却普遍存在。有些植物如旱金莲、南瓜、蚕豆等茎的皮层最内层，即相当于内皮层处的细胞，富含淀粉粒，因此称为淀粉鞘。

3. 维管柱

维管柱是皮层以内的部分，多数双子叶植物茎的维管柱包括维管束、髓和髓射线等部分（图 2-2-8）。

4. 维管束

维管束是指由初生木质部和初生韧皮部共同组成的束状结构，维管束在多数植物的茎的节间排成一轮由束间薄壁组织隔离而彼此分开，但也有些植物的茎中，维管束却似乎是连续的，但若仔细观察，也还能看出它们之间多少存在着分离，只不过是距离较近而已。

双子叶植物的维管束在初生木质部和初生韧皮部间存在着形成层，可以产生新的木质部和新的韧皮部。

（1）初生木质部　初生木质部是由多种类型细胞组成，包括导管、管胞、木薄壁组织和木纤维。水和矿质营养的运输主要是通过木质部内导管和管胞。

导管在被子植物的木质部中是主要的输导结构。而管胞也同时存在于木质部组织中。管胞在进化上出现较早，它的变异向着导管分子和木纤维两个方向前进。这两种细胞也就承担了管胞的功能，在高度进化的维管植物中，它们也就大部分地替代了管胞。在导管中输导功能的大大加强，是由于穿孔和导管分子头尾相接情况的出现。另一方面，在纤维中，管胞原有的支持特点却被增强，纤维是较狭长而渐尖的细胞，细胞壁更厚和细胞顶端有着更广泛的重叠。管胞的这两种衍生物，共同执行着管胞原有的双重功能，而且更为有效。木质部中的木薄壁组织是由活细胞

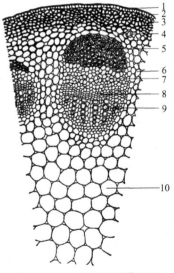

图 2-2-8　向日葵幼茎横切面

1—角质层；2—表皮；3—厚角细胞；

4—分泌胶；5—韧皮纤维；6—髓射线；

7—初生韧皮部；8—束中形成层；

9—初生木质部；10—髓

组成，在原生木质部中较多，具贮藏作用。木纤维为长纺锤形死细胞，多出现在后生木质部内，具机械作用。

茎内初生木质部的发育顺序是内始式的，和根不同。茎内的原生木质部居内方，由管径较小的环纹或螺纹导管组成；后生木质部居外方，由管径较大的梯纹、网纹或孔纹导管组成，它们是初生木质部中起主要作用的部分，其中以孔纹导管较为普遍。

（2）初生韧皮部　初生韧皮部是由筛管、伴胞、韧皮薄壁组织和韧皮纤维共同组成的，主要作用是运输有机养料。

筛管是运输叶所制造的有机物质如糖类和其他可溶性有机物等的一种输导组织，由筛管分子纵向连接而成，相连的端壁特化为筛板，原生质联络索通过筛孔相互贯通，形成有机物质运输的通道。伴胞紧邻于筛管分子的侧面，它们与筛管存在着生理功能上的密切联系。韧皮薄壁细胞散生在整个初生韧皮部中，较伴胞大，常含有晶体、单宁、淀粉等贮藏物质。韧皮纤维在许多植物中常成束分布在初生韧皮部的最外侧。

初生韧皮部的发育顺序和根内的相同，也是外始式，即原生韧皮部在外方，后生韧皮部在内方。

（3）维管形成层（形成层）　维管形成层，出现在初生韧皮部和初生木质部之间，是原形成层在初生维管束的分化过程中留下的潜在的分生组织，在以后茎的生长，特别是木质茎的增粗中，将起主要作用。

（4）髓射线和髓　髓射线是维管束间的薄壁组织，也称初生射线，是由基本分生组织产生。髓射线位于皮层和髓之间，在横切面上呈放射形，与髓和皮层相通，有横向运输的作用。茎的初生结构中，由薄壁组织构成的中心部分称为髓，是由基本分生组织产生的。有些植物（如樟）的茎，髓部有石细胞。有些植物（如椴）的髓，它的外方有小型壁厚的细胞，围绕着内部大型的细胞，二者界线分明，这外围区，称为环髓带。伞形科、葫芦科的植物，茎内髓部成熟较早，当茎继续生长时，节间部分的髓被拉破形成空腔即髓腔。有些植物（如胡桃、枫杨）的茎，在节间还可看到存留着一些片状的髓组织。层的薄壁组织，是茎内贮藏营养物质的组织。

以上所讲的初生结构都是茎的节间部分。从茎的整体来讲，节间占总体的大部分，而节只是一小部分。因此，节间的结构代表了茎内大部分的结构。另外，节的结构比较复杂，它涉及许多方面。节部是叶着生的位置，由于叶内的维管束通过节部进入茎内。和茎内维管束相连，有时，叶的维管束要经过几个节间，才能和茎内的维管束相接，因此，节内组织的排列，特别是维管组织的排列，比节间的复杂得多，这主要是由于叶片和腋芽分化出来的维管束都在节上转变汇合而成。

（三）双子叶植物茎的次生结构

茎的顶端分生组织的活动使茎伸长，这个过程称为初生生长，初生生长中所形成的初生组织组成初生结构。初生生长中，也有增粗，一般是少量的，各种植物间存在着差异。以后茎的侧生分生组织的细胞分裂、生长和分化的活动使茎加粗，这个过程称为次生生长，次生生长所形成的次生组织组成了次生结构。所谓侧生分生组织，包括维管形成层和木栓形成层。多年生的双子叶木本植物，不断地增粗，必然需要更多的水分和营养，同时，也更需要大的机械支持力，这也就必须相应地增粗即增加次生结构。

1. 维管形成层的来源和活动

（1）维管形成层的来源　初生分生组织中的原形成层，在形成成熟组织时，并没有全部分化成维管组织，在维管束的初生木质部和初生韧皮部之间，留下了一层具有潜在分生能力的组织，称为束中形成层。初生结构中，与髓射线相连的薄壁细胞恢复分生能力，称为束间形成层。束间形成层产生以后，就和束中形成层衔接起来，在横切面上看来，形成层就成为完整的一环。从来源的性质上讲，束中形成层和束间形成层尽管完全不同，但以后二者不论在分裂活动和分裂产生的细胞性质以及数量上，都是非常协调一致的，共同组成了次生分生组织。

（2）维管形成层的活动　维管形成层的细胞组成、分裂方式和衍生细胞的发育，就形成层的细胞组成来讲，形成层细胞有纺锤状原始细胞和射线原始细胞两种类型。纺锤状原始细胞，形状像纺锤，两端尖锐，长比宽大几倍或很多倍，细胞的切向面比径向面宽，其长轴与茎的长轴相平行。射线原始细胞和纺锤状原始细胞不同，从稍微长形到近乎等径，它们的细胞特征很像一般的薄壁细胞。就纺锤状原始细胞来讲，它分裂后，衍生的细胞中有些形成次生韧皮部和次生木质部，但另一些细胞却仍然形成纺锤状原始细胞，始终保持继续分裂的特性，只是这些细胞本身在不断地更新。射线原始细胞也是这样，它的衍生细胞一部分分化形成射线细胞，而另一部分却又继续成为新的射线原始细胞。

维管形成层究竟怎样形成次生维管组织和射线呢？关键在于形成层细胞的分裂方式。形成层细胞以平周分裂的方式形成次生维管组织。形成层细胞进行分裂时，新的衍生细胞已经产生，老的衍生细胞还在分裂，这时候很难区分原始细胞和它的衍生细胞，特别是衍生细胞在分化成次生韧皮部和次生木质部细胞以前，往往也要进行一次或几次平周分裂，因而通常把原始细胞和尚未分化而正在进行平周分裂的衍生细胞所组成的形成层带，笼统地称为"形成层"。

维管形成层向外分裂细胞形成的次生木质部细胞，就数量而言，远比次生韧皮部细胞为多。生长两三年的木本植物的茎，绝大部分是次生木质部。树木生长的年数越多，次生木质部所占的比例越大。十年以上的木质茎中，几乎都是次生木质部，而初生木质部和髓已被挤压得不易识别。次生木质部是木材的来源，因此，次生木质部有时也称为木材。

双子叶植物茎内的次生木质部在组成上和初生木质部基本相似，包括导管、管胞、木薄壁组织和木纤维，但都有不同程度的木质化。次生木质部中的导管类型以孔纹导管最为普遍，梯纹和网纹导管为数不多。导管的大小、数目和分布情况，在不同种类植物中，有很大的差异。木薄壁组织贯穿在次生木质部中成束或成层，数量不少，在各种植物的茎中，围绕或沿着导管分子有多种分布方式，是木材鉴别的依据之一。木纤维在双子叶植物的次生木质部，特别是晚材中，比初生木质部中的数量多，成为茎内产生机械支持力的结构，也是木质茎内除导管以外的主要组成分子。次生木质部与初生木质部组成上的不同，在于它还具有木射线。木射线由射线原始细胞向内方产生的细胞发育而成，细胞作径向伸长和排列，构成了与茎轴垂直的径向系统，它是次生木质部特有的结构。木射线细胞为薄壁细胞，但细胞壁常木质化。

维管形成层向外方分裂的细胞，经过生长和一、二次分裂后，分化成次生韧皮部。次生韧皮部的组成成分基本上和初生韧皮部中的后生韧皮部相似，包括筛管、伴胞、韧皮薄壁组织和韧皮纤维，有时还具有石细胞。但各组成成分的数量、形状和分布，在各种植物中是不相同的。次生韧皮部中还有韧皮射线，它是射线原始细胞向次生韧皮部衍生的细胞作径向伸长而成，细胞壁不木质化，形状也没有木射线那么规则，这是次生韧皮部特有的结构。筛管、伴胞、韧皮薄壁组织和韧皮纤维由纺锤状原始细胞产生，构成了次生韧皮部中的轴向系统，韧皮射线则构成次生韧皮部的径向系统。韧皮射线通过维管形成层的射线原始细胞，和次生木质部中的木射线相连接，共同构成维管射线。木本双子叶植物每年由形成层产生新的维管组织，也同时增生新的维管射线，横向贯穿在次生木质部和次生韧皮部内。

次生韧皮部形成时，初生韧皮部被推向外方，由于初生韧皮部的组成细胞多是薄壁的，易被挤压破裂，所以，茎在不断加粗时，初生韧皮部除纤维外，有时只留下压挤后片断的胞

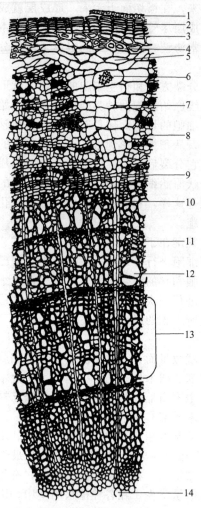

图 2-2-9 椴树茎三年生茎（局部）横切面
1—枯萎的表皮；2—木栓层；3—木栓形成层；
4—厚角组织；5—皮层薄壁细胞；6—簇晶；
7—韧皮射线；8—次生韧皮部；
9—维管形成层；10—木射线；11—晚材；
12—早材；13—年轮；14—髓

壁残余。

（3）维管形成层的季节性活动和年轮 维管形成层的活动受季节影响很大，随着季节的更替而表现出有节奏的变化，有盛有衰，因而产生细胞的数量有多有少，形状有大有小，细胞壁有厚有薄，次生木质部在多年生木本植物茎内，一般比例较大。温带的春季或热带的湿季，由于温度高、水分足，形成层活动旺盛，所形成的次生木质部中的细胞径大而壁薄；温带的夏末、秋初或热带的旱季，形成层活动逐渐减弱，形成的细胞径小而壁厚，往往管胞数量增多。前者在生长季节早期形成，称为早材，也称春材。后者在后期形成，称为晚材，也称秋材。从横切面上观察，早材质地比较疏松，色泽稍淡；晚材质地致密，色泽较深。年轮也称为生长轮或生长层。在一个生长季节内，早材和晚材共同组成一轮显著的同心环层，代表着一年中形成的次生木质部。因此，习惯上称为年轮。结构如图 2-2-9 所示。

心材是次生木质部的内层，也就是早期的次生木质部，近茎内较深的中心部分，养料和氧进入不易，组织发生衰老死亡，因此，它的导管和管胞往往已失去输导作用；导管和管胞失去作用的另一原因，是由于它们附近的薄壁组织细胞，从纹孔处侵入导管或管胞腔内，膨大和沉积树脂、丹宁、油类等物质，形成部分地或完全地阻塞导管或管胞腔的突起结构，称为侵填体。有些植物的心材具有药用价值，如苏木、檀香、降香等。

要充分地理解茎的次生木质部的结构，就必须从横切面、切向切面和径向切面三种切面（图 2-2-10）上进行比较观察。这样，才能从立体的形象全面地理解它的结构。横切面是与茎的纵轴垂直所作的切面。在横切面上所见的导管、管胞、木薄壁组织细胞和木纤维等，都是它们的横切面观，可以看出它们细胞直径的大小和横切面的形状；所见的射线作辐射状条形，这是射线的纵切面，显示了它们的长度和宽度。切向切面，也称弦向切面，是垂直于茎的半径所作的纵切面，也就是离开茎的中心所作的任何纵切面。在切向切面上所见的导管、管胞、木薄壁组织细胞和木纤维都是它们的纵切面，可以看到它们的长度、宽度和细胞两端的形状；所见的射线是它的横切面，轮廓呈纺锤状，显示了射线的高度、宽度、细胞的列数和两端细胞的形状。径向切面是通过茎的中心，也就是通过茎的直径所作的纵切面。在径向切面上，所见的导管、管胞、木薄壁组织细胞、木纤维和射线都是纵切面。细胞较整齐，尤其是射线的细胞与纵轴垂直，长方形的细胞排成多行，井然有序，仿佛一段砖墙，显示了射线的高度和长度。在这三种切面中，射线的形状最为突出，可以作为判别切面类型的指标（图 2-2-10）。

2. 木栓形成层的来源和活动

（1）木栓形成层的来源 在形成层的活动过程中，次生维管组织不断增加，其中特别是次生木质部的增加，使茎的直径不断加粗。一般表皮是不能分裂的，也不能相应地无限增长，所以，不久便为内部生长所产生的压力挤破，失去其保护作用。与此同时，在次生生长的初期，茎内近外方某一部位的细胞，恢复分生能力，形成另一个分生组织，即木栓形成层。木栓形成层也是次生分生组织，由它所形成的结构也属次生结构。

（2）木栓形成层的活动　木栓形成层分裂、分化所形成的木栓，代替了表皮的保护作用。木栓形成层的结构较维管形成层简单，它只含一种类型的原始细胞，这些原始细胞在横切面上成狭窄的长方形，在切向切面上成较规则的多边形。木栓形成层也和形成层一样，是一种侧生分生组织，它以平周分裂为主，向内外形成木栓和栓内层，组成周皮。周皮形成过程中，枝条的外表还会产生一些浅褐色的小突起，这些突起称为皮孔（图2-2-11）。皮孔一般产生于原来气孔的位置，皮孔的形成使植物老茎的内部组织与外界进行气体交换得到了保证。

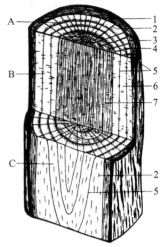

图 2-2-10　木材的三种切面
A—横切面；B—径向
切面；C—切向切面
1—树皮；2—射线；3—形成层；
4—次生木质部；5—年轮；
6—边材；7—心材

新周皮的每次形成，它外方的所有活组织由于水分和营养供应的终止，而相继全部死亡，结果在茎的外方产生较硬的层次，并逐渐增厚，人们常把这些外层，称为树皮。从植物解剖学而言，维管形成层或木质部外方的全部组织，皆可称为"树皮"，也是药材上的树皮。在较老的木质茎上，树皮可包括死的外树皮（硬树皮或落皮层）和活的内树皮（软树皮）。前者包含新的木栓和它外方的死组织；后者包括木栓形成层、栓内层和最内具功能的韧皮部部分。杜仲、合欢、黄檗、厚朴、肉桂等的树皮有着极大的药用价值。

五、双子叶植物草质茎的构造

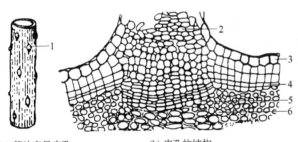

(a) 茎外表具皮孔　　(b) 皮孔的结构
图 2-2-11　植物皮孔的结构
1—皮孔；2—补充组织；3—表皮；4—木栓形成层；
5—栓内层；6—薄壁组织

草质茎一般柔软、绿色，没有或只有极少量木质化的组织，最多也不超过40%，不能长得很粗，一般停留在初生结构中。具草质茎的植物称草本植物，寿命往往较短，一般是一年生或两年生，生活期限只有一两个生长季节。有的草本植物有一年生的茎和多年生的根或地下茎，能生活多年，它的茎（地下茎）往往是草质茎，例如人参、丹参、桔梗等。

大多数草本植物的茎外部长期存在着表皮，表皮上有气孔。表皮内的组织有叶绿素，因此呈绿色，有进行光合作用的能力。茎的支持作用，依赖厚角组织、厚壁组织和薄壁组织细胞的紧张状态。

草质茎大部分或完全是初生结构。与木质茎比较，其维管柱中的维管组织的数量占较少的比例，这可能是由于维管形成层不发达和活动性下降的缘故。有些双子叶植物，如部分的葫芦科植物，它们的草质茎中，仅有束中形成层，而没有束间形成层。更有些植物如毛茛，不仅没有束间形成层，连束中形成层也不甚发达，活动非常有限，因而次生结构的数量就很少甚至不存在。如过路黄茎（图2-2-12）呈圆形，表皮由一层长方形表皮细胞组成，外被角质层，有腺毛。茎皮层较宽广，外侧有厚角组织。皮层由11～14层排列疏松的薄壁细胞组成，细胞中含淀粉粒，分泌道散列，内皮层明显，径向壁上可见被染成红色的凯氏点。皮层内有中柱鞘纤维1～3层，连续排列成环，细胞壁微木化。维管束为无限外韧型维管束。形成层不明显，韧皮部狭窄，木质部较发达，由导管和木薄壁细胞组成，老茎中偶有少数纤维。导管单列，数行，纵向排列，在导管列之间为薄壁细胞组成的维管射线。髓射线由薄壁细胞组成，狭窄。髓发达，由大型薄壁细胞组成，细胞所含淀粉粒较皮层中的为少。

六、双子叶植物根状茎的构造

双子叶植物根状茎一般是指草本双子叶植物根状茎，其构造与地上茎的结构相似，现以黄连根茎（图2-2-13）为例说明双子叶植物根状茎特点。

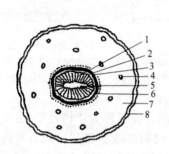

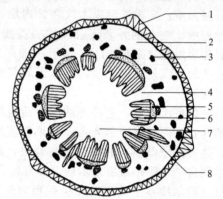

图 2-2-12　过路黄茎横切面
1—木质部；2—韧皮部；3—中柱鞘纤维；
4—分泌道；5—髓；6—内皮层；
7—皮层；8—表皮

图 2-2-13　黄连根茎横切面
1—木栓层；2—皮层；3—石细胞群；4—根迹；
5—射线；6—韧皮部；7—木质部；8—髓

① 根茎表面通常有木栓组织，少数有表皮或鳞叶。

② 皮层中常有根迹维管束和叶迹维管束，内皮层多不明显。

③ 无限外韧型维管束排列呈环状，束间形成层不明显；皮层内侧有厚壁组织，但多不发达；中央有明显的髓部；薄壁细胞中有较多的贮藏物质。

七、双子叶植物茎异常构造

（一）双子叶植物茎的异常构造

有些双子叶植物茎中除正常次生构造外，皮层、髓部等处的薄壁细胞也可恢复分生能力，产生新的形成层，形成多数异常维管束，构成异型结构。常见的情况如下。

（1）髓维管束　在正常维管束外方的皮层，散生许多细小的异常维管束，如光叶丁公藤的茎（图2-2-14）。

（2）同心环状排列的异常维管组织　某些双子叶植物茎内，初生生长和早期次生生长都是正常的。当正常的次生生长发育到一定阶段，次生维管柱的外围又形成多层呈同心环状排列的异常维管束，如密花豆的老茎（鸡血藤）（图2-2-15）。

（二）双子叶植物根状茎的异常构造

有些双子叶植物根状茎也像某些双子叶植物茎一样，除一般正常构造外，在皮层、髓部等处的薄壁细胞也常常恢复分生能力，出现新的形成层，产生多数异常维管束，形成异型构造。有下列几种情况。

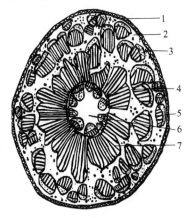

图 2-2-14　光叶丁公藤横切面

1—木栓层；2—皮层；3—石细胞群；

4—韧皮部；5—异常维管束；6—木质部

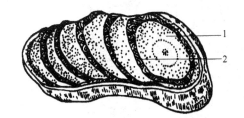

图 2-2-15　密花豆茎横切面

1—木质部；2—韧皮部

（1）根茎中薄壁组织细胞恢复分生能力形成新的木栓形成层，并呈一个个的环包围一部分韧皮部和木质部，将维管束分隔成数束。如甘松的根茎（图 2-2-16）。

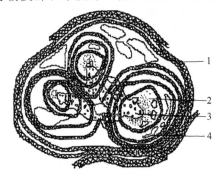

图 2-2-16　甘松根茎横切面

1—木栓层；2—韧皮部；3—木质部；4—裂隙

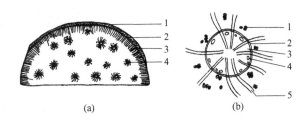

图 2-2-17　大黄根茎横切面

（a）大黄　1—韧皮部；2—形成层；3—木质部射线；4—星点

（b）星点简图（放大）　1—导管；2—形成层；3—韧皮部；

4—黏液点；5—射线

（2）在髓部形成多数点状的异常维管束，它们是特殊的周木式维管束，内方为韧皮部，其中常可见黏液腔，外方为木质部，形成层环状，射线呈星芒状射出，习称星点。如大黄的根茎（图 2-2-17）。

大黄药材根状茎木栓层和皮层部分已破损，外侧显露韧皮部，木质部和髓部较宽广，在髓部有多数颜色较深的星点，即根茎中的异常维管束。异常维管束的形成层为环状，内方为韧皮部，外方为木质部，射线呈星状射出。

八、单子叶植物茎和根状茎的构造

（一）单子叶植物的茎

单子叶植物的茎和双子叶植物的茎在结构上有许多不同。大多数单子叶植物的茎，只有初生结构，所以结构比较简单。少数的虽有次生结构，但也和双子叶植物的茎不同。绝大多数单子叶植物的维管束由木质部和韧皮部组成，不具形成层（束中形成层）。茎内的许多维

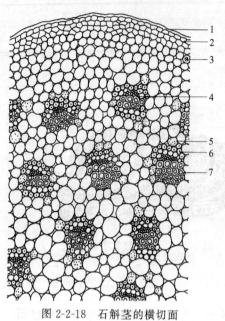

图 2-2-18 石斛茎的横切面
1—角质层；2—表皮；3—皮层；4—韧皮部；
5—薄壁细胞；6—纤维束；7—木质部

管束，散生在基本组织中。每个成熟的维管束结构都很显著，在横切面上近卵圆形，最外面为机械组织（厚壁组织）所包围，形成鞘状的结构，即维管束鞘。维管束由外向内，先是韧皮部，后是木质部，没有形成层，这种有限维管束也正是大多数单子叶植物茎的特点之一，如石斛茎（图 2-2-18）。

（二）单子叶植物根状茎的结构

少数植物（主要是某些单子叶药用植物）以地下块茎入药，常见的有半夏、天南星、独角莲、泽泻、天麻等，这些块茎的内部结构基本上与单子叶植物根状茎的显微特征相近，但基本组织（以贮藏组织为主）发达，而机械组织极少，如泽泻块茎最外层是棕色的表皮组织，当表皮细胞破损后，可形成木栓化的皮层。皮层组织区域较薄，主要是排列疏松的通气组织，细胞间隙甚大，皮层中分布有斜向穿过的叶迹维管束，皮层内侧内皮层明显，壁增厚，木化。内皮层以内维管组织区域较发达，主要为通气组织，其中散在有周木型的维管束和淡黄色的分泌腔。少见纤维和石细胞，所有的薄壁细胞中均充满淀粉粒。

第三节 叶

一、叶的形态

（一）叶的组成

叶的形态虽然多种多样，但叶的组成基本是一致的，主要由叶片、叶柄、托叶三部分组成。叶片是叶的主要部分，常为绿色的扁平体。叶柄是叶的细长柄状部分，上端与叶片相连，下端与茎相连。托叶是叶柄基部的附属物。同时具备此三部分的叶称为完全叶（图 2-3-1），缺乏其中任意一个或两个组成的则称为不完全叶。

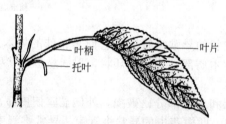

图 2-3-1 完全叶的组成

（二）叶片的形态

1. 叶片

叶片是叶的主要部分，各种植物叶的大小、形状差别很大，但同一种植物叶的形状基本上是一定的，常作为植物分类和中草药鉴别的依据之一。

叶片的形状主要是根据叶片长宽之比及最宽处的位置来确定。常见的叶片形状有针形、条形（线形）、披针形、椭圆形、卵形、心形、肾形、圆形、箭形、剑形、盾形、戟形等

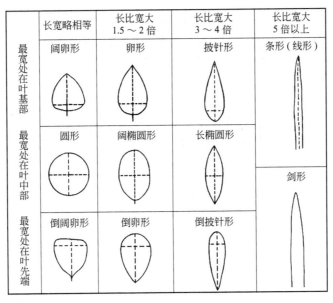

图 2-3-2 叶片的形状示意

（图 2-3-2 ，图 2-3-3）。

（1）叶端 叶端是指叶片的顶端部分，也称叶尖。常见的叶端形状有尾尖、渐尖、锐尖、钝形、截形、微凹、倒心形等（图 2-3-4）。

（2）叶缘 叶缘即叶片的周边。常见的叶缘形状有全缘、波状、锯齿状、圆齿状、牙齿状、睫毛状、重锯齿状等（图 2-3-5）。

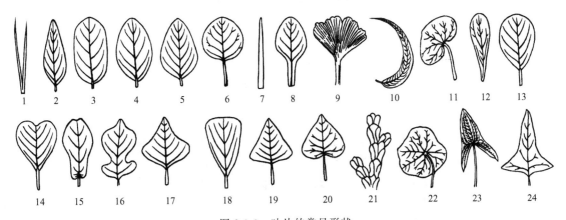

图 2-3-3 叶片的常见形状

1—针形；2—披针形；3—矩圆形；4—椭圆形；5—卵形；6—圆形 7—条形；8—匙形；9—扇形；
10—镰形；11—肾形；12—倒披针形；13—倒卵形；14—倒心形；15,16—提琴形；17—菱形；
18—楔形；19—三角形；20—心形；21—鳞形；22—盾形；23—箭形；24—戟形

（3）叶基 叶基即叶片的基部。常见的叶基有心形、耳形、箭形、楔形、戟形、盾形、截形、偏斜形、渐狭等（图 2-3-6）。

（4）叶脉和脉序 叶片上分布着许多粗细不等的脉纹，即叶脉。叶脉是由茎通过叶柄进入叶片的维管束，贯穿在叶肉组织内，对叶片起着输导和支持作用。叶脉中最粗大的称为主脉，主脉的分枝称侧脉，侧脉的分枝称细脉。叶脉在叶片中的分布形式称为脉序，主要有3 种类型。

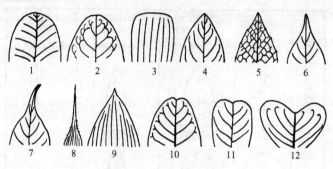

图 2-3-4　叶端的形状

1—圆形；2—钝形；3—截形；4—急尖；5—渐尖；6—渐狭；7—尾状；
8—芒尖；9—短尖；10—微凹；11—微缺；12—倒心形

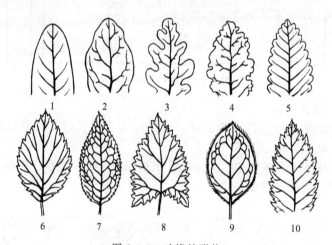

图 2-3-5　叶缘的形状

1—全缘；2—浅波状；3—深波状；4—皱波状；5—圆齿状；6—锯齿状；
7—细锯齿状；8—牙齿状；9—睫毛状；10—重锯齿状

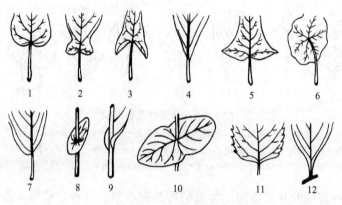

图 2-3-6　叶基的形状

1—心形；2—耳形；3—箭形；4—楔形；5—戟形；6—盾形；
7—偏斜形；8—穿茎；9—抱茎；10—合生抱茎；11—截形；12—渐狭

　　① 网状脉序　具有明显的主脉，经多级分枝后，主脉、侧脉、细脉互相连接形成网状，是双子叶植物的脉序类型。根据主脉数目，又可分为以下几种（图 2-3-7）。

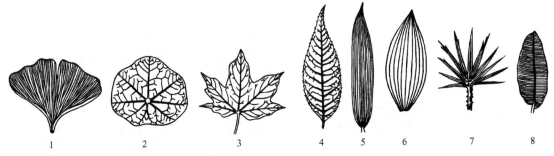

图 2-3-7　叶脉的种类
1—二叉脉序；2,3—掌状网脉；4—羽状网脉；
5—直出平行脉；6—弧形脉；7—射出平行脉；8—横出平行脉

　　a. 羽状网脉　有一条明显的主脉，两侧分出许多侧脉，侧脉间又多次分出细脉交织成网状，称羽状网脉，如桂花、夹竹桃等。
　　b. 掌状网脉　主脉数条，由叶基辐射状发出伸向叶缘，并由侧脉和细脉交织成网状。如栝楼、蓖麻等。少数单子叶植物也具网状脉序，如薯蓣、天南星，但其叶脉末梢大多数是连接的，没有游离的脉梢，此点有别于双子叶植物的网状脉序。
　　② 平行脉序　各条叶脉平行或近似于平行排列，是单子叶植物的脉序类型。平行脉又可分为以下几种（图 2-3-7）。
　　a. 直出平行脉　主脉和侧脉从叶片基部平行伸出直达叶端，如淡竹叶、麦冬。
　　b. 横出平行脉　中央主脉明显，侧脉自主脉两侧横出，彼此平行直达叶缘，如芭蕉。
　　c. 弧形脉　叶脉从叶片基部直达叶端，中部弯曲形成弧形，如车前、玉竹。
　　d. 射出平行脉（辐射平行脉）　各条叶脉均自基部以辐射状态伸出，如棕榈。
　　③ 二叉脉序　每条叶脉均呈多级二叉状分枝（图 2-3-7），是比较原始的一种脉序，在蕨类植物中普遍存在，裸子植物中的银杏亦具有这种脉序。

2. 叶片的分裂

　　有些植物叶片的边缘裂开成缺口，称叶裂。常见的叶裂有羽状分裂、掌状分裂和三出分裂3 种。依据叶片裂口的深浅不同，又可分为浅裂、深裂和全裂 3 种。见图 2-3-8、图2-3-9。
　　（1）浅裂　叶裂深度不超过或接近叶片宽度的 1/4，如药用大黄、枫香。
　　（2）深裂　叶裂深度一般超过叶片宽度的 1/4，如白术、荆芥。
　　（3）全裂　叶裂几乎达到叶的主脉基部或两侧，形成数个全裂片，如大麻、白头翁。

3. 叶片的质地

　　常见的有：膜质，叶片薄而半透明，如半夏；有的膜质叶干薄而脆，不呈绿色称干膜质，如麻黄的鳞片叶；草质，叶片薄而柔软，如薄荷、商陆、藿香叶等；革质，叶片厚而较强韧，略似皮革，如枇杷、山茶、夹竹桃叶等；肉质，叶片肥厚多汁，如芦荟、马齿苋、景天叶等。

（三）单叶和复叶

1. 单叶

　　1 个叶柄上只生 1 个叶片的，称单叶，如鱼腥草、女贞、杜仲。

2. 复叶

　　1 个叶柄上生有 2 个以上叶片的，称复叶，如甘草、地榆。复叶的叶柄称总叶柄，总叶柄以上着生叶片的轴状部分称叶轴，复叶上的每片叶称为小叶，小叶的柄称小叶柄。根据小叶的数目和在叶轴上排列的方式不同，复叶又可分为以下几种（图 2-3-10）。

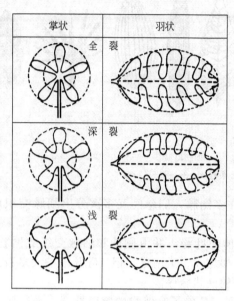

图 2-3-8 叶片的分裂示意

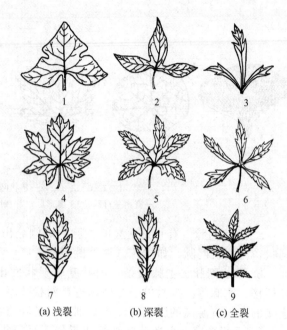

(a) 浅裂 (b) 深裂 (c) 全裂

图 2-3-9 叶片的分裂的类型

1—三出浅裂；2—三出深裂；3—三出全裂；4—掌状浅裂；
5—掌状深裂；6—掌状全裂；7—羽状浅裂；8—羽状深裂；
9—羽状全裂

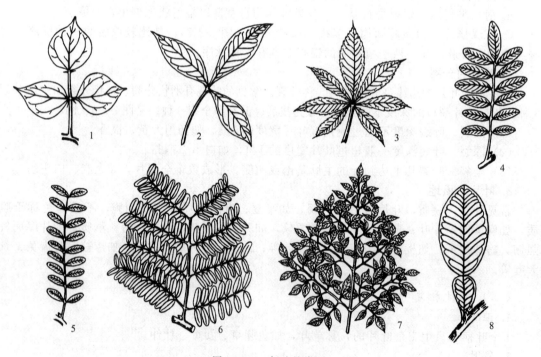

图 2-3-10 复叶的类型

1—羽状三出复叶；2—长状三出复叶；3—掌状复叶；4—奇数羽状复叶；
5—偶数羽状复叶；6—二回羽状复叶；7—三回羽状复叶；8—单身复叶

（1）三出复叶　叶轴上着生有 3 片小叶的复叶。若顶生小叶具有柄的，称羽状三出复叶，如大豆、胡枝子叶等。若顶生小叶无柄的，称掌状三出复叶，如酢浆草、半夏等。

（2）掌状复叶　叶轴缩短，其顶端集生 3 片以上小叶，呈掌状展开，如五加、人参等。

（3）羽状复叶　叶轴长，小叶片在叶轴两侧排成羽毛状。若羽状复叶的叶轴顶端生有 1 片小叶，则称奇（单）数羽状复叶，如苦参、黄檗等。若羽状复叶的叶轴顶端具 2 片小叶，则称偶（双）数羽状复叶，如决明、皂荚等。若叶轴作一次羽状分枝，形成许多侧生小叶轴，在小叶轴上又形成羽状复叶，称二回羽状复叶，如合欢、云实等；若叶轴作二次羽状分枝，在最后一次分枝上又形成羽状复叶，称三回羽状复叶，如苦楝、南天竹等。

（4）单身复叶　叶轴上只有 1 个叶片，是一种特殊形态的复叶，可能是由三出复叶两侧的小叶退化成翼状形成，其顶生小叶与叶轴连接处具一明显的关节，如柑橘、柠檬等芸香科柑橘属植物的叶。复叶和生有单叶的小枝易混淆，识别时首先要弄清叶轴和小枝的区别：第一，叶轴的先端没有顶芽，而小枝的先端具顶芽；第二，小叶叶腋内无腋芽，仅在总叶柄腋内有腋芽，而小枝上的每一单叶的叶腋均具腋芽；第三，通常复叶上的小叶在叶轴上排列在同一平面上，而小枝上的单叶与小枝常成一定的角度；第四，复叶脱落时，是整个脱落或小叶先脱落，然后叶轴连同总叶柄一起脱落，而小枝一般不脱落，只有叶脱落。具全裂叶片的复叶，其裂口虽可达叶柄，但不形成小叶柄，故易与复叶区分。

（四）叶序

叶在茎枝上排列的方式叫叶序。常见的有下列几种（图 2-3-11）。

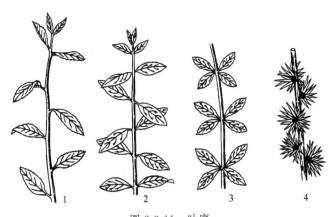

图 2-3-11　叶序
1—互生；2—对生；3—轮生；4—簇生

（1）互生叶序　在茎枝的每一节上只生 1 片叶子，各叶交互而生，它们常沿茎枝作螺旋状排列，如桑、樟等的叶序。

（2）对生叶序　在茎枝的每一节上相对着生 2 片叶子，如薄荷、忍冬的叶序。若对生叶序与上下相邻的对生叶排成十字形，则称交互对生。

（3）轮生叶序　每一节上着生 3 片或 3 片以上的叶，成轮状排列，如夹竹桃、直立百部、轮叶沙参等的叶序。

（4）簇生叶序　2 片或 2 片以上的叶子着生在极为缩短的短枝上呈簇状，如银杏、枸杞等的叶序。此外，有些植物的茎极为缩短，节间不明显，其叶似从根上生出，称基生叶，基生叶常集生而成莲座状叶丛，如蒲公英、车前。

同一植物可以同时存在 2 种或 2 种以上的叶序，如桔梗的叶序有互生、对生及 3 叶轮生的，栀子的叶序有对生和 3 叶轮生。

（五）异形叶性

一般情况下，每种植物具有一定形状的叶。但有的植物，在同一植株上却有不同形状的叶，这种现象称为异形叶性。异形叶性的发生有两种情况，一种是由于植株发育年龄的不同，所形成的叶形各异。如人参（图 2-3-12），一年生的只有 1 枚由 3 片小叶组成的复叶，二年生的为 1 枚掌状复叶（5 小叶），三年生的有 2 枚掌状复叶，四年生的有 3 枚掌状复叶，以后每年递增 1 叶，最多可达 6 枚复叶；半夏幼苗期的叶为单叶，而以后生长的叶为三全裂；益母草基生叶略呈圆形，中部叶椭圆形，掌状分裂，顶生叶不分裂而呈线形近无柄；另一种是由于外界环境的影响，引起叶的形态变化，如慈姑的沉水叶是线形、漂浮的叶呈椭圆形，气生叶则呈箭形。

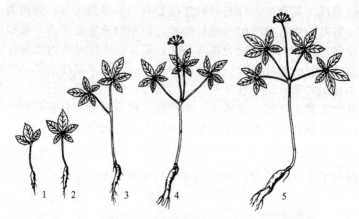

图 2-3-12　不同年龄人参的形态
1—一年生；2—二年生；3—三年生；4—四年生；5—五年生

二、叶片的构造

叶片通常为绿色的扁平体，一般有上下面之分，上面（即腹面或近轴面）深绿色，下面（即背面或远轴面）淡绿色，这是因为两面的内部结构不同，即组成叶肉的组织有较大的分化，形成栅栏组织和海绵组织（图 2-3-13），这种叶称为异面叶。也有些植物叶片两面的内部结构相似，组成叶肉的组织分化不大，无栅栏组织和海面组织之分，这种叶称等面叶。就叶片的构造而言，由表皮、叶肉和叶脉三部分组成。

（一）双子叶植物叶片的构造

1. 表皮

位于叶的表面，是叶的初生保护组织，有上、下表皮之分。表皮通常由一层生活的细胞组成，但也有多层细胞组成的，称为复表皮，如夹竹桃叶的表皮。表皮由表皮细胞、气孔器、表皮毛、排水器、腺鳞等组成。表皮细胞一般为形状不规则的扁平细胞，侧壁凹凸不齐，互相嵌合紧密，细胞外壁较厚，常角质化并形成角质层。表皮细胞通常不含叶绿体。气孔器由一对肾形保卫细胞围合而成，其间的间隙即气孔，是叶片和外界环境进行气体交换和水分蒸腾的通道，根外施肥和喷洒农药可由此进入，通常下表皮的气孔器多于上表皮。有些植物在保卫细胞周围还有一至多个与普通表皮细胞不同的细胞，称副卫细胞。此外，在表皮上还有各种不同类型的表皮毛，有的植物还有晶细胞，有的在叶缘有排水器。

2. 叶肉

叶肉是上下表皮之间绿色组织的总称，是叶片进行光合作用的主要部分，其细胞中含有大量的叶绿体。一般异面叶的叶肉细胞有栅栏组织和海绵组织的分化（图 2-3-13），等面叶无栅栏组织和海绵组织的分化。

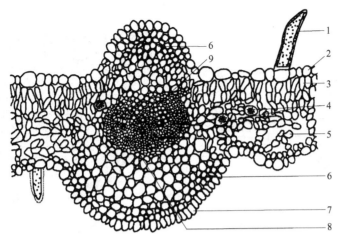

图 2-3-13　紫花地丁叶横切面（异面叶）
1—非腺毛；2—上表皮；3—栅栏组织；4—草酸钙簇晶；
5—海绵组织；6—厚角组织；7—下表皮；8—韧皮部；9—木质部

（1）栅栏组织　紧靠上表皮下方，细胞通常一至数层，长柱形，长轴与表皮垂直，类似栅栏状，胞间隙很小，内含大量的叶绿体，功能是进行光合作用。

（2）海绵组织　位于栅栏组织和下表皮之间，形状不规则，排列疏松，有发达的细胞间隙，形状如海绵，通气能力强，含叶绿体比栅栏组织少，色浅。

3. 叶脉

为叶片中的维管束，起支持和输导作用。主脉和各级侧脉的构造不完全相同。主脉和较大的侧脉是由维管束和机械组织组成。维管束的构造与茎中相同，木质部位于近轴面（即上方），韧皮部位于远轴面（即下方），二者之间还有形成层，但形成层活动时间很短，产生的次生组织很少。中小型侧脉中一般没有形成层，只有木质部和韧皮部两部分。主脉和较大侧脉的上、下方有较多的机械组织。这些机械组织在叶的背面最为发达，因此可见主脉和大的侧脉在叶片背面形成显著突起。侧脉越分越细，结构也越来越简单，脉梢木质部只有短的管胞，韧皮部只有筛管分子和增大的伴胞。

（二）禾本科植物叶片的构造

禾本科植物的叶片同样是由表皮、叶肉和叶脉三部分组成，但与一般双子叶植物相比，各部分具有特殊性。

1. 表皮

表皮位于叶片表面，由表皮细胞、泡状细胞、气孔器和表皮毛等组成。表皮细胞形状较规则，多是长方形，其长轴与叶轴长方向一致，外壁角质化并高度硅质化。在上表皮中，由几个大小不等的薄壁细胞组成，横切面上可见中部的细胞大、两侧的细胞小，排列成扇形的细胞称泡状细胞。泡状细胞干旱时失水收缩，使叶片卷曲呈筒状，吸水时能膨胀使叶片舒展，故也称运动细胞。单子叶植物的气孔器是由一对保卫细胞和一对副卫细胞组成。保卫细胞为哑铃形，两端头状部分的细胞壁薄，中部柄状部分的壁较厚。保卫细胞吸水膨胀时，薄壁的两端膨大，互相撑开，于是气孔开放，缺水时，两端萎软，气孔闭合。

2. 叶肉

禾本科植物的叶片多呈直立状，叶片两面受光相似，因此，叶肉无栅栏组织和海绵组织的明显分化，属于等面叶类型。但是淡竹叶为两面叶（图 2-3-14）。叶肉细胞排列紧密，细胞壁常向内皱褶，形成具有"峰、谷、腰、环"的结构，此种结构更有利于进行光合作用。

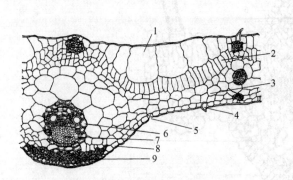
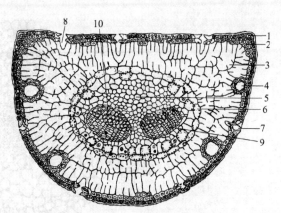

图 2-3-14　淡竹叶叶片横切面
1—运动细胞；2—栅栏组织；3—海绵组织；
4—非腺毛；5—气孔；6—木质部；
7—韧皮部；8—下表皮；9—纤维群

图 2-3-15　马尾松叶的横切面
1—表皮；2—下皮层；3—叶肉组织；4—树脂道；
5—薄壁组织；6—内皮层；7—气孔；
8—气孔下室；9—韧皮部；10—木质部

3. 叶脉

叶脉中的维管束结构与茎中相同，为有限外韧型维管束。主脉维管束的上下表皮之间有厚壁组织分布。维管束外围常有一至多层薄壁细胞或厚壁细胞包围，构成维管束鞘，维管束鞘的存在可作为禾本科植物分类上的特征。

（三）松针叶的构造

裸子植物中松属植物是常绿的，叶为针形，又称松针。松针表皮细胞壁厚，角质层发达，表皮下有多层厚壁细胞，称下皮层，气孔内陷，叶肉细胞的细胞壁向内折叠，叶内具若干树脂道，内皮层显著，维管束 2 束，排列在叶的中心部分（图 2-3-15）。

第四节　花

德国博物学家、哲学家 J. W. Goethe 认为花是适合于繁殖作用的变态枝，是由花芽发育而成，具有枝条的特点。在花的组成构成中，有相当于茎的部分（如花柄、花托），也有相当于叶的部分（如花萼、花冠、雄蕊、雌蕊），但是花的枝条与普通的枝条不同，没有芽。

花为种子植物所特有，是种子植物的繁殖器官。种子植物的有性繁殖从植物的花开始，通过传粉、受精、产生果实和种子，使种族得以延续繁衍。所以，种子植物又称显花植物或有花植物。当然，在种子植物中，因植物类群不同，花的特征化程度也有差异，如裸子植物的花比较原始，无花被，单行，成雄球花和雌球花，被子植物的花则高度进化，构造也比较复杂。所以，通常所述的花主要指的是被子植物的花。

花的形态、构造随植物种类而异，但它的形态构造特征较其他器官稳定，变异较小。同时植物在长期进化过程中所发生的变化也往往从花结构方面反映出来，因此花被作为植物鉴定的主要依据。因而正确认识花，掌握花的特征，对学习植物分类学、药用原植物鉴别及花类药材鉴定有重要意义。

一、花的组成部分及其形态特征

花的组成如图 2-4-1 所示。被子植物的花通常是由花梗、花托、花萼、花冠、雄蕊群、雌蕊群六个部分组成，其中花萼与花冠合称花被。

（一）花梗的形态

花梗又称花柄，是花朵与茎的连接部分，通常呈绿色，圆柱形，花梗的粗细长短因植物种类不同而异。

不少花梗上或下部有小形叶状物，称为苞片。

（二）花托的形态

花梗顶端稍膨大的部分，花各部（花萼、花冠、雄蕊群、雌蕊群等）着生其上。花托的形状一般多为平坦或稍凸起的圆顶状，但因植物种类的不同而呈现不同的形状（图2-4-2）。如木兰、厚朴的花托伸长呈圆柱状；莲的花托膨大呈倒圆锥状；金樱子、蔷薇的花托凹陷呈杯状或瓶状、芸香的花托顶端形成

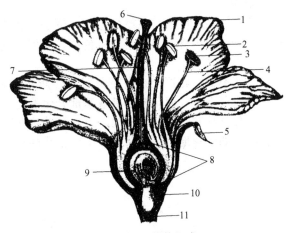

图2-4-1 花的组成

1—花瓣；2—花药；3—花粉；4—花丝；5—萼片；6—柱头；7—花柱；8—子房；9—胚珠；10—花托；11—花梗

肉质增厚部分，呈平坦垫状、杯状或裂瓣状，并可分泌蜜汁，又称为花盘；花生、黄连的花托在雌蕊受精后延伸成为连接雌蕊的柱状体，又称雌蕊柄。

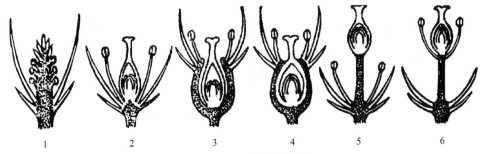

图2-4-2 不同形状的花托

1—圆柱状；2—圆锥形；3,4—碗状；5—雌蕊柄；6—雌雄蕊柄

（三）花被的形态

花萼与花冠的总称，特别是在花萼、花冠形态相似不易区分时，称为花被，如木兰、百合、黄精等的花。

1. 花萼

花萼是一朵花中所有萼片的总称，位于花的最外层，一般呈绿色，其结构与叶相似，具有保护幼花和光合作用的功能。不同植物的花萼呈现不同的形状。各萼片完全分离的，称为离生萼，如毛茛、油菜等。萼片彼此连合的称为合生萼，如曼陀罗、地黄等，其连合部分称萼筒或萼管，分离部分称萼齿或萼裂片。合生萼下端连合的部分称萼筒。有的萼筒一边向外凸成一管状或囊状突起，称为距，如凤仙花、旱金莲等。有的花萼也具有两轮，通常内轮的称为花萼，外轮的称为副萼，也称苞片，如锦葵、扶桑等。花萼通常在开花后脱落，称落萼，如虞美人、白屈菜。但也有随果实一起发育而宿存的，称宿萼，有保护幼果的作用，如番茄、茄子、辣椒等。若萼片较大或具鲜艳颜色，呈花冠状，称为瓣状萼，如八仙花、铁线莲、乌头等。有的萼片细裂变成毛状，称为冠毛，如菊科植物的蒲公英、飞蓬等，冠毛有利于果实种子借风力传播。此外，还有的花萼变成膜质半透明，如补血草、鸡冠花、牛膝、青葙等。

2. 花冠

花冠是一朵花中所有花瓣的总称，位于花萼的内侧，常排列成一轮或数轮，多数植物的花瓣，由于细胞内含有花青素和有色体，而使花冠呈现不同颜色，有的还能分泌蜜汁和产生香味。

与花萼类似，花冠也有离瓣花冠与合瓣花冠之分。花瓣基部彼此完全分离称为离瓣花冠，如桃、萝卜等；而花瓣全部或基部合生的花冠称为合瓣花冠，如牵牛、桔梗等，合瓣花冠的连合部分称花冠管或花冠筒，分离部分称花冠裂片。有的花瓣在基部延长成囊状或盲管状亦称距，如紫花地丁、延胡索。不同植物的花冠有多种形态（图 2-4-3），常见的有如下几种类型。

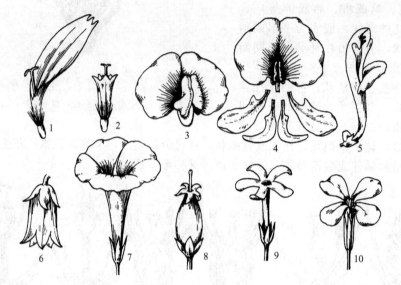

图 2-4-3　花冠的类型
1—舌状花冠；2—管状花冠；3—蝶形花冠；4—蝶形花解剖；5—唇形花冠；6—钟状花冠；
7—漏斗状花冠；8—壶形花冠；9—高脚碟状花冠；10—十字花形花冠

（1）蔷薇花冠　由 5 个（或 5 的倍数）分离的花瓣排列成五星辐射状，如月季、桃、李、苹果、樱花等。

（2）十字花冠　离瓣花冠，由 4 个分离的花瓣排列成"十"字形，是十字花科植物的特征之一，如油菜、白菜、萝卜、甘蓝等。

（3）蝶形花冠　离瓣花冠，花瓣 5 片离生，花形似蝶，最外面的一片最大，称旗瓣，两侧的两瓣称翼瓣，最里面的两瓣，顶部稍连合或不连合，叫龙骨瓣，如刺槐、甘草、黄芪等豆科植物。与蝶形花冠相类似的还有一种假蝶形花冠，二者的主要区别在于花瓣排列顺序不同。蝶形花冠旗瓣在翼瓣之外，假蝶形花冠旗瓣在翼瓣之内。

（4）漏斗状花冠　合瓣花冠，花冠筒较长，自下而上逐渐扩大，上部外展呈漏斗状。如牵牛、旋花等旋花科和曼陀罗等部分茄科植物。

（5）钟状花冠　合瓣花冠，花冠较短而广，上部扩大成一钟形，如桔梗、党参等桔梗科植物。

（6）唇形花冠　合瓣花冠，花冠下部合生成管状，上部向一侧张开，状如口唇，通常上唇两裂，下唇三裂，如益母草、紫苏等唇形科植物。

（7）筒状花冠　合瓣花冠，花冠大部分成一管状或圆筒状，其余部分（花冠裂片）沿花冠管方向伸出，如红花、白术等菊科植物。

（8）舌状花冠　合瓣花冠，花冠基部连合呈一短筒，上部裂片向一侧延伸成扁平舌状如向日葵、菊花等菊科植物。

（9）辐射花冠　合瓣花冠，花冠筒短，裂片由基部向四周扩展，似车轮辐条，故又称轮状花冠，如茄、枸杞等茄科植物。

（10）高脚碟状花冠　合瓣花冠，花冠下部细长呈管状，上部水平状展开，形如高脚碟，故得名，如水仙、长春花、迎春花等。

3. 花被卷叠式

花被卷叠式是指花被各片之间排列形式与关系，在花蕾将绽开期最明显。由于植物种类不同，其卷叠式也不一样（图 2-4-4），常见的类型有如下几种。

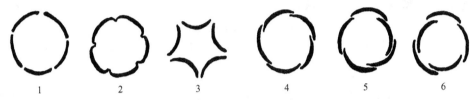

图 2-4-4　花被卷叠式

1—镊合状；2—内向镊合状；3—外向镊合状；4—旋转状；5—覆瓦状；6—重覆瓦状

（1）镊合状　花被各片边缘互相接触排成一圈，如葡萄、桔梗的花冠。若花被各片边缘微向内弯称内向镊合，如沙参、臭椿的花冠；若花被各片边缘微向外弯称外向镊合，如蜀葵花花萼。

（2）旋转状　花被各片彼此以一边重叠成回旋形式，称旋转状，如夹竹桃、栀子、酢浆草等花冠（每片一边在内，一边在外）。

（3）覆瓦状　花被片边缘彼此覆盖，但有一片完全在外，一片完全在内，如山茶的花萼、紫草的花冠。若在覆瓦状排列的花被片中，有两片全在内，另两片全在外的，称重覆瓦状，如野蔷薇的花冠。

（四）雄蕊群的形态

雄蕊群是一朵花中全部雄蕊的总称，是被子植物的雄性生殖器官，也是花的重要组成部分之一。雄蕊群位于花冠的内方，一般直接着生在花托上，但也有的雄蕊基部与花冠愈合，称贴生，如泡桐、益母草。雄蕊的数目随植物种类不同而异，一般与花瓣同数或为其倍数，雄蕊数在 10 枚以上称雄蕊多数或不定数。

1. 雄蕊的组成

雄蕊由花药和花丝两部分组成。花丝为雄蕊下部细长的柄状部分，由一层角质化的表皮细胞包围着花丝的薄壁组织，其中央是维管束。花丝的功能是支持花药，使花药在空间伸展，有利于花药的传粉，并向花药转运营养物质。花药为花丝顶端膨大的囊状体，雄蕊的主要部分，通常由 4 个或 2 个花粉囊组成，分为左右两半，中间由药隔相连。药隔中央有维管束，它与花丝维管束相通。花粉囊是产生花粉粒的场所。当花粉粒成熟时，花粉囊以各种方式自行裂开，散出花粉粒，进行传粉。

2. 雄蕊的类型

不同植物类群，其雄蕊有不同的特点，根据花中雄蕊的数目、花丝长短、花丝或花药的离合情况，雄蕊群常分为如下典型类型（图 2-4-5）。

（1）离生雄蕊　花中雄蕊各自分离，如蔷薇、石竹等。其中含有特殊的雄蕊，数目固定，长短悬殊，典型的有如下几种。

① 二强雄蕊　花中雄蕊 4 枚，分离，其中 2 枚长，2 枚短，如紫苏、益母草等唇形科植

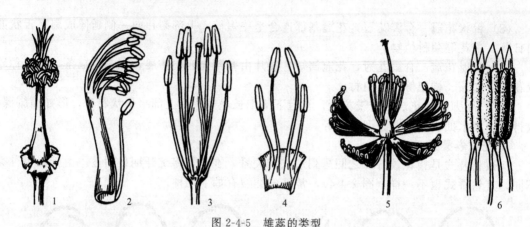

图 2-4-5　雄蕊的类型

1—单体雄蕊；2—二体雄蕊；3—四强雄蕊；4—二强雄蕊；5—多体雄蕊；6—聚药雄蕊

物或泡桐等玄参科植物。

②　四强雄蕊　花中雄蕊6枚，分离，其中4枚长，2枚短，如萝卜、油菜等十字花科植物。

（2）合生雄蕊　花中雄蕊全部或部分合生，典型的有以下几种。

①　单体雄蕊　雄蕊的花丝连合成一束，成筒状，花丝上部或花药分离，如木槿、蜀葵等锦葵科植物。

②　二体雄蕊　雄蕊的花丝连合成两束，花药分离，如甘草、蚕豆等豆科植物雄蕊10枚，9枚合生，一枚单生；紫堇、延胡索等雄蕊6枚，每3枚连合，成2束。

③　多体雄蕊　雄蕊多数，花丝基部合生成多束，花药分离，如蓖麻、元宝草、金丝桃、酸橙等。

④　聚药雄蕊　雄蕊花丝分离，花药合生成筒状，如菊花、红花和蒲公英等菊科植物。

（五）雌蕊群的形态

雌蕊群是一朵花中所有雌蕊的总称，位于花中央，与花托相连。雌蕊的数目通常为1个，但也有超过1个的。

1. 雌蕊的形成及类型

雌蕊是由心皮构成的，心皮是适应生殖作用的变态叶，心皮卷合形成雌蕊时（图2-4-6），其边缘的合缝线称腹缝线，与腹缝线相对应的部分相当于变态叶的中脉的缝线称背缝线。胚珠常着生在腹缝线上。裸子植物心皮（大孢子叶或珠鳞）展开叶片状，胚珠裸露在外；被子植物心皮边缘结合成囊状的雌蕊，胚珠在囊状的雌蕊内。

雌蕊的类型一般可以从形成雌蕊的心皮数来区分，有单雌蕊和复雌蕊两种。由1个心皮形成的雌蕊叫单雌蕊，如黄芪；由2个或2个以上心皮形成的雌蕊叫复雌蕊，如荠菜、桔等。多心皮愈合成复雌蕊时，其连合程度常不一致，有的仅子房部分连合，花柱、柱头分离；有的子房和花柱两部分连合，仅柱头分离，有的子房、花柱、柱头全部连合成一体，成1个子房、1个花柱、1个柱头，如图2-4-7所

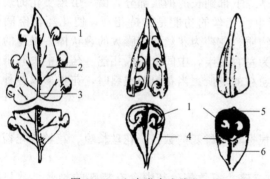

图 2-4-6　心皮卷合成雌蕊

1—心皮上着生的胚珠；2—心皮；3—主脉；
4—子房；5—背缝线；6—腹缝线

示。雌蕊的心皮数主要从腹缝线或背缝线的条数来判断，柱头数、花柱数、子房室数可做参考。因为形成雌蕊的心皮数与腹缝线或背缝线的条数是相同的，而柱头、花柱与子房室的数目则因心皮形成雌蕊时愈合程度的不同不能完全严格反映心皮数。

2. 雌蕊的组成

雌蕊是由柱头、花柱、子房三部分组成。

（1）柱头的形态 柱头位于雌蕊的顶部，是承受花粉的部位。柱头常呈圆盘状、羽毛状、头状等多种形状，上有乳头状突起，并分泌黏液，有利于花粉附着和萌发。

（2）花柱的形态 花柱是柱头与子房之间的连接部分，为花粉管进入子房的通道，通常呈圆柱形，起支持柱头的作用。花柱长

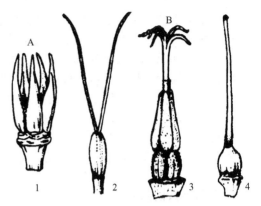

图 2-4-7 雌蕊的类型

A—离生雌蕊；B—合生雌蕊

1—离生雌蕊，各心皮完全分离；2—子房连合，
柱头和花柱分离；3—子房和花柱连合，柱头分离；
4—子房、花柱和柱头全部连合

短因植物不同而异，有的细长如丝，如玉米；有的粗短如棒，如莲；有的无花柱，如罂粟，直接着生子房顶端。

（3）子房的形态 子房是雌蕊基部的膨大的囊状部分，一般呈中空的圆球形、椭圆形、圆锥形或其他形状。子房的外壁为子房壁，子房壁内的空腔为子房室，子房室内着生胚珠。

3. 雌蕊群的类型

（1）根据花中雌蕊的数目不同可分为孤生雌蕊群和多生雌蕊群。

① 孤生雌蕊群 凡是花中仅有 1 枚雌蕊的植物均属此类。这 1 枚雌蕊可以是单雌蕊，如桃、杏等，也可以是复雌蕊，如荠菜、桔等。

② 多生雌蕊群 花中具有 2 个或 2 个以上的雌蕊，每个雌蕊均是由 1 个心皮形成的单雌蕊。如含笑、厚朴等。

（2）根据花中心皮的数目及各个心皮是否连合可分为离心皮雌蕊群和合心皮雌蕊群。

① 离心皮雌蕊群 花中有 1 个至多个心皮，彼此分离，每个心皮形成 1 个单雌蕊，如桃（为 1 个心皮构成的离心皮雌蕊群）、八角茴香和毛茛（为多个心皮构成的离心皮雌蕊群）。

② 合心皮雌蕊群 花中有多个心皮，彼此连合形成复雌蕊，如南瓜、百合等。

4. 子房着生的位置及花位

子房的位置是根据子房与花托的位置关系及愈合程度来确定的；而花位则是指花被及雌蕊的着生位置，常以其着生点与子房的位置关系来确定。子房的着生位置及花位常见有子房上位、子房下位和子房半下位三种类型（图 2-4-8）。

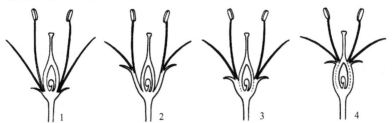

图 2-4-8 子房与花被的相关位置

1—子房上位（下位花）；2—子房上位（周位花）；3—子房半下位（周位花）；4—子房下位（上位花）

（1）**子房上位** 子房仅以底部与花托相连，叫子房上位。子房上位分为两种情况，如果子房仅以底部与花托相连，而花被、雄蕊着生位置低于子房，称为子房上位下位花，如油菜、玉兰等。如果子房仅以底部和杯状花托的底部相连，花被与雄蕊着生于杯状花托的边缘，即子房的周围，称为子房上位周位花，如桃、李等。

（2）**子房下位** 子房埋于下陷的花托中，并与花托愈合，称子房下位，花的其余部分着生在子房的上面花托的边缘，称为上位花，如苹果、梨、南瓜、向日葵等。

（3）**子房半下位** 又叫子房中位，子房的下半部陷于杯状花托中，并与花托愈合，上半部仍露在外，花被和雄蕊着生于花托的边缘，叫中位子房，其花称为周位花，如桔梗、党参、马齿苋、菱角等。

5. 子房室数的判断

子房室的数目是由心皮数目及结合状态而定。单雌蕊的子房只有一室，称单子房，如甘草、野葛等豆科植物的子房。合生心皮雌蕊的子房称复子房，其中有的仅是心皮边缘连合，形成的子房只有1室，如丝瓜等葫芦科植物的子房；有的心皮边缘向内卷入，在中心连合形成了与心皮数相等的子房室，称复子房室，如百合、黄精等百合科植物和桔梗、南沙参等桔梗科植物的子房；有的子房室可能被假隔膜完全或不完全地分隔为2，如松蓝、芥菜等十字花科植物。

6. 胎座

胚珠通常沿心皮的腹缝线着生于子房内，着生胚珠的部位叫胎座，因胚珠着生部位的不同胎座有多种类型（图2-4-9），常见胎座有以下几种类型。

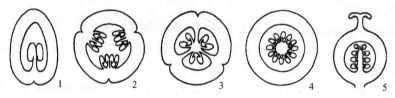

图 2-4-9 胎座的类型

1—边缘胎座；2—侧膜胎座；3—中轴胎座；4—特立中央胎座（横切）；5—特立中央胎座（纵切）

（1）**边缘胎座** 单心皮构成的单室子房，胚珠沿腹缝线的边缘着生。如豆科荚果，蓇葖果等。

（2）**侧膜胎座** 由合生心皮雌蕊形成，子房1室，胚珠沿相邻二心皮腹缝线着生，如葫芦科、罂粟科、堇菜科、十字花科植物。

（3）**中轴胎座** 由合生心皮雌蕊形成，各心皮边缘向内伸入，将子房分隔成两室至多室，并在中央汇集成中轴，胚珠着生于中轴上，如百合科、桔梗科、锦葵科等。

（4）**特立中央胎座** 由合生心皮雌蕊形成，但子房室隔膜和中轴上部均消失，形成1子房室，胚珠着生于残留的中轴周围，如石竹科、报春花科、马齿苋科、紫金牛科植物。

（5）**基生胎座** 子房1室，胚珠着生于子房室基部，如大黄（三心皮）、向日葵（二心皮）、胡椒、紫茉莉（一心皮）等。

（6）**顶生胎座** 子房1室，胚珠着生于子房室顶部，如1心皮的眼子菜，2心皮的桑、瑞香，3心皮的樟树等。

二、花的类型

被子植物的花在长期演化过程中各部分发生了不同程度的变化，形成了花的不同类型，一般可以按下述几方面来分类。

（一）完全花和不完全花

完全花和不完全花识别主要依据的是花的组成是否完整。

1. 完全花

一朵具有花萼、花冠、雄蕊、雌蕊的花称为完全花，如桔梗、油菜的花。

2. 不完全花

通常指在花萼、花冠、雄蕊群、雌蕊群的四大组成中缺少其中一部分或几部分的花，如丝瓜的花。

（二）重被花、单被花、无被花

重被花、单被花、无被花的识别主要是依据花中有无花萼和花冠（图 2-4-10）。

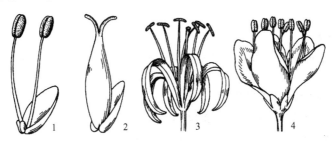

图 2-4-10　花的类型

1,2—无被花（单性花）；3—单被花（两性花）；4—重被花（两性花）

1. 重被花

花中同时具有花萼、花冠的花，如栝楼、甘草、党参等。在重被花中，又可以区分为单瓣花（花冠只由 1 轮花瓣排列的花，如桃）和重瓣花（花冠由数轮花瓣形成，如月季等栽培植物）以及前述的离瓣花与合瓣花。

2. 单被花

花中只具有花萼没有花冠的花（此时的花萼片常称花被片），如百合、贝母。单被花的花被可为 1 轮也可为多轮，但其颜色、形态常无区别，一般呈鲜艳的颜色，如玉兰为白色，白头翁为紫色。

3. 无被花

花中没有花萼、花冠的花，又叫裸花，这种花常具苞片，如杜仲。

（三）两性花、单性花、无性花

两性花、单性花、无性花的识别主要依据的是花中有无雄蕊群和雌蕊群。

1. 两性花

一朵花中同时具有正常发育的雌蕊群和雄蕊群的花。如牡丹、桔梗。

2. 单性花

一朵花中只有正常发育的雌蕊群或只有正常发育的雄蕊群的花。其中只有雄蕊群而无雌蕊群或雌蕊群不育的花称雄花；只有雌蕊群而无雄蕊群或雄蕊群不育的花称雌花。

在具有单性花的植物种中，若雌花和雄花生在同一植株上，称为雌雄同株，如南瓜、玉米；若雄花和雌花分别生在不同植株上，则称雌雄异株，如桑、栝楼。

有些物种中，同时存在有两性花与单性花的现象，称花杂性。在具有花杂性现象的植物中，若单性花和两性花存在于同株植物上，叫杂性同株，如朴树；若单性花和两性花不能共存于同一植株上，则称杂性异株，如臭椿、葡萄。

3. 无性花

花中雄蕊群和雌蕊群均退化或发育不全的花称无性花，向日葵周边的舌状花。

（四）花的对称性

1. 辐射对称花

通过花的中心可以作出两个或两个以上的对称面，也称整齐花。通常的形状有十字形、辐状、钟状、漏斗状，如桃、桔梗的花冠。

2. 两侧对称花

通过花的中心只能作出一个对称面，也称不整齐花。如益母草等唇形科植物的唇形花、豆科植物的蝶形花等。

3. 不对称花

通过花的中心（或根本就无花的中心）不能作出对称面的花，如美人蕉、缬草等。

三、花程式

1. 花程式的含义

花程式是借用字母、数字及符号写成固定的程式来表明花的各部分的组成、排列、位置和它们彼此的关系。

2. 以字母表示花的各组成部分

一般采用花的各组成部分的拉丁名词的第一个字母表示，其简写如下。

P——表示花被，是拉丁文 Perianthium 的缩写。

C——表示花冠，是拉丁文 Corolla 的略写。

K——表示花萼，是德文 Kelch 的略写。

A——表示雄蕊群，是拉丁文 Androecium 的略写。

G——表示雌蕊群，是拉丁文 Gynoecium 的略写。

3. 以数字表示花各部分组成的数目或各轮数目

用阿拉伯数字"1，2，3…10"表示花各部分或每轮的数目；及"∞"表示数目在 10 个以上或数目不定，以"0"来表示该组成不具备或退化。各个数字均写在字母的右下方。在雌蕊群"G"的右下方由左至右第 1 个数字表示花中雌蕊群所包含的心皮数，第 2 个数字表示雌蕊群中每个雌蕊的子房室数，第 3 个数字表示每个子房室中的胚珠数（通常在花程式中只写前面第 1 个或加第 2 个数字），各数字之间以"："隔开。

4. 以符号表示花的其他特征

（1）"＊"表示整齐花或辐射对称花，"↑"表示不整齐花或两侧对称花。

（2）"♂"表示雄花，"♀"表示雌花，"♂/♀"或不写表示两性花。

（3）如果表示花的某一部分互相连合，则在其数字外加上"（　）"号；仅基部连合可在数字下方加上"⌣"号；如上部连合，可在数字之外加"⌢"号；如果花部的某些部分贴生则用"↙"号表示。

（4）子房的位置通常在 G 的上、下用"—"号表示，如上位子房则写成 G̲（也可以仅写 G 来表示），下位子房则写成 G̅，周位或半下位子房写成 G̲̅。

（5）如果同一花部有多轮或同一轮中有几种不同的连合和分离的类型，则用符号"＋"来连接；而同一花部的数目之间存在变化幅度则用"—"号来连接。

花程式的表示法如表 2-4-1 所示。

四、花序的类型

花在花轴上的排列方式称花序。有些植物的花单生于枝的顶端或叶腋，称单生花，如桃、牡丹。花序的总花梗或主轴称为花序轴（或花轴），花序轴可以分枝（称分枝花序轴）或不分枝。花序上的花叫小花，小花的梗称小花梗。在花序上没有典型的叶，只有苞片，有

表 2-4-1　花程式的表示法

特征次序	特征类型		代表符号	
性别	两性花		♂/♀	
	雄花		♂	
	雌花		♀	
对称方式	辐射对称(整齐花)		*	
	两侧对称(不整齐花)		↑	
花萼			K	
花冠			C	
花被			P	
雄蕊群			A	
雌蕊群	心皮:子房室:胚珠	子房上位	$\underline{G}$	
		子房下位	$\overline{G}$	
		子房半下位	$\overline{\underline{G}}$	
数目	定数		数字	位置：右下脚标
	多数		∞	
	缺失		0	
其他特征	连合		()	
	分组或成轮		+	
	多种情况		,	

的植物苞片多个密集成为总苞，如向日葵、菊花等。

根据花在花序轴上的排列方式、小花开放顺序以及在开花期花序轴能否不断生长等，花序可分为多种（图 2-4-11），归为无限花序、有限花序和混合花序三大类。

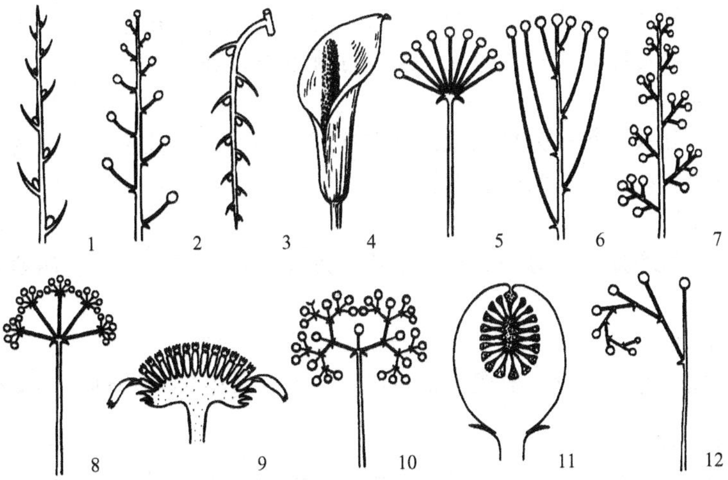

图 2-4-11　花序的类型

1—穗状花序；2—总状花序；3—葇荑花序；4—肉穗花序；5—伞形花序；6—伞房花序；7—圆锥花序；8—复伞形花序；9—头状花序；10—二歧聚伞花序；11—隐头花序；12—螺旋状聚伞花序

（一）无限花序

在开花期内，花序轴顶端继续向上生长，产生新的花蕾，开花顺序是花序基部的花先开，然后向顶端依次开放，或由边缘向中心开放，这类花序称无限花序。

无限花序根据花序轴及小花的特点又可分为如下几种。

1. 总状花序

花轴单一，较长，自下而上依次着生有柄的花朵，各花的花柄长短相等，如洋地黄、菘蓝、荠菜等十字花科植物的花序。

2. 穗状花序

花序长，花轴直立，其上着生许多无柄的两性花，如车前、马鞭草等。

3. 菜荑花序

花序轴较长而下垂，花单性、单被或无被（裸花），无花柄，开花后整个花序脱落，如柳、杨。

4. 肉穗花序

似穗状花序，但花序轴肉质肥大，花密集，单性，无花柄，其外方常有一枚大型苞片，称佛焰苞，如天南星、半夏、玉米等。

5. 伞房花序

似总状花序，但花序轴下部的花柄长于上部的花柄，花几乎排在一个平面，苹果、山楂蔷薇科部分植物花序。

6. 伞形花序

花序轴短缩，其顶部着生多数呈放射状排列的、花柄近等长的花，如人参、五加。

7. 头状花序

花序轴极缩短，在总花梗顶端膨大成头状或盘状的总花托，外面有多数苞片组成的总苞，无花柄，菊花、向日葵等。

8. 隐头花序

花序轴顶端肉质膨大，中央凹陷呈囊状，多数无柄小花着生于凹陷处的内壁上，薜荔、无花果等。

以上各种花序的花序轴均单一不分枝，故可总称为无限单花序；但无限花序中也有花序轴分枝的，叫无限复花序，常见的有复总状花序和复伞形花序。

9. 复总状花序

花序轴成总状分枝，每一分枝又成总状花序，且下部的分枝长于上部的分枝，整个花序呈圆锥状，又叫圆锥花序，如女贞、槐树等。

10. 复伞形花序

花序轴顶端呈伞形分枝，每一分枝又形成伞形花序，柴胡、当归、胡萝卜、香菜伞形科植物花序。

11. 复穗状花序

花序轴具分枝，每一分枝又形成穗状花序，小麦、香附等禾本科、莎草科植物。

（二）有限花序

有限花序也称聚伞花序，不同于无限花序的是有限花序的花轴顶端的花先开放，花轴顶端不再向上产生新的花芽，而是由顶花下部分化形成新的花芽，因而有限花序的花开放顺序是从上向下或从内向外。有限花序可分为以下几种类型（图2-4-12）。

1. 单歧聚伞花序

花序轴顶生一花，先开放，后在其下部的一侧形成一侧轴，侧轴顶端又先开一朵花，再以同一方式连续形成侧轴。

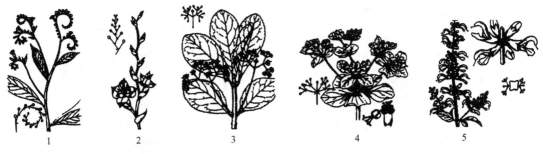

图 2-4-12　有限花序的类型
1—琉璃草螺旋状单歧聚伞花序；2—唐菖蒲蝎尾状单歧聚伞花序；
3—大叶黄杨二歧聚伞花序；4—泽漆多歧聚伞花序；5—薄荷轮伞花序

（1）螺旋状单歧聚伞花序

顶生一花先开，侧轴只在一侧生出，向一个方向呈螺旋状弯曲。如紫草、附地菜。

（2）蝎尾状单歧聚伞花序

顶生一花先开，左右两侧轴依次交互产生呈蝎尾状。如唐菖蒲、射干、姜。

2. 二歧聚伞花序

顶生一花先开，再两侧各生出一个等长侧轴，再以同样的方式开花。如卫矛、石竹、繁缕。

3. 多歧聚伞花序

花序轴顶生 1 朵花，先开放，后在其基部周围形成数个分枝，每一分枝又形成聚伞花序。如大戟、甘遂。

4. 轮伞花序

聚伞花序生于对生叶的叶腋成轮状排列，使之呈轮状排列，如益母草。

（三）混合花序

有的植物在花序轴上生有两种不同类型的花序称为混合花序。如紫丁香、葡萄的花序，花序的主轴无限生长，但第二次分轴和末轴则呈聚伞花序式，故又称聚伞圆锥花序。

第五节　果　　实

果实是被子植物特有的繁殖器官，由受精后雌蕊的子房发育形成。外被果皮，内含种子，果实具有保护种子和散布种子的作用。

被子植物经开花、传粉和受精后，花的各部分随之发生显著变化。花萼、花冠枯萎或宿存，柱头和花柱枯萎，剩下来的只有子房。这时，胚珠发育成种子，子房也随着长大，发育成果实。花梗变为果柄。果实包括由胚珠发育的种子和由子房壁发育的果皮。由子房发育的果实叫真果（图 2-5-1）。如桃、杏、枸杞、柑橘等。也有些植物的果实，除子房外，还有花的其他部分参与果实形成的，如黄瓜、苹果、菠萝、梨等的果实，大部分是花托、花序轴参与发育形成的，这类果实称为假果（图 2-5-2）。

大多数植物果实的形成需要经过传粉和受精作用，但有些植物只经传粉而未受精也能发育成果实。这种果

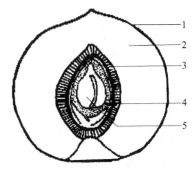

图 2-5-1　真果
1—外果皮；2—中果皮；3—内果皮；
4—胚乳；5—胚

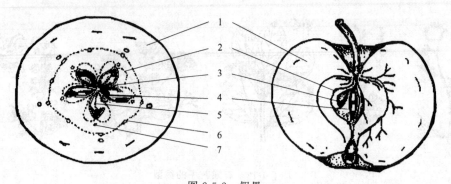

图 2-5-2 假果
1—托杯；2—外果皮；3—中果皮；4—内果皮；5—种子；6—萼筒维管束；7—心皮维管束

实无籽，称单性果实。有的是自发形成的，称为自发单性结实，如葡萄。有的是人工诱导形成的，称为诱导单性结实，如马铃薯的花粉刺激番茄的柱头，形成无籽番茄。有一些植物在受精后，胚珠发育受阻也会形成无籽果实。还有一些由四倍体和二倍体杂交形成不孕性的三倍体植物，同样会产生无籽果实，如无籽西瓜。

一、果实的组成结构

果实的构造较简单，外为果皮，内含种子。果皮由子房壁发育形成，包在种子的外面，一般又分外果皮、中果皮、内果皮三层，外果皮由子房外壁及下方的几层细胞形成。中果皮和内果皮是由子房外壁以内的部分发育而来。因植物种类不同，果皮的构造、色泽以及各层果皮发达程度也不一样。

（一）外果皮

外果皮是果实的最外层，通常薄而坚韧，一般由一层表皮细胞构成，有时在表皮细胞里面还可有一层或几层厚角组织细胞，如有时还存在厚壁组织细胞，如菜豆、大豆等。表皮层上偶有气孔，并常具角质层、蜡被、毛绒、刺、瘤突、翅等，有的在表皮中尚含有有色物质或色素，如花椒，或含有油细胞，如北五味子。

（二）中果皮

中果皮占果皮的大部分，常由薄壁细胞组成，在各类果实中有很大变化，如有的肉质化，如桃；有的维管束明显，如橘；有的膜质化，如荚果、角果；有的有石细胞和油细胞如荜澄茄、小茴香。

（三）内果皮

内果皮为果皮的最内层，多由一层薄壁细胞组成而呈膜质，或由多层石细胞组成而为木质化的硬壳，如桃、李、杏；少数植物的内果皮能生出充满汁液的肉质囊状毛，如柑橘。

二、果实类型

果实的类型很多，根据果实的来源、结构和果皮的性质的不同可分为三大类型。

（一）单果

由一朵花中的单雌蕊或复雌蕊形成的果实称为单果。根据果皮的性质与结构不同，单果可分为肉质果与干果两大类。

1. 肉质果

果实成熟后，果皮肉质多汁的果实，根据果皮的特点又分为下列几种（图 2-5-3）。

（1）浆果　通常由单心皮或合生心皮发育而成。外果皮薄，中、内果皮肉质、多汁。内有一至多粒种子。如葡萄、枸杞、番茄等。

（2）柑果　通常由复雌蕊发育，外果皮革质，有挥发油腔，中果皮疏松，分布有维管束，内果皮薄膜状，分为若干室，室内生有多个汁囊，汁囊来自于子房内壁的毛茸，为可食部分，每瓣内有多个种子，如柑橘、柚、柠檬、橙等。

（3）核果　一般由单心皮雌蕊，上位子房发育而成。外果皮薄，中果皮肉质，内果皮坚硬木质（具一个坚硬核），每核内含有一粒种子，如桃、杏等。有的核果和浆果相似，称浆果状核果，如人参。

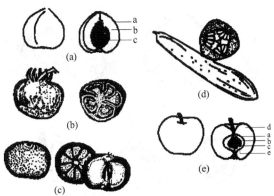

图 2-5-3　肉质果的类型

（a）核果（桃）；（b）浆果（番茄）；（c）柑果（橘子）
（d）瓠果（黄瓜）；（e）梨果
a—外果皮；b—中果皮；c—内果皮；
d—花筒发育而成的果肉；e—种子

（4）梨果　由合生雌蕊的下位子房和花筒共同发育而成的假果。在形成果实时，果的外层是花托发育而成，果内大部分由花筒发育而成，子房发育的部分位于果实的中央。由花筒发育的部分和外果皮、中果皮为肉质，内果皮木质化较硬，如苹果、梨、山楂等。

（5）瓠果　常由 3 心皮合生的具侧膜胎座的下位子房与花托一起发育形成的。外果皮和花托愈合，形成坚韧的果实外层，中果皮、内果皮及胎座肉质化，成为果实的可食用部分。如南瓜、冬瓜的可食部分主要是果皮、西瓜可食部分主要为肉质化的胎座。

2. 干果

干果是果实成熟后果皮干燥的果实，依果皮开裂或不开裂，分为裂果（图 2-5-4）和不裂果（图 2-5-5）。

（1）裂果　果实成熟时，果皮开裂。散出种子。因心皮数目和开裂方式不同，又分为以下几种。

① 蓇葖果　由一个心皮或离生心皮发育成的果实形成，成熟时沿一个缝线开裂。一朵花中有一个心皮的雌蕊形成 1 个蓇葖果，如淫羊藿；一朵花中有两个心皮离生雌蕊形成 2 个蓇葖果，如萝藦、徐长

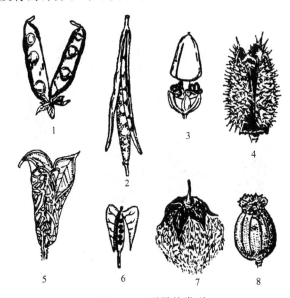

图 2-5-4　裂果的类型

1—荚果（豌豆）；2—长角果（油菜）；3—蒴果（车前）；
4—蒴果（曼陀罗）；5—蓇葖果（飞燕草）；6—短角果（荠菜）；
7—蒴果（棉花）；8—蒴果（罂粟）

卿；一朵花中有多个心皮离生雌蕊形成聚合蓇葖果，如八角茴香、芍药。

② 荚果　由单心皮发育而成，子房一室，成熟时沿两缝线开裂，果皮裂成两片，如赤小豆。也有不开裂的，如皂荚、落花生、紫荆。有的荚果成熟后节节断裂，每节含一粒种子，如含羞草；有的荚果肉质呈念珠状，如槐；有的荚果呈螺旋状，如苜蓿。

③ 蒴果　由合生心皮复雌蕊发育而成的果实，子房 1 室或多室，每室含有多粒种子。

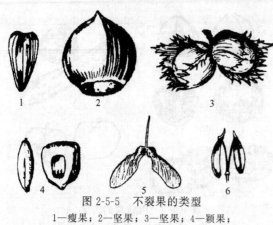

图 2-5-5　不裂果的类型
1—瘦果；2—坚果；3—坚果；4—颖果；
5—翅果；6—双悬果

果实成熟时有多种开裂方式，常见的有：纵裂，室间开裂（沿腹缝线开裂，如蓖麻）；室背开裂（沿背缝线开裂，如百合）；室轴开裂（沿背、腹缝线开裂，如牵牛）。孔裂：果实顶端呈小孔状开裂（罂粟）。盖裂：果实中部呈环状开裂（马齿苋、车前）。齿裂：果实顶部呈齿状开裂（王不留行）。

④ 角果　两个心皮合生子房发育成的果实，为一室，后由假隔膜分成假两室，种子着生在假隔膜两侧，成熟时沿两缝线开裂。是十字花科植物的特征，有长角果（萝卜、油菜）和短角果（独行菜）之分。

（2）闭果（不裂果）　果实成熟后，果皮不开裂，常见的有下列几种类型。

① 瘦果　由1心皮或多心皮发育而成，果实内含1粒种子，种皮薄，成熟时果皮与种皮分离。如白头翁（1心皮）、向日葵（2心皮）、何首乌（3心皮）。

② 颖果　由2～3心皮组成，1室含1粒种子，果小，果皮与种皮紧密愈合不易分离。如小麦、玉米等禾本科植物的果实。

③ 翅果　单粒种子形成的果实，果皮一端或周围向外延伸成翅，如榆、槭树、枫杨等。

④ 坚果　果皮木质化，坚硬，1粒种子。褐色硬壳是果皮，果实外面有花序的总苞发育的壳斗附着于基部，如板栗、栎。有的坚果小，且无壳斗包围，称小坚果，如益母草、薄荷等。

⑤ 胞果　由合生心皮，上位子房发育而成，1粒种子，果皮薄、疏松膨胀，与种子易分离。常见于藜科、苋科植物，如地肤、鸡冠花。

⑥ 双悬果　由2个心皮合生雌蕊发育，子房下位发育而成，果实成熟后心皮分离成两个分果（小坚果），悬挂在心

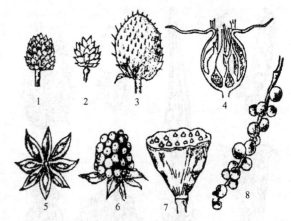

图 2-5-6　聚合果的类型
1,3,4—聚合瘦果；2,7—聚合坚果；
5—聚合蓇葖果；6—聚合核果；8—聚合浆果

皮柄上端，心皮柄的基部与果柄相连。伞形科植物特有。如小茴香、当归、蛇床等。

（二）聚合果
由一朵花中许多离生心皮雌蕊的子房共同形成的果实，每个雌蕊形成一个单果，聚生于同一花托上。根据单果的类型不同，可分为以下几类（图 2-5-6）。

（1）聚合蓇葖果　由多数蓇葖果聚生于花托上。如芍药、八角茴香。

（2）聚合瘦果　由多数瘦果聚生于花托上。如草莓、白头翁、毛茛。

（3）聚合核果　多数核果聚生于突起的花托上。如悬钩子、人参。

（4）聚合浆果　由多数浆果聚生于延长的花托上。如五味子。

（5）聚合坚果 由多数坚果嵌生于膨大海绵状的花托上。如莲。

（三）聚花果

由一个花序发育而形成的包含多个小果（小果也可能不发育）的果实整体称为聚花果。通常花序上的每一朵花发育成一个小果，许多小果聚生在花轴上，类似一个果实，成熟后整个果序自母株上脱落。如图 2-5-7，常见的有隐花果（隐头花序形成的果实，如无花果、薜荔等）、椹果（由桑的花序发育而成，小果为瘦果，外面有肥厚多汁的花被包被）、

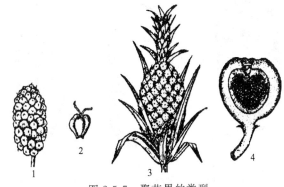

图 2-5-7 聚花果的类型
1—椹果；2—椹果上的小果；3—凤梨果；4—隐花果

凤梨果（多数不育的花着生在肥大肉质的花序轴上，肉质多汁的花序轴为果实的可食部分）。

第六节 种 子

一、种子的形态

植物的种子是种子植物所特有的繁殖器官，是由胚珠受精发育而形成的。种子的形态主要包括种子的形状、大小、色泽、表面纹理等特征，因植物种类不同，其特征也不相同。种子的形状多样，常见的有球形、椭圆形、类圆形、肾形、卵形、圆锥形、多角形等。种子的大小相差悬殊，如椰子、槟榔的种子较大；菟丝子、葶苈子的种子较小；白及、天麻的种子极细小。种子的色泽也很丰富，龙眼、荔枝为红褐色；绿豆为绿色；扁豆为白色；相思子一端为红色，另一端为黑色。种子的表面特征对于种子类药材的鉴别有一定意义，有的光滑，有光泽，如红蓼、决明子；有的粗糙，如长春花、天南星；有的具褶皱，如车前、乌头；有的长有各种附属物，如木蝴蝶种子有翅，太子参种子表面密生瘤状突起，白前种子顶端有毛茸。

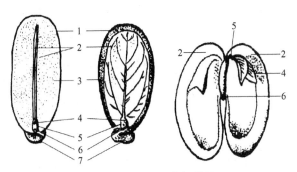

图 2-6-1 种子的内部结构
1—种皮；2—子叶；3—胚乳；4—胚芽；
5—胚茎；6—胚根；7—种阜

二、种子的结构

典型种子的结构包括种皮、胚和胚乳三部分，其内部结构如图 2-6-1。

（一）种皮

种皮位于种子的最外面，由珠被发育而来，具保护胚与胚乳的功能。裸子植物的种皮由明显的 3 层组成。外层和内层为肉质层，中层为石质层。被子植物的种皮结构多种多样，有 1 层的，如向日葵、胡桃，但多数为 2 层，外层是由外珠被发育而成，一般比较坚硬，称外种皮，内层由内珠被发育而成，一般为薄膜状，称内种皮。有的种子在种皮外尚有假种皮，由株柄或胎座部位的组织延伸而成，有的为肉质，如龙眼、荔枝、苦瓜等；有的呈薄的膜质，如豆蔻、益智、砂仁等。另外，在种皮上还可见到以下特征（图 2-6-2）。

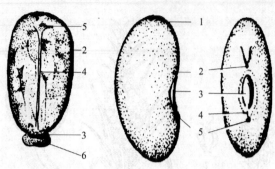

图 2-6-2　种皮的表面特征

1—种皮；2—种孔；3—种脐；4—种脊；5—合点；6—种阜

1. 种脐

种脐是种子脱离果实时留下的痕迹，也就是与种柄和株柄相脱离的地方，通常呈椭圆形或圆形。

2. 种孔

种孔是由胚珠的珠孔发育而成的，种子萌发时通过种孔吸收水分，胚根就此孔伸出。

3. 合点

合点由胚珠的合点发育而成，是种皮中维管束的汇集点。

4. 种脊

种脊由珠脊发育而来，是种脐到合点之间隆起的脊棱线，内含维管束。倒生胚珠发育的种子，其种脊长而明显，如蓖麻；弯生或横生胚珠发育的种子，其种脊较短，如石竹；直生胚珠则没有种脊，如大黄。

5. 种阜

有些植物外种皮在种孔处发育形成海绵状突起物，有吸水的作用，如蓖麻、远志。

（二）胚

胚是由受精卵发育而成的，是新一代植物体的原始体，是构成种子最重要的部分。胚通常由胚芽、胚根、胚轴和子叶四部分所组成。

1. 胚芽

种子萌发后，成为地上的茎、叶。

2. 胚根

种子萌发后，胚根伸出种皮，发育成植物的主根。

3. 胚轴

胚轴向上伸长，发育成根与茎的连接部分。可分为上胚轴（子叶着生处以上至第一片真叶之间的一段）和下胚轴（子叶以下至胚根的一段）。

4. 子叶

与一般正常叶的功能是不同的，子叶主要有贮藏养料的作用和在真叶未长出前进行光合作用的功能，子叶营养耗尽后，即枯萎。子叶的数目因植物种类不同而异，双子叶植物有两片子叶，单子叶植物有一片子叶，裸子植物有二至多片子叶，如侧柏为 2 枚，银杏为 2～3 枚，松属为 5～18 枚。

（三）胚乳

被子植物的胚乳由三倍体的初生胚乳核发育形成，通常在受精完成后早于合子发育，种子内贮藏着大量的营养物质，如淀粉、脂肪和蛋白质。种子萌发时，其营养物质被胚消化、吸收和利用。有些植物的胚乳在种子发育过程中，已被胚吸收、利用，所以这类种子在成熟后无胚乳，一般此类种子的子叶比较肥厚。

三、种子的类型

被子植物的种子根据种子成熟后胚乳的有无，可以将种子分为有胚乳种子和无胚乳种子两种类型。

（一）有胚乳种子

种子内有发达的胚乳，胚较小，子叶薄，由于子叶数目不同，又可分为单子叶有胚乳种子（如水稻、玉米）和双子叶有胚乳种子（如蓖麻、大黄）。

（二）无胚乳种子

有些植物种子在发育过程中，胚乳的营养被吸收并贮藏在子叶中，所以该类种子没有胚乳或仅有残留薄层，而子叶肥厚，称为无胚乳种子。根据子叶数目不同又可以分为单子叶植物无胚乳种子（如泽泻、慈姑）和双子叶植物无胚乳种子（如大豆、杏仁）。

归 纳 总 结

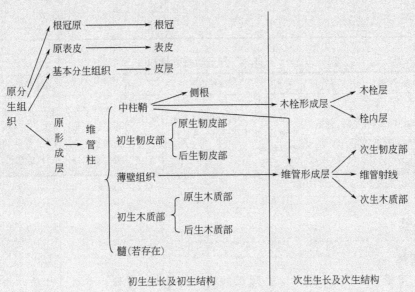

图 1　双子叶植物根的发育过程

表 1　叶片的构造

叶片的构造	双子叶植物	单子叶植物（以禾本科为例）	裸子植物
表皮	有上下表皮，外常具角质层	有上下表皮，上表皮具泡状细胞，外常具角质和硅质	细胞壁厚，具发达角质层，具下皮
叶肉	有栅栏组织和海绵组织的分化，常为异面叶，常具分泌腔、晶体等	常无栅栏组织和海绵组织的分化，为等面叶	细胞壁向内凹陷成多数折壁，常具树脂道，内有明显的内皮层
叶脉	为叶片中的维管束，常为无限外韧型，主脉上下方常具厚角组织	维管束类型为有限外韧型，维管束上下有发达的厚壁组织，具维管束鞘	由薄壁组织和维管束组成

表 2　常见花类药材

药材名	药用部位
辛夷、金银花、丁香、槐花	花蕾
红花、洋金花、金莲花、木棉花	已开放的花
莲须	雄蕊
玉米须	花柱
番红花	柱头
松花粉、蒲黄	花粉粒
莲房	花托
菊花、旋覆花、款冬花	花序

表3　常见的果实类药材

药材名	药用部位
荜茇	果穗
马兜铃、地肤子、五味子	聚合浆果
木瓜、山楂、乌梅、金樱子	聚合瘦果
桑葚	聚花果
薜荔	聚花果
枳壳、陈皮	果皮
青皮	幼果
橘络	维管束
吴茱萸、山茱萸	果肉
大茴	聚合蓇葖果

表4　种子的特殊结构

种缨	假种皮	外胚乳
某些植物的种子顶端具毛茸，称为种缨，如夹竹桃科、萝藦科植物	位于种皮外部，由珠柄或胎座延伸发育而成，如无患子科、卫矛科、姜科、木棉科植物	在种子发育过程中，未被完全吸收的珠心组织包被在胚和胚乳外部，称为外胚乳，如胡椒科、石竹科、藜科、商陆科、仙人掌科、马齿苋科、苋科、棕榈科、姜科等

复习与思考

一、名词解释

主根；定根；直根系；凯氏带；通道细胞；髓射线；年轮；心材；叶序；异形叶性；异面叶；维管束鞘；花盘；宿存萼；冠毛；心皮；单雌蕊；离生雌蕊；复雌蕊；胎座；边缘胎座；中轴胎座；葇荑花序；伞房花序；完全花；不完全花；单被花；无被花；两性花；无性花；辐射对称花；花程式；花序；真果；假果；聚合果；聚花果；荚果；颖；假种皮；外胚乳；胚根；胚轴；种脐合点

二、判断正误

1. 根的次生构造中，由内向外可见表皮、皮层、栓内层、木栓形成层和木栓层等。
2. 牛膝、商陆根中均可见同心环状维管束，川牛膝2～4轮，商陆4～6轮。
3. 中药材天丁（皂角刺）属于刺状茎。
4. 中药天麻、半夏属于块根。
5. 中药百合、贝母属于肉质鳞片叶。
6. 中药白及属于块茎。
7. 石斛茎的维管束排列成环状。
8. 观察气孔表面观，可用叶片做横切。
9. 羽状三出复叶的顶端小叶柄比侧生小叶柄长。
10. 双子叶植物中，有的植物具平行叶脉。
11. 子房的心皮数目一定等于子房室数。
12. 禾本科植物的一个小穗就是一朵花。
13. 单歧聚伞花序属于有限花序类型。
14. 胡萝卜的花序属于复伞形花序。

15. 单子叶植物胚中的外胚叶相当于双子叶植物中的外胚乳。

16. 植物的珠被层数与种皮层数总是相同的。

17. 聚合果有数个单果组成，又称复果。

18. 典型的核果是由单心皮雌蕊，下位子房发育形成的果实。

19. 聚花果是由整个花序发育的果实，如桑葚，开花后花托变得肥厚多汁，包被 1 个瘦果。

20. 莲蓬为植物的聚合蓇葖果。

三、简答题

1. 简述双子叶植物和单子叶植物根的初生构造的区别。

2. 简述木栓形成层和维管形成层的活动。

3. 简述根次生构造的特点。

4. 根常见的异常构造类型有哪些？举例说明。

5. 简述双子叶植物茎的初生构造和次生构造。

6. 简述木材三切面的特点。

7. 简述单叶和复叶的区别。

8. 简述叶的组织构造。

9. 常见的花冠类型有哪些？各有什么特点？

10. 常见的胎座类型有哪些？各有什么特点？

11. 常见的胚珠类型有哪些？各有什么特点？

12. 有限花序和无限花序各有哪些类型，其特点分别是什么？

13. 常见的裂果类型有哪些？各有什么特点？

14. 如何从来源上区别单果、聚合果和聚花果？

15. 如何区别总状花序、穗状花序和菜荑花序？如何区别伞房花序和伞形花序？如何区别单歧聚伞花序、二歧聚伞花序和多歧聚伞花序？

16. 瘦果、颖果和胞果的区别是什么？

17. 种子各部分的来源分别是什么？

18. 某种植物的花的结构为：整齐花；花被 6 枚，两轮排列，每轮 3 枚；雄蕊多数，分离；离生心皮雌蕊多数，每心皮 1 枚胚珠。根据以上描述，写出该植物的花程式。

第三章

药用植物分类基础知识

【学习目标】

通过学习植物分类的命名、分类等级及分类检索表的应用，了解植物分类学的方法和任务；掌握植物检索表的使用方法。

【知识目标】

1. 掌握种、亚种、变种、品种、定距式检索表、平行式检索表的含义。
2. 掌握植物的分类等级。

【能力目标】

能够利用检索表对药用植物进行分类鉴别。

一、植物分类等级

植物的分类等级又称分类单位。分类等级的高低常以植物之间形态的相似性、构造的简繁程度及亲缘关系的远近来确定。近年来，随着科学技术尤其是化学成分分析和分子生物学技术的迅速发展，药用植物的特征性化学成分和 DNA 指纹图谱等生物信息图谱，已被植物分类家用作修订一些药用植物类群分类等级的佐证。植物之间分类等级的异同程度体现了各种植物之间的相似程度和亲缘关系的远近。

各个等级按照其高低和从属亲缘关系，顺序地排列起来，将植物界按其不同点归为若干门，每个门分为若干纲，纲中分若干目，目中分若干科，科再分属，属下再分种。常用分类等级的（中文名、英文名、拉丁名）排列如表 3-1 所示。

在各级单位之间，有时因范围过大，不能完全包括其特征或系统关系，而有必要再增设一级时，可在各级前加"亚（sub）"字，如亚门、亚纲、亚目、亚科、亚族、亚属及亚种。对整个植物界分成几个门，在门下设多少纲，因其分类法不同也就不一致。

表 3-1 植物分类的基本单位

中文	拉丁文	英文
界	Regnum	Kingdom
门	Divisio(Phylum)	Division
纲	Classis	Class
目	Ordo	Order
科	Familia	Family
属	Genus	Genus
种	Species	Species

植物分类的基本单位是种（species，缩写为 sp.），种一般是指其所有个体器官（特别是繁殖器官）具有十分相似的形态、结构、生理生化特征和有一定的自然分布区的植物类群。同一种的不同个体之间可以受精交配，并能产生正常的能育后代；不同种的个体之间通常难以杂交或杂交不育。

随着环境因素和遗传基因的变化，种内的各居群会产生较大的变异，因此，出现种以下等级，即亚种（subspecies）、变种（varietas）及变型（forma）。

亚种（subspecies，缩写为 subsp 或 ssp.）：一般认为，一个种内的居群在形态上多少有变异，并具有地理分布上、生态上或季节上的隔离，这样的居群是亚种。

变种（varietas，缩写为 var.）：一个种在形态上多少有变异，而变异比较稳定，它的分布范围（或地区）比亚种小得多，并与种内其他变种有共同的分布区。

变型（forma，缩写为 f.）：变型是指一个种内有细小变异但无一定分布区的居群。有时将栽培植物中的品种也视为变型。

品种（cultivar，缩写 cu.）：品种为人工栽培植物的种内变异的居群。通常是存在形态上或经济价值上的差异，如色、香、味、形状、大小、植株高矮和产量等的不同。如菊花的栽培品种有亳菊、滁菊、贡菊等，地黄的栽培品种有金状元、新状元、北京 1 号等。如果品种失去了经济价值，那就没有品种的实际意义，它将被淘汰。药材中一般称品种，实际上既指分类学上的"种"，有时又指栽培的药用植物的品种。

现以乌头为例示其分类等级如下。

界　植物界 Regnum vegetabile
　门　被子植物门 Angiospermae
　　纲　双子叶植物纲 Dicotyledoneae
　　　亚纲　原始花被亚纲 Archichlamydeae
　　　　目　毛茛目 Ranales
　　　　　科　毛茛科 Ranunculaceae
　　　　　　属　乌头属 *Aconitum* L.
　　　　　　　种　乌头 *Aconitum carmichaeli* Debx.

二、植物命名法

世界各国由于语言、文字和生活习惯的不同，同一种植物在不同的国家或地区，往往有不同的名称。另外，同名异物现象又普遍存在，如在药用植物中就有 45 种不同植物均被称为"万年青"，而它们分别隶属于 28 个科。植物名称的混乱给植物的分类、开发利用和国内外交流造成了很大的困难。为此，国际上制定了《国际植物命名法规》（International Code of Botanical Nomenclature，简称 ICBN）和《国际栽培植物命名法规》（International Code of Nomenclature for Cultivated Plants，简称 ICNCP）等植物命名法规，给每一个植物分类群制定世界各国可以统一使用的科学名称，即学名（scientific name），并使植物学名的命名方法统一、合法、有效。

根据《国际植物命名法规》，植物学名必须用拉丁文或其他文字加以拉丁化来书写。种的名称采用了瑞典植物学家林奈（Linnaeus）倡导的"双名法"（binomial nomenclature），由两个拉丁词组成，前者是属名，第二个是种加词，后附上命名人的姓名，一种植物完整的学名包括以下三个部分（表 3-2）。

三、植物界的分门别类

通常将植物界分成下列 16 门和若干类群（图 3-1）。

表 3-2 "双名法"植物完整的学名示例

属名(首字母大写)	+	种加词(小写)	+	命名人(词首字母大写)
Rheum		*officinale*		Baill.

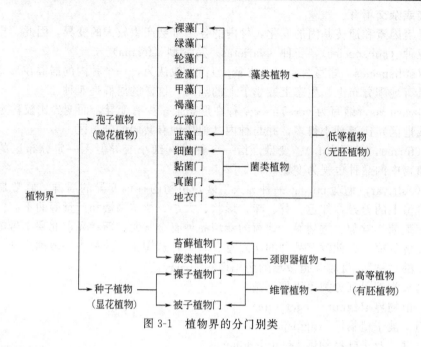

图 3-1 植物界的分门别类

四、药用植物分类检索表

药用植物分类检索表是鉴定药用植物类群的重要工具，是一把识别药用植物的"金钥匙"，在中药志、植物志和药用植物分类专著、论文中往往都有检索表，学会使用和编制会给学习及科研工作带来极大的方便。

植物分类检索表是用来鉴定植物种类或所属类群的工具。应用植物分类检索表能比较迅速地查对和鉴定欲知植物的名称或归属类群。

(一) 检索表的类型

根据植物分类级别的不同，将植物分类检索表分为分门检索表，分纲检索表，分目检索表，分科检索表，分属检索表，分种检索表。以门为基本单位，用来查对门的检索表叫分门检索表，以依此类推。其中常用的主要是分科检索表、分属检索表和分种检索表。

根据植物分类检索表的编制形式的不同，植物分类检索表分为定距检索表、平行检索表和连续平行式检索表三种，其中常用的是定距检索表和平行检索表。

1. 定距检索表

这是一种比较常用的检索表，检索表中每一对相对应的特征给予同一号码，并列在书页左边的一定距离处，然后按检索主次顺序将一对对特征依次编排下去，逐项列出。所属的次项向右退一字之距开始书写，因而书写行越来越短（距离书页左边越来越远），直到在书页右边出现科、属、种等各分类等级为止。

这种检索表的优点是：条理性强，脉络清晰，便于使用，不易出错，即使在检索植物过程中出现错误，也容易查出错在何处，目前大多数分类著作采用定距检索表。缺点是：如果编排的特征内容（也就是涉及的分类类群）较多，两对应特征的项目相距必然甚远，不容易寻找（克服办法是标出对应特征的项目的所在页码），同时还会使检索表文字向右过多偏斜而浪费较多的篇幅。《中国植物志》、《浙江植物志》和本教材的被子植物门分科检索表均采用本种形式的检索表。

现以葫芦科常见属的分属检索表为例，分别说明定距检索表的形式。

葫芦科（Cucurbitaceae）重要属分属检索表

1. 花冠钟状，裂片裂至中部 ･････････････････････････････ 南瓜属（*Cucurbita*）
1. 花冠轮状，5 深裂至基部或离瓣。
  2. 花瓣成流苏状，果肉质，具多数种子 ････････････ 栝楼属（*Trichosanthes*）
  2. 花瓣全缘
    3. 雄花的萼筒伸长，花药结合成头状 ････････････ 葫芦属（*Lagenaria*）
    3. 雄花的萼筒短，花药不结合成头状。
      4. 雄花花梗上具显著的盾状苞片 ････････ 苦瓜属（*Momordica*）
      4. 雄花花梗上无显著苞片。
        5. 卷须不分枝 ････････････････････ 黄瓜属（*Cucumis*）
        5. 卷须分枝。
          6. 雄花成总状花序，成熟果实干燥 ･･････ 丝瓜属（*Luffa*）
          6. 雄花单生，成熟果实不干燥。
            7. 萼片的裂片叶状，具锯齿 ･･ 冬瓜属（*Benincasa*）
            7. 萼片的裂片小，全缘 ･･････ 西瓜属（*Citrullus*）

2. 平行检索表

将每对显著对立的植物特征紧紧并列，在其前写上同样的编码，在每行之后写明已查到植物名称或需进一步检索的编码。这种形式的检索表编码醒目，由于两组相对立的特征排列在一起，植物特征对比鲜明，使用检索表进行性状分析时不用前后查找，可以节约检索时间。但这种检索表的编码相对较多，检索表的编制比较麻烦。另外，主从关系被对比项隔开。

现以葫芦科常见属的分属检索表为例，说明平行检索表的形式。

葫芦科（Cucurbitaceae）重要属分属检索表

1. 花冠钟状，裂片裂至中部 ･････････････････････････ 南瓜属（*Cucurbita*）
1. 花冠轮状，5 深裂至基部或离瓣. ･･････････････････････････････ 2
2. 花瓣成流苏状，果肉质，具多数种子 ････････ 栝楼属（*Trichosanthes*）
2. 花瓣全缘 ･･･ 3
3. 雄花的萼筒伸长，花药结合成头状 ････････････ 葫芦属（*Lagenaria*）
3. 雄花的萼筒短，花药不结合成头状 ･････････････････････ 4
4. 雄花花梗上具显著的盾状苞片 ････････････ 苦瓜属（*Momordica*）
4. 雄花花梗上无显著苞片 ･････････････････････････ 5
5. 卷须不分枝 ･････････････････････････ 黄瓜属（*Cucumis*）
5. 卷须分枝 ･･･････････････････････････････ 6
6. 雄花成总状花序，成熟果实干燥 ････････････ 丝瓜属（*Luffa*）
6. 雄花单生，成熟果实不干燥 ･･･････････････････ 7
7. 萼片的裂片叶状，具锯齿 ････････････ 冬瓜属（*Benincasa*）
7. 萼片的裂片小，全缘 ････････････････ 西瓜属（*Citrullus*）

3. 连续平行式检索表

又称动物学检索表，在处理方法上吸取了定距检索表和平行检索表的优点，即将具有相对应的特征的植物排在一起，便于对照，用起来较方便，同时，把检索表的各项特征均排在书页左边的直线上，显得较整齐也节约篇幅，因而在植物分类检索表中也被广泛采用。

鉴定药用植物的关键，是检索者必须有良好的植物学形态术语方面的基础知识。在检索前，必须对被检索的植物形态特征做仔细地观察研究，特别对花、果实的各部分构造，要做认真细致的解剖观察，如花冠和雄蕊的类型、子房的位置、心皮和胚珠的数目、胎座和果实的类型等，根据这些特征就可以利用检索表从头按次序逐项往下查，首先要鉴定出该种植物所属的科，再用该科的分属检索表，查出它所属的属，最后利用该属的分种检索表，查出它所属的种。

（二）药用植物分类检索表的编制

药用植物分类检索表采用二歧分类的方法进行编制而成。对一群药用植物先把各类群植物的分类性状进行比较分析，抓住相同点和不同点。选取某一个或几个性状，根据是与否、上与下、这样或那样等，将该群药用植物分成相对的两部分，直至分到所要求的分类单位为止，最后把分的过程和所用的性状，按一定的格式排列出来就成了检索表。

编制药用植物分类检索表，要求必须掌握药用植物的特征。首先作者对被编制的药用植物类群的形态特征要非常熟悉，特别是精确掌握每一类群的各种变异和变异幅度，然后找出各类群（科、属、种）之间的共同特征和主要区别，才能进行编制。

编制的基本步骤如下。

（1）首先要决定编制的是分科、分属，还是分种的检索表。接着对各分类群的形态特征进行认真观察和分类性状比较分析，列出相似特征（共性）和区别特征（特性）的比较表，才能进行编制。

（2）在选用区别特征时，最好选用稳定的、明显相反的特征，如单叶或复叶，木本或草本；或采用易于区别的特征。尽可能不采用似是而非的、渐次过渡的特征，如叶的大小、植株毛的多少、花的颜色等特征作为划分依据。

（3）采用的特征要明显，最好利用肉眼、手持放大镜或解剖镜就能看到的特征，尽量不采用需要显微镜或电镜才能看到的显微或亚显微解剖特征。

（4）检索表的编排号码，每个数字只能并且必须用2次。

（5）有时同一种植物，由于生长的环境不同而产生形态特征的变化，既有乔木，也有灌木，遇到这种情况时，在乔木和灌木的各项中都可编进去，这样就保证可以查到。

（6）在编制分科（属）检索表时，由于有些植物的特征不完全符合所属的某一分类群的特征，如蔷薇科的心皮从多数到定数，子房从上位、周位到下位，果实有聚合蓇葖果、聚合瘦果、核果、梨果，为保证能查到各种植物，在编制时都要考虑进去。因此，在检索表中常常会在不同的地方出现相同的分类等级，如在"种子植物分科检索表"中蔷薇科、虎耳草科、旋花科等科会出现多次。因此，初学者在查检索表时，必须持谨慎的态度。

归 纳 总 结

表1　种下命名规定表

种下分类单位	种下的各分类单位名称，是由表示其等级的术语将种的名称和种之下（分类单位）的加词连接起来的组合
亚种	种名＋亚种缩写符号＋亚种加词 如：鹿蹄草 *Pyrola rotundifolia* L. subsp. *chinensis* H. Andces. 是圆叶鹿蹄草 *Pyrola rotundifolia* L. 草的亚种
变种	种名＋变种缩写符号＋变种加词 如：山里红 *Crataegus pinnatifida* Bge. var. *major* N. E. Br. 是山楂 *Crataegus pinnatifida* Bge. 的变种
变型	种名＋变型缩写符号＋变型词 如：重瓣玫瑰 *Rosa rugosa* Thunb. f. plena (Regel) Byhouwer是玫瑰 *Rosa rugosa* Thunb. 的变型

复习与思考

一、名词解释

学名；双名法；高等植物；低等植物；维管植物；品种；颈卵器植物

二、判断正误

1. 种是生物进化和自然选择的产物。

2. 亚种与种的区别是一个种内的类群在形态上的差异。

3. 变型是一个种内有细小变异，如花冠或果的颜色、毛被情况等，且无一定分布区的个体。

4. 学名是用拉丁文来命名的。

三、简答题

1. 植物分类的目的和任务是什么？

2. 双名法在书写上有什么要求？

3. 种与品种有何差异？

第四章

低等药用植物分类

【学习目标】
　　通过学习藻类、菌类、地衣植物的主要特征，掌握其常见的药用代表植物的鉴别方法。

【知识目标】
　　1. 掌握藻类植物的主要特征和分门，熟悉常见的药用藻类。
　　2. 掌握菌类植物的主要特征和分门，熟悉常见的药用真菌。
　　3. 掌握地衣植物的构造特征，熟悉常见的药用地衣。

【能力目标】
　　能够鉴别常见的药用藻类、药用真菌、药用地衣植物。

　　在植物界，藻类、菌类及地衣类的植物在形态上无根、茎、叶的分化，构造上一般无组织分化，生殖器官是单细胞，合子发育时离开母体，不形成胚，称为低等植物；蕨类植物、裸子植物、被子植物在形态上有根、茎、叶的分化，构造上有组织的分化，生殖器官是多细胞，合子在母体内发育成胚，称为高等植物。苔藓植物有了茎、叶的分化，但没有真正的根，本书中将苔藓植物归为低等植物。

第一节　藻类植物

一、藻类植物的主要特征

　　(1) 藻类植物体构造简单，没有真正的根、茎、叶分化。

　　(2) 绝大多数的藻类细胞内含有叶绿素和其他色素（胡萝卜素、叶黄素、藻蓝素、藻红素及藻褐素等），能进行光合作用。

　　(3) 生殖"器官"多数是单细胞，虽有的高等藻类是多细胞的，但其每个细胞都直接参加生殖，形成孢子或配子，其外没有不孕细胞层包围。合子不发育成多细胞的胚。无性生殖产生配子囊和配子。

　　(4) 绝大多数是水生的，也有少数是气生的。

　　上述各种生态习性的藻类在世界各地潮湿地区都可见到，热带、寒带、海水、淡水、温泉、地面、土壤、树皮和岩石都有分布。常常在不同的环境条件下生长着不同的藻类。

二、藻类植物的分类

藻类植物分类的主要依据是光合作用色素和贮存养分的种类，其次是细胞壁的成分、鞭毛着生的位置和类型、生殖方式和生活史等。通常分为 8 个门，即蓝藻门、裸藻门、绿藻门、轮藻门、金藻门、甲藻门、褐藻门、红藻门。药用藻类植物多见于蓝藻门、绿藻门、红藻门和褐藻门。

三、藻类代表药用植物

海带 *Laminaria japonica* Aresch.

属藻类植物褐藻门海带科（图 4-1-1）。植物体（孢子体）是多细胞的。整个植物体分三部分：基部分枝如根状，固着于岩石上，称为固着器；上面是茎状的柄；柄以上是扁平叶状的带片。带片和柄部连接处的细胞具有分生能力，能产生新的细胞使带片不断延长。海带的孢子体一般长到来年夏末秋初，孢子囊夹生在不能生殖的隔丝中，形成孢子囊群区域。在隔丝的顶端有无色透明的胶质，形成一层胶质冠。在孢子囊内，孢子母细胞经过减数分裂和有丝分裂，产生游动孢子。孢子成熟后，囊壁破裂，孢子散出，附在岩石上萌发成丝状体，多分枝，分枝顶端的细胞发育成精子囊——雌雄配子体。雄配子体细胞较小，数目较多，每囊产生一个具侧生鞭毛的游动精子；雌配子体细胞较大，数目较少，不分枝，顶端的细胞膨大成为卵囊，每囊产一卵，留在卵囊顶端。游动精子与卵结合成合子，合子发育成新孢子体，孢子体在几个月内成为大型海带。分布于我国辽宁、河北、山东沿海，现人工养殖已扩展到广东沿海。产量居世界首位。海带除可食用外，有软坚散结、消痰利水之功效，用于治疗缺碘性甲状腺肿大等病。

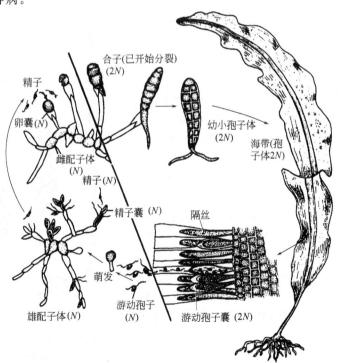

图 4-1-1　海带生活史

图 4-1-2　昆布

昆布 *Ecklonia kurome* Okam.

属褐藻门翅藻科（图 4-1-2）。植物体明显区分为固着器、柄和带片三部分。带片为单条或羽状，边缘有粗锯齿。分布于我国辽宁、浙江、福建、台湾海域。藻体有镇咳平喘、软坚散结之功效。同科植物作昆布用的还有 **裙带菜** *Undaria Pinnatifida* (Harv.) Suringar，藻体大型，带片单条，中部有隆起的中肋，两侧形成羽状裂片；有软坚散结，利水消肿的功效；分布于我国辽宁、山东、浙江及福建沿海地区。

第二节　菌类植物

菌类和藻类一样，无根、茎、叶的分化，一般不含具有光合作用的色素，是靠现存的有机物质而生活的一大类群分布极广、种类繁多的低等植物。其营养方式是异养型。

菌类植物的生活方式是多样的，分布非常广泛。它们的种类极为繁多，在分类上常分为细菌门、黏菌门和真菌门三个门。在医药上有些细菌可以制作疫苗，生产各种酶、抗生素等用来治疗和预防疾病。

代表性药用植物

冬虫夏草 *Cordyceps sinensis* (Berk.) Sacc.

属真菌门、子囊菌亚门、麦角菌科（图 4-2-1）。是真菌寄生在蝙蝠蛾科昆虫幼虫上的子座和幼虫尸体的干燥复合体。夏秋季节该菌的子囊孢子侵入幼虫体内，发育成菌丝体。染病幼虫钻入土中越冬，菌丝体在虫体内继续发育，将虫体的营养耗尽，仅残留外皮，最后虫体内的菌丝体变成坚硬的菌核以度过漫长的冬天。第二年入夏，从菌虫体头部长出棒状子座，露于土外。子座顶端膨大，在表层下埋有一层子囊壳，其内形成两个线形子囊孢子，具多数横隔。子囊孢子从子囊壳孔口放射出来后又继续侵害健康幼虫。该菌大多数生长在海拔 3000m 以上的高山草甸上，分布于我国四川、云南、甘肃、青海、西藏等省区。

冬虫夏草虫体似蚕，表面深黄色至黄棕色，有环纹 20～30 个，近头部的环纹较细；头部红棕色；足 8 对，中部 4 对较明显；子座细长圆柱形，表面深棕色至棕褐色，上部稍膨大。其药用有效成分为虫草酸，还有蛋白质和脂肪等成分。有补肺益肾、止血化痰的功效，用于肺结核咳嗽、虚喘、咯血等症。

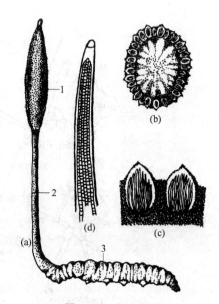

图 4-2-1　冬虫夏草

（a）植物体的全形　1—子座上部；2—子座柄；
3—已死的虫体（内部为菌核）

（b）子座的横切面；(c) 子囊壳（子实体）放大；
(d) 子囊及子囊孢子

茯苓 *Poria cocos* (Fries) Wolf.

属菌类植物真菌门担子菌亚门多孔菌科（图 4-2-2）。菌核呈球形或不规则块状，大小不一，小的如拳头，大的可达数十斤，表面粗糙，呈瘤状皱缩，灰棕色或黑褐色，内部白色或淡棕色，粉粒状，由无数菌丝及贮藏物质聚集而成。子实体无柄，平伏于菌核表面，呈蜂窝状，厚 3～10mm，幼时为白色，成熟后变为浅褐色；孔管单层，管口多角形至不规则形，孔管内壁着生棍棒状的担子，担孢子呈长椭圆形至近圆柱形，壁表平滑，透明无色。我国大部分地区均有分布，现多栽培。寄生于赤松、马尾松、黄山松、云南松等的根上。菌核入药，有利水渗湿、健脾宁心之功效。

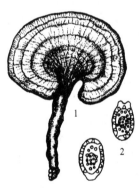

图 4-2-2 茯苓菌核的外形

猪苓 *Polyporus umbellatus*（Pers.）Fr.

属多孔菌科（图 4-2-3）。菌核为不规则块状，表面灰黑色或黑色，凸凹不平，皱缩，有皱纹或瘤状突起，干燥后坚而不实；内部白色或淡黄色，半木质化，质轻；子实体从埋于地下的菌核内生出，后长出地面，有多次分枝的柄，每枝顶端有一菌盖；菌盖肉质，为伞形或伞状半圆形，干后硬而脆，中部脐状。孢子卵圆形。菌核入药能利水、渗湿。

灵芝 *Ganoderma lucidum*（Leyss ex Fr.）Karst.

属菌类植物真菌门、担子菌亚门、多孔菌科，为腐生真菌（图 4-2-4）。子实体木栓质。菌盖（菌帽）呈半圆形或肾形，初生为黄色，后渐变成红褐色，外表有漆样光泽，具环状棱纹和辐射状皱纹，菌盖下面有许多小孔，呈白色或淡褐色，为孔管口。菌柄生于菌盖的侧方。孢子呈卵形，褐色，内壁有无数小疣。我国许多省区有分布，生于栎树及其他阔叶树木桩上。多栽培。子实体入药，为滋补强壮剂，用于治疗失眠、神经衰弱等症。

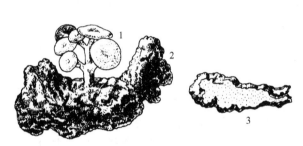

图 4-2-3 猪苓
1—子实体；2—菌核；3—药材

图 4-2-4 灵芝
1—子实体；2—孢子

银耳 *Tremella fuciformis* Berk.

属于银耳科。是一种腐生菌。子实体纯白色，胶质，半透明，直径 5～10cm，由许多瓣片组成，呈菊花状或鸡冠状，干燥后呈淡黄色；在子实体瓣片的上下表面均覆盖着子实层；子实层由无数的担子（深埋于子实体表层内，也称为下担子）所组成，显微镜下观察，每个担子十字形垂直或稍斜地分割成四个细胞，每个细胞顶端伸长成一个细长的柄伸至子实层表面下，称为上担子，从其顶端又产生一担孢子梗，顶生一个孢子，担子卵圆形或近球形，透明无色；孢子近球形，透明无色。子实体称银耳，能滋阴、养胃、润肺、生津、益气和血、补脑强心，是一种营养丰富的滋补品。

野生分布于福建、四川、贵州、浙江等省，现在不少省份均有人工栽培。

猴头菌 *Hericium erinaceus*（Bull. ex Fr.）Pers.

属于齿菌科。是一种腐生菌。子实体形状似猴子的头,故名猴头,新鲜时白色,干燥后变为淡褐色,块状,直径3.5~10cm,基部狭窄;除基部外,均密布以肉质、针状的刺,刺发达下垂,刺表布以子实层。显微镜下观察,孢子近球形至球形,透明无色,壁表平滑。子实体称猴头菌,能利五脏、助消化、滋补。

第三节 地 衣

地衣是一类很独特的植物,生存能力极强,能在其他植物不能生存的环境中生长和繁殖。它是多年生的植物,是一种真菌和一种藻类组织的复合有机体,无根、茎、叶的分化,能进行有性生殖和无性繁殖。由于两种植物长期紧密地联合在一起,地衣常被当做一个独立的门来看待。地衣约有500属,2600种。根据地衣的生长形态,可分为三大类:壳状地衣、叶状地衣和枝状地衣。根据地衣中共生的真菌的种类,一般分为3纲:即藻状衣纲,地衣型真菌是藻状菌,仅1属1种,产于中欧;担子衣纲,地衣型真菌是担子菌,仅1目3科6属,主要分布于热带地区;子囊衣纲,地衣型真菌是子囊菌,这一纲地衣的数目占地衣总数的99%以上,分为核果衣亚纲和裸果衣亚纲。

地衣分布极为广泛,从南北两极到赤道、从高山到平原、从森林到荒漠都有存在。

代表性药用植物

松萝(节松萝、破茎松萝)*Usnea diffracta* Vain.

属于松萝科。植物体丝状,多回二叉分枝,下垂,表面淡灰绿色,有多数明显的环状裂沟,内部具有弹性的丝状中轴,可拉长,由菌丝组成,易与皮部分离;其外为藻环,常由环状沟纹分离或成短筒状。菌层产生少数子囊果。子囊果盘状,褐色,子囊棒状,内生8个子囊孢子。分布于全国大部分省区。生于深山老林树干上或岩石上。全草在西北、华中、西南等地常称海风藤入药。有小毒,能祛湿通络,止咳平喘,清热解毒。

同属**长松萝**(老君须)*U. longissima* Ach. 全株细长不分枝,两侧密生细而短的侧枝,形似蜈蚣,见图4-3-1。分布和功效同松萝种。

地衣植物门入药的还有**石耳** *Umbilicaria esculenta* (Miyoshi) Minks. 全草称石耳,能清热解毒,止咳祛痰,平喘消炎,利尿,降血压。**金黄树发**(头发七)*Alectoria jubata* Ach. 是抗生素及石蕊试剂的原料。全草称头发七,能利水消肿,收敛止汗。**雀石蕊**(太白花)*Cladonia stellaris* (Opiz) Pouzar. et Vez-da. 形态见图4-3-2。全草入药,主治头晕目眩、高血压等,为抗生素原料。

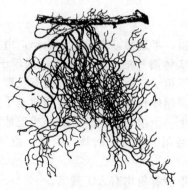

图4-3-1 长松萝(老君须)

图4-3-2 雀石蕊(太白花)

归 纳 总 结

表1　藻类植物与菌类植物异同点

鉴别项	藻类植物	菌类植物
细胞壁	纤维素、果胶质、黏液等,细胞壁成分差异大	几丁质和纤维素
异养方式	自养	异养(寄生、腐生、共生)
贮藏的营养物质	蓝藻淀粉、褐藻淀粉、红藻淀粉、蛋白质粒、脂肪、甘露醇等	肝糖、油脂和菌蛋白,不含淀粉
繁殖方式	营养繁殖、无性生殖和有性生殖	营养繁殖、无性生殖和有性生殖

复习与思考

一、名词解释

孢子囊；胚子囊；无性生殖；有性生殖；异养；菌丝；子实体；壳状地衣；叶状地衣；枝状地衣

二、判断正误

1. 由孢子萌发的植物体，只产生配子，称配子体。
2. 藻类无性生殖产生孢子，产生孢子的一种囊状结构的细胞叫孢子囊。
3. 真菌既不含叶绿素，也没有质体，是典型的异养生物。
4. 子囊果和担子果都是子实体。
5. 地衣是由一种真菌和一种藻高度结合的共生复合体。
6. 松萝在西南地区常作"海风藤"入药。

三、简答题

1. 藻类植物的主要特征和繁殖方式有哪些？
2. 中药冬虫夏草来源于什么生物？产于何地？
3. 为什么说地衣是一种特殊的有机体？

第五章

高等药用植物分类

第一节　苔藓植物

一、苔藓植物的特征

① 多生长于阴湿的环境里，常见石面、泥土表面、树干或枝条上。体形细小。

② 一般具有茎和叶，但茎中无导管，叶中无叶脉，所以没有输导组织，根非常简单，称为"假根"。

③ 所有苔藓植物都无维管束构造，输水能力不强，因而限制了它们的体形及高度。有假根，没有真根。叶由单层细胞组成，整株植物的细胞分化程度不高，为植物界中较低等者。

④ 有世代交替现象。苔藓植物的主要部分是配子体，即能产生配子。配子体能形成雌雄生殖器官。雄生殖器成熟后释出精子，精子以水作为媒介游进雌生殖器内，使卵子受精。受精卵发育成孢子体。

⑤ 孢子体具有孢蒴（孢子囊），内生有孢子。孢子成熟后随风飘散。在适当环境，孢子萌发成丝状构造（原丝体）。原丝体产生芽体，芽体发育成配子体。

二、苔藓植物的分类及代表药用植物

本门植物约有 23 000 种，广布于世界各地，我国约有 2800 种，已知药用的有 21 科，50 余种。根据其营养体的形态构造常分为两大类，即苔纲和藓纲。其主要区别见表 5-1-1。

表 5-1-1　苔纲和藓纲的区别

鉴别项		苔　纲	藓　纲
配子体	形态	叶状体或茎叶体,有背腹之分	拟茎叶体,叶螺旋状排列
	假根	单细胞	多细胞,单列,分枝或不分枝
	中肋	多数无	多数有
孢子体	组成	孢蒴,蒴柄,基足	孢蒴,蒴柄,基足
	孢蒴	无蒴盖	有蒴盖
		无蒴齿	有蒴齿
		无蒴轴	有蒴轴
		有弹丝	无弹丝
		多为四瓣纵裂	多为盖裂
	蒴柄	柔弱,孢蒴成熟之后伸长	坚挺,孢蒴成熟之前伸长
原丝体		不发达,1 个原丝体上产 1 个孢子体	发达,1 个原丝体上产多个孢子体
生活环境		高温、高湿,热带和亚热带	低温、低湿,温带、寒带,高山冻原,森林沼泽

地钱 *Marchantia polymorpha* L.

属地钱科。雌雄异株，植物体为绿色扁平、多回二歧状分枝的叶状体。分枝阔带状、边缘波曲，贴地生长，有背腹之分。内部组织略有分化，分成表皮、绿色组织和贮藏组织。上表皮有许多斜方形网纹，网纹中央有一白点，即为气孔。下面有能保持水分的鳞片及假根。分布于全国各地，生于林内、阴湿的土坡及岩石上，亦常见于井边、墙隅等阴湿处。全草能解毒、祛瘀、生肌，可治黄疸型肝炎。

苔纲药用植物还有**蛇地钱**（蛇苔）*Conocephalum conicum*（L.）Dum.，全草能清热解毒、消肿止痛，外用治烧伤、烫伤、毒蛇咬伤、疮痈肿毒等。

大金发藓（土马鬃）*Polytrichum commune* L.

属金发藓科。小型草本，高 10～30cm，深绿色，老时呈黄褐色，常丛集成大片群落。茎直立，单一，常扭曲。叶密生于茎的中上部，往下渐稀小，基部叶鳞片状。上部叶长披针形，边缘密生锐齿，中肋突出，叶基鞘状。雌雄异株，颈卵器和精子器分别生于二株植物体茎顶。蒴柄长，棕红色。孢蒴四棱柱形，蒴内具大量孢子，孢子萌发成原丝体，原丝体上的芽长成配子体（植物体）。蒴帽有棕红色毛，覆盖全蒴。全草入药，有清热解毒、凉血止血作用。

第二节　蕨类植物

蕨类植物（Pteridophyta）又称羊齿植物，是高等植物中具有维管组织但比较低级的一类植物。它具有独立生活的配子体和孢子体而不同于其他高等植物。配子体产有颈卵器和精子器。但蕨类植物的孢子体远比配子体发达，并有根、茎、叶的分化和较为原始的维管系统。蕨类植物产生孢子体和孢子。因此，蕨类植物是介于苔藓植物和种子植物之间的一群植

物，它较苔藓植物进化，而较种子植物原始，既是高等的孢子植物，又是原始的维管植物。

地球上现有蕨类植物12 000多种，广布于世界各地。我国约有2600种，多数分布于西南地区和长江流域以南地区。仅云南省就有1000多种，素有"蕨类王国"之称。其中可供药用的蕨类植物有39科，400余种。药用资源居孢子植物之首。常见的药用蕨类有贯众、金毛狗脊、海金沙、石松、卷柏、石韦、骨碎补等。

一、蕨类植物孢子体

蕨类植物在外部形态和内部结构上都比较复杂，植物体为孢子体。大多数有根、茎或根、茎、叶的分化，多数为多年生草本，少数为一年生的。

1. 根

为须根（不定根），吸收能力较强。

2. 茎

蕨类植物的茎常为根状茎，少数为直立的树干状（例如桫椤）或其他形式的地上茎（例如：石松是匍匐于地面的；海金沙是缠绕的藤本；木贼直立而叶退化呈鳞片状）。根状茎常生于地下，少数附生在地面或岩石上，例如骨碎补、水龙骨等。根状茎直立、斜生或横走，表面常被有各种各样的鳞片和毛。原始类型的蕨类植物既无毛也无鳞片，较为进化的蕨类常有毛而无鳞片，高级的蕨类才有鳞片，如真蕨类的石韦、槲蕨等。

3. 叶

有小型叶与大型叶两种类型。小型叶为原始类型，只有一个单一的不分枝的叶脉，没有叶隙和叶柄，是由茎的表皮突出形成的。大型叶有叶柄和叶隙，具多分枝的叶脉，是由多数顶枝经过扁化而形成的。小型叶蕨类的叶小，构造简单，茎较叶发达，如石松、木贼、卷柏等；大型叶蕨类的叶大，常分裂，构造复杂，叶较茎发达，如石韦、紫萁蕨、凤尾蕨等。铁线蕨科植物的叶均为大型叶。

大型叶幼时多为拳卷状，在茎或根茎上着生方式有近生、远生和丛生的不同，长成后常分化为叶柄和叶片两部分。叶片有单叶或一回到多回羽状分裂或复叶。叶片的中轴称叶轴，第一次分裂出的小叶称羽片，羽片的中轴称羽轴；从羽片分裂出的小叶称小羽片，小羽片的中轴称小羽轴；最末次裂片上的中肋称主脉或中脉。

4. 孢子、孢子囊和孢子囊群

蕨类植物靠孢子繁殖，多数蕨类植物产生的孢子大小相同，称孢子同型；少数蕨类的孢子大小不同，称孢子异型。即有大孢子和小孢子之分。如水生铁线蕨类和卷柏类等。孢子长在孢子囊内。产生大孢子的囊状结构称大孢子囊，产生小孢子的囊状结构称小孢子囊。大孢子萌发后形成雌配子体，小孢子萌发后形成雄配子体。

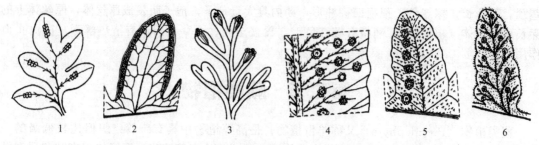

图 5-2-1　孢子囊群在孢子叶上着生的位置

1—无盖孢子囊群；2—边生孢子囊群（凤尾蕨属）；3—顶生孢子囊群（骨碎补属）；4—有盖孢子囊群（贯众属）；5—脉背生孢子囊群（鳞毛蕨属）；6—脉端孢子囊群（肾蕨属）

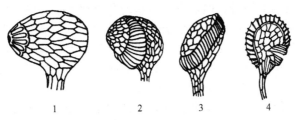

图 5-2-2　孢子囊环带

1—顶生环带（海金沙属）；2—横行中部环带（芒萁属）；3—斜行环带
（金毛狗脊属）；4—纵行环带（水龙骨属）

　　在小型叶蕨类中孢子囊单生在孢子叶的近轴面叶腋或叶的基部，孢子叶通常集生在枝的顶端，形成球状或穗状，称孢子叶穗或孢子叶球。较进化的铁线蕨类，孢子囊常生在孢子叶的背面、边缘或集生在一个特化的孢子叶上，往往由多数孢子囊聚集成群，称孢子囊群或孢子囊堆（图 5-2-1）。孢子囊群有圆形、长圆形、肾形、线形等形状。原始类群的孢子囊群是裸露的，进化类型通常有各种形状的囊群盖。也有囊群盖退化以至消失的。孢子囊开裂的方式与环带有关。环带是由于孢子囊壁一行不均匀增厚的细胞构成的。环带着生有多种形式，如顶生环带、横行中部环带、斜形环带、纵行环带等（图 5-2-2），对孢子的散布有着重要的作用。

二、蕨类植物配子体

　　孢子成熟后落到适宜的环境中即萌发成小型、结构简单、生活期短的配子体，又称原叶体。绝大多数蕨类的配子体为绿色的、具有背腹分化的叶状体，能独立生活，在腹面产生颈卵器和精子器，分别产生卵和带鞭毛的精子，受精时还不能脱离水的环境。受精卵发育成胚，幼时胚暂时寄生在配子体上，不久配子体死亡，孢子体即独立生活。

三、蕨类植物生活史

　　蕨类植物从单倍体的孢子开始到配子体上产生精子和卵这一阶段，称配子体世代（有性世代），其染色体数目是单倍的（n）。从受精卵萌发开始到孢子母细胞进行减数分裂之前，这一阶段称孢子体世代（无性世代），其染色体数目是双倍的（$2n$）。这两个世代有规律地交替完成其生活史（图 5-2-3）。蕨类植物和苔藓植物的生活史最大的不同有两点：一是孢子体和配子体都能独立生活；二是孢子体发达，配子体弱小。所以蕨类植物的生活史是孢子体占优势的异型世代交替。

四、蕨类植物的分类

　　蕨类植物的种类较多而复杂，还具有许多不同的性状。在其分类鉴定中，常依据下列一些主要特

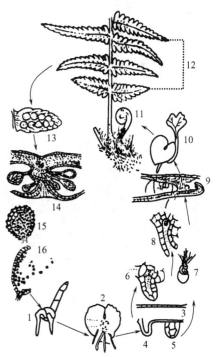

图 5-2-3　蕨类植物的生活史

1—孢子萌发；2—配子体；3—配子体切面；
4—颈卵器；5—精子器；6—雌配子（卵）；
7—雄配子（精子）；8—受精作用；9—合子
发育成幼孢子体；10—新孢子体；11—孢子体；
12—蕨叶的一部分；13—蕨叶上的孢子囊群；
14—孢子囊群切面；15—孢子囊；
16—孢子囊开裂及孢子散出

征：①茎、叶的形态及内部构造，即器官、组织的分化程度；②孢子囊壁细胞层数及孢子形态；③孢子囊的环带有无及其位置；④孢子囊群的形状、生长部位及有无囊群盖；⑤叶柄中维管束排列的方式，叶柄基部有无关节；⑥根状茎上毛、鳞片等附属器官的有无及形状。蕨类植物在植物分类系统中，通常作为一个自然类群而被列为蕨类植物门。蕨类植物门又可分为松叶蕨纲（Psilotinae）、石松纲（Lycopodinae）、水韭纲（Lsoetopsida）、木贼纲（Equisetinae）以及真蕨纲（Filicinae）。本书主要介绍药用蕨类植物的石松科、卷柏科、木贼科、海金沙科、蚌壳蕨科、骨碎补科、铁线蕨科、桫椤科、鳞毛蕨科、水龙骨科 10 个科。

1. 石松科 Lycopodiaceae

形态特征：陆生或附生。多年生草本。茎直立或匍匐，具根茎及不定根，主茎长、匍匐而扩展，叶小、线形、钻形或鳞片状。孢子叶穗集生于茎的顶端，孢子囊呈圆球状肾形。孢子同型。

分布：7 属，约 60 种，广布于世界各地。我国有 5 属，14 种，已知可供药用的有 9 种。

石松（伸筋草）*Lycopodium japonicum* Thunb.

多年生常绿草本（图 5-2-4）。具匍匐茎和直立茎，茎二叉分枝。叶线状钻形，长 3～

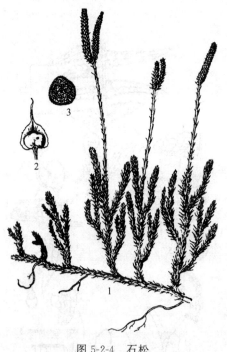

图 5-2-4　石松
1—植株的一部分；2—孢子叶和
孢子囊；3—孢子（放大）

4mm；匍匐茎上的叶疏生，直立茎上的叶密生。孢子枝生于直立茎的顶端，叶疏生。孢子叶穗长 2～5cm，有柄，常 2～6 个生于孢子枝顶端；孢子叶呈卵状三角形，顶部急尖而具尖尾，边缘有不规则的锯齿；孢子囊肾形，孢子淡黄色，略呈四面体。分布于我国东北、内蒙古、河南和长江以南各地区。生于疏林下阴坡的酸性土壤上。全草（药材名：伸筋草）为祛风湿药，有祛风除湿、舒筋活络、利尿通经作用。孢子可作丸药包衣。

同属植物**垂穗石松**（铺地蜈蚣、灯笼草）*L. cernuum* L.、**玉柏** *L. obscurum* L. 和**地刷子石松** *L. complanatum* L. 的功效同石松，也作伸筋草用。

2. 卷柏科

形态特征：陆生草本。茎常背腹扁平，匍匐或直立。具原生中柱至多环管状中柱。叶为单叶，细小，无柄，鳞片状，同型或异型，背腹各 2 列，交互对生，侧叶（背叶）较大而阔，近平展，中叶（腹叶）贴生并指向枝的顶端。腹面基部有一枚叶舌。孢子叶穗呈四棱柱形或扁圆形，生于枝的顶端。孢子囊异型，单生孢子叶基部，肾形，孢子异型；每一大孢子囊有大孢子 1～4 枚，每一小孢子囊有多枚小孢子；均为球状四面型。

分布：1 属，约 700 种，广布于世界各地，多产于热带、亚热带地区。我国有 50 余种，已知可供药用的有 25 种。

卷柏（还魂草）*Selaginella tamariscina*（P. Beauv.）Spring

多年生草本（图 5-2-5）。高 5～15cm，主茎直立，通常单一，上部分枝多而丛生，莲座状。干旱时枝叶向内卷缩，遇雨时又展开。复叶斜向上，不平行，背叶斜展，长卵圆形，孢子叶呈卵状三角形，龙骨状，锐尖头，四列交互排列。孢子囊呈圆肾形。孢子异型。我国各地均有。生于向阳山坡或岩石上。全草（药材名：卷柏）为活血化瘀药，有活血通络作用，可用于治疗跌打损伤；卷柏炭有化瘀止血作用，可用于治疗吐血、便血、尿血。

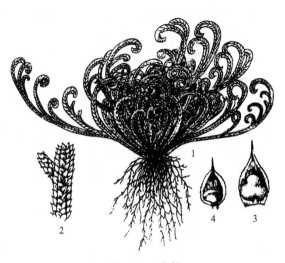

图 5-2-5　卷柏
1—植株；2—分枝一段，示中叶及侧叶；3—大孢子叶和
大孢子囊；4—小孢子叶和小孢子囊

本科其他药用植物：**垫状卷柏** *S. pulvinata*（Hook. et Grev.）Maxim. 形体很像卷柏，但腹叶并行，指向上方，肉质，全缘；产于我国各地；全草亦作卷柏用。**翠云草** *S. uncinata*（Desv.）Spring 分布于我国浙江、福建、台湾、湖南，全草有清热解毒、利湿、通络、止血生肌之功效。**深绿卷柏** *S. doederleinii* Hieron. 分布于我国浙江、江西、湖南、四川、福建、台湾、广东、广西、贵州、云南等地，全草有消肿、驱风的作用。**江南卷柏** *S. moellendorfii* Hieron. 分布于我国长江以南各省区，全草有清热、止血、利湿的作用。

3. 木贼科 Equisetaceae

形态特征：多年生草本。根状茎横走，棕色。地上茎直立，具明显的节和节间，有纵棱，表面粗糙，富含硅质。叶小，鳞片状，环生于节上，基部连合成鞘状，边缘齿状。孢子叶呈盾形，聚生于枝顶成孢子叶穗。孢子呈圆球形，孢壁具"十"字形弹丝 4 条。

分布：2 属，30 余种。分布于热、温、寒带地区。我国有 2 属，10 余种，已知可供药用的有 8 种。

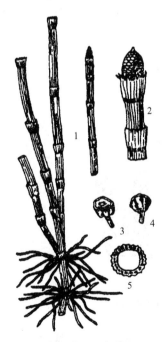

图 5-2-6　木贼
1—植株全形；2—孢子叶穗；
3—孢子囊与孢子叶的正面观；
4—孢子囊与孢子叶
的背面观；5—茎的横切面

代表性药用植物

木贼 *Hippochaete himaie* L.

多年生草本（图 5-2-6）。地上茎单一、直立、中空，有纵棱脊 20～30 条，棱脊上有 2 行疣状突起，极粗糙。叶鞘基部和鞘齿呈黑色，两圈。鞘齿顶部尾尖早落而成钝头，鞘片背上有两条棱脊，形成浅沟。孢子叶穗生于茎顶，无柄，长圆形，具小尖头。孢子同型。分布于我国东北、华北、西北、四川等省区。生于山坡湿地或疏林下。地上部分（药材名：木贼）为收敛止血药，有收敛止血、利尿、明目退翳之功效。

笔管草 *H. debilis*（Roxb.）Ching 与木贼的主要区别是：地上茎有分枝，小枝光滑；叶鞘基部有黑色圈，鞘齿非黑色，鞘片背上无浅沟。分布于我国华南、西南、长江中下游省区。

节节草 *H. ramosissima*（Desf.）Boerner

地上茎多分枝，各分枝中空，有纵棱 6～20 条，粗糙。鞘片背上无棱脊，叶鞘基部无黑色圈，鞘齿黑色。分布于我国各地。

以上两种的地上部分可供药用，功效和木贼相似。

问荆 *Equisetum arvense* L.

多年生草本。地上茎直立，二型。孢子茎呈紫褐色，肉质，不分枝；叶膜质，下部连合成鞘状，具较粗大的鞘齿。孢子叶穗顶生，孢子叶呈六角形，盾状，下生 6～8 个长形的孢子囊。孢子茎枯萎后生出营养茎，表面具棱脊，分枝多数，轮生，中实，下部连合成鞘状，鞘齿披针形，黑色。分布于我国东北、华北、西北、西南各省区。生于田边、沟旁。地上部分（药材名：小木贼）有利尿、止血、清热、止咳等作用。

4. 海金沙科 Lygodiaceae

形态特征：陆生缠绕植物。根状茎横走，具原生中柱，有毛而无鳞片。叶轴（原称地上茎）细长，沿叶轴相隔一定距离有向左、右方互生的短枝（距），从其两侧发生一对羽片（原称叶），羽片一至二回，二叉状或一至二回羽状复叶，近二型，不育羽片生于叶轴下部，能育羽片生于叶轴上部。孢子囊穗生于能育羽片边缘的顶端，排成两行呈流苏状，环带顶生。孢子为四面型。

分布：1 属，45 种，分布于热带、亚热带地区。我国有 10 种，已知可供药用的有 5 种。

▌ 代表性药用植物

海金沙 *Lygodium japonicum* （Thunb.） Sw.

缠绕草质藤本（图 5-2-7）。根状茎横走，羽片近二型，纸质，连同叶轴和羽轴均有疏短毛，不育叶羽片呈尖三角形，二至三回羽状，小羽片 2～3 对，边缘有不整齐的浅锯齿；能育羽片呈卵状三角形，孢子囊穗生于能育羽片边缘的顶端，暗褐色。孢子表面有瘤状突起。

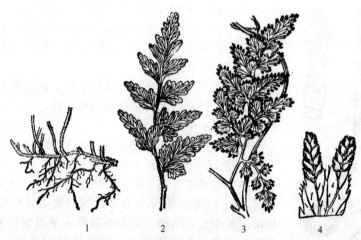

图 5-2-7 海金沙

1—根状茎；2—营养叶的小羽片；3—示孢子叶；4—放大的孢子囊穗

分布于我国长江流域及南方各省区。多生于山坡林边、灌木丛、草地。地上部分（药材名：海金沙藤）为利水渗湿药，有清热解毒、利湿热和通淋等作用。孢子为利尿药并可作药丸包衣。

5. 蚌壳蕨科 Dicksoniaceae

形态特征：陆生，植物体为树状，主干粗大，直立或平卧，具复杂的网状中柱，密被金黄色长柔毛，无鳞片。叶片大型，三至四回羽状；革质。孢子囊群生于叶背边缘，囊群盖裂成二瓣，形似蚌壳，内凹，革质；孢子囊呈梨形，环带稍斜生，有柄。孢子为四面型。

分布：5属，40余种，分布于热带及南半球。我国有1属，2种；已知可供药用的仅1种。

代表性药用植物

金毛狗脊 *Cibotium barometz*（L.）J. Sm.

植株为树状，高2～3m（图5-2-8）。根状茎短而粗大，密被金黄色长柔毛。叶大，有长柄，叶片三回羽状分裂，末回裂片呈狭披针形，边缘有粗锯齿。孢子囊群生于裂片下部小脉顶端，囊群盖二瓣。分布于我国南部和西南各省区。生于山麓沟边及林下阴湿酸性土壤中。根状茎（药材名：狗脊）为祛风湿药，有补肝肾、强筋骨、祛风湿等作用。

图5-2-8　金毛狗脊

6. 骨碎补科（槲蕨科）Drynariaceae

形态特征：陆生植物。根状茎横走，粗壮，肉质，具穿孔的网状中柱；密被鳞片，鳞片通常大而狭长，基部盾状着生，边缘有睫毛状锯齿。叶常二型，叶片深羽裂或羽状，叶脉粗而明显，一至三回形成大小四方形的网眼。孢子囊群呈圆形，无盖。孢子囊呈梨形。孢子为四面型。

分布：8属，25种。分布于亚热带及马来西亚、菲律宾至澳大利亚。我国有3属，约15种，分布于长江以南，已知药用的有7种。

代表性药用植物

骨碎补（槲蕨、石岩姜） *Drynaria fortunei*（Kze.）J. Sm.

多年生常绿附生草本（图5-2-9）。根状茎肉质，粗壮，长而横走，密被钻状披针形鳞片。叶二型，营养叶革质，枯黄色，卵圆形，无柄，边缘羽状浅裂，形似槲树叶；孢子叶呈绿色，长椭圆形，羽状深裂，基部裂片耳状，叶柄短，有狭翅。孢子囊群呈圆形，生于叶背主脉两侧，各成2～3行，无囊群盖。分布于我国长江以南各省区及台湾省。附生于树干或山林石壁上。根状茎（药材名：骨碎补）为祛风湿药，有补肾坚骨、活血止痛等作用。

中华槲蕨 *D. baronii*（Christ.）Diels 与骨碎补的主要区别是：营养叶绿色，羽状深裂，稀少。孢子囊群在主脉两侧各排成一行。分布于我国陕西、甘肃、四川、云南及西藏等地。**团叶槲蕨** *D. bonii* Christ 分布于我国广东、海南及广西等地。**石莲姜槲蕨** *D. propinqua*（Wall. ex Mett.）J. Sm. 分布于我国四川、云南、贵州和广西等地。这三种蕨的功效同槲蕨。

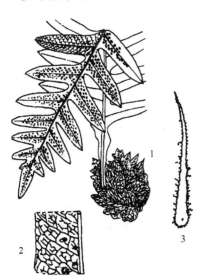

图5-2-9　骨碎补
1—植株全形；2—孢子叶的一部分（放大）；3—鳞片

7. 鳞毛蕨科 Dryopteridaceae

形态特征：陆生草本。根状茎粗短，直立或斜生，连同叶柄多被鳞片，具网状中柱。叶一型，叶轴上面

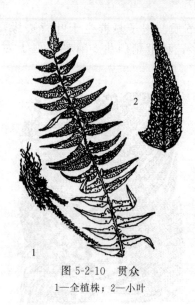

图 5-2-10　贯众
1—全植株；2—小叶

有纵沟，叶片一至多回羽状或羽裂。孢子囊群呈圆形，背生或顶生于叶脉上，囊群盖呈盾形或圆形，有时无盖。孢子囊呈扁圆形。孢子为两面型，表面有疣状突起或有翅。

分布：120 属，1700 余种，分布于温带、亚热带地区。我国有 13 属，700 多种，分布于全国各地。已知可供药用的有 60 种。

代表性药用植物

贯众 *Cyrtomium fortunei* J. Sm.

多年生草本（图 5-2-10）。根状茎短；叶丛生，叶柄基部密生黑褐色大鳞片；叶一回羽状，羽片为镰状披针形，基部上侧稍呈耳状突起，叶脉网状。孢子囊群圆形生于羽片下面，在主脉两侧各排成不整齐的 3～4 行，囊群盖大，圆盾形。分布于我国华北、西北及长江以南各省区。生于山坡林下、溪沟边、石缝中以及墙角等阴湿处。根状茎及叶柄残基有驱虫、清热解毒等作用。

第三节　裸子植物

　　裸子植物大多数具颈卵器构造，又具有种子。所以裸子植物是介于蕨类植物与被子植物之间的一群高等植物，既是颈卵器植物，又是种子植物。

　　裸子植物最早出现于距今约 3.5 亿年前的泥盆纪。到了二叠纪，银杏等裸子植物的出现，逐渐取代了古生代盛极一时的蕨类植物，由古生代末期的二叠纪到中生代的白垩纪早期，这长达 1 亿年之久的历史，是裸子植物的繁盛时期。由于地理、气候经过多次重大变化，古老的种类相继绝迹。现存的裸子植物中不少种类，如银杏、油杉、铁杉、水松、水杉、红豆杉、榧树等都是第三纪的孑遗植物。

一、裸子植物的主要特点

1. 孢子体发达

　　裸子植物的植物体（孢子体）特别发达，多为常绿高大的乔木、灌木，少落叶（银杏、金钱松），极少为亚灌木（麻黄）或藤本（买麻藤）。茎内维管束呈环状排列，具形成层及次生生长，为无限外韧型维管束，木质部具管胞而无导管（麻黄科、买麻藤科除外），韧皮部有筛胞，无筛管及伴胞。叶多为针形、条形或鳞片形，极少为扁平的阔叶；叶长在长枝上螺旋状排列，在短枝上簇生枝顶。根有强大的主根。

2. 花单性，胚珠裸露，不形成果实

　　花单性同株或异株，无花被（仅麻黄科，买麻藤科有类似花被的盖被）。雄蕊（小孢子叶）聚生成雄球花（小孢子叶球），雌蕊心皮（大孢子叶或珠鳞）呈叶状而不包卷成子房，常聚生成雌球花（大孢子叶球），胚珠（经传粉、受精后发育成种子）裸露于心皮上，所以称裸子植物。

3. 具明显的世代交替现象

　　在世代交替中孢子体占优势，配子体极其退化（雄配子体为萌发后的花粉粒，雌配子体由胚囊及胚乳组成），寄生在孢子体上。

4. 具颈卵器构造

大多数裸子植物具颈卵器构造，但颈卵器结构简单，埋于胚囊中，仅有 2～4 个颈壁细胞露在外面，颈卵器内有一个卵细胞和一个腹沟细胞，无颈沟细胞，比蕨类植物的颈卵器更为退化。受精作用不需要在有水的条件下进行。

5. 常具多胚现象

大多数裸子植物出现多胚现象，这是由于一个雌配子体上的几个颈卵器的卵细胞同时受精，形成多胚；或一个受精卵在发育过程中，发育成原胚，再由原胚组织分裂为几个胚而形成多胚。

二、裸子植物的分类

裸子植物在地球环境大变迁时大批先后灭绝，现幸存的只有 800 多种，其中中国占 300 多种。裸子植物在分类系统中，通常作为 1 个自然类群，成为裸子植物门。裸子植物门通常分为铁树纲、银杏纲、松柏纲、红豆杉纲及买麻藤纲 5 纲。现存的裸子植物分为 5 纲、9 目、12 科、71 属，约 800 种。我国有 5 纲、8 目、11 科、41 属，约 300 种（包括引种栽培品）。已知药用的有 10 科、25 属、100 余种。银杏科、银杉属、金钱松属、水杉属、水松属、侧柏属、白豆杉属等为我国特有的科属。其分纲检索见表 5-3-1。

表 5-3-1　裸子植物门的分纲检索表

1. 叶大型，羽状复叶，聚生于茎的顶端。茎不分枝或稀在顶端呈二叉分枝 ·················· 苏铁纲 Cycadopsida
1. 叶为单叶，不聚生于茎的顶端。茎有分枝。
  2. 叶扇形，先端二裂或为波状缺刻，具二叉分枝的叶脉 ························· 银杏纲 Ginkgopsida
  2. 叶不为扇形，全缘，不具分叉的叶脉。
    3. 高大的乔木或灌木，叶针形，条形或鳞片状。
     4. 果为球果，大孢子叶鳞片状（珠鳞）。种子有翅或无，不具假种皮 ········· 松柏纲 Coniferopsida
     4. 果不为球果，大孢子叶特化为囊状或杯状。种子无翅。具假种皮 ········ 红豆杉纲（紫杉纲）Taxopsida
    3. 草本状小灌木或灌木、木质藤本，稀乔木。叶片常有细小膜质鞘，或绿色扁平似双子叶植物，或肉质而极长呈带状。茎次生木质部中具导管。（"花"具假花被）············· 买麻藤纲 Gnetopsida

本书将现存的裸子植物根据其药用功能主要介绍 7 科，分别是苏铁科、银杏科、松科、杉科、柏科、红豆杉科、买麻藤科。

三、代表药用植物鉴别

1. 苏铁科 Cycadopsida

常绿木本植物，树干圆柱形、块状或块茎状，常不分枝，髓部大，树皮有黏液道。叶螺旋状排列，二型，营养叶大，深裂成羽状，革质，集生于茎的顶部。小孢子叶鳞片状或盾状，下面着生多数 1 室的花药，花粉粒发育所产生的精子具多数纤毛。大孢子叶羽状分裂，其下方两侧各生 2～10 个胚珠。种子核果状。胚乳丰富，子叶 2 枚。

分布： 9 属，110 余种，分布于热带、亚热带地区。我国有 1 属，8 种，分布于西南、华南、华东等地；已知药用的有 4 种。

苏铁（铁树）*Cycas revoluta* Thunb.

常绿乔木（图 5-3-1），茎干为圆柱形，其上有明显的叶柄残基。营养叶一回羽状深裂，叶柄基部两侧有刺，裂片条状披针形，质坚硬，深绿色有光泽，边缘反卷。雄球花呈圆柱状，雄蕊顶部宽平，有急尖头；下部着生许多花药，常 3～4 枚聚生；雌蕊密生黄褐色绒毛，上部羽状分裂，下部柄状。柄的两侧各生 1～5 枚胚珠。种子核果状，熟时为橙红色。分布于我国四川、台湾、福建、广东、广西、云南等省区。种子及种鳞（药材名：苏铁种子）有理气止痛、益肾固精作用；叶（药材名：苏铁叶）为收涩药，有收敛、止痛之功效；根（药材名：苏铁根）为祛风湿药，有祛风、活络、补肾之功效。

本科其他药用植物：**华南苏铁**（刺叶苏铁）*C. rumphii* Miq. 在华南各地有栽培，根可用于治疗无名肿毒。**云南苏铁** *C. siamensis* Miq. 在我国云南、广东、广西有栽培，根可用于治疗黄疸型肝炎；茎、叶用于治疗慢性肝炎、难产、癌症；叶用于治疗高血压。**篦齿苏铁** *C. pectinata* Griff. 产于我国云南地区，功效同苏铁。

2. 银杏科 Ginkgoaceae

形态特征：落叶乔木，营养性长枝顶生，叶呈螺旋状排列，稀疏，有较长的叶柄；生殖性短枝侧生，叶簇生。叶片扇形，2裂。雄球花柔荑花序状，雄蕊多数，具短柄，花药2室；雌球花具长柄，柄端有2枚杯状心皮，又称珠托，其上各生一直立胚珠，常单个发育。种子核果状；外种皮肉质，成熟时为橙黄色；中种皮白色，骨质；内种皮淡红色，纸质。胚乳丰富，子叶2枚。

分布：仅有1属，1种和几个变种，产于我国及日本。

银杏（白果、公孙树）*Ginkgo biloba* L.

我国特产，形态特征（图5-3-2）与科同。北自辽宁，南至广东，东起浙江，西南至贵州、云南都有栽培。去掉肉质外种皮的种子（药材名：白果）为止咳平喘药，有敛肺定喘、止带浊、缩小便之功效；叶有益气敛肺、化湿止咳、止痢之功效；从叶中提取的总黄酮有扩张动脉血管的作用，用于治疗冠心病。

图5-3-1　苏铁
1—植株；2—小孢子叶；3—花药；4—大孢子叶

图5-3-2　银杏
1—有种子的枝；2—有雌花的枝；3—有雄花序
的枝；4—雄蕊；5—雄蕊的正面；6—雄蕊的背面；
7—有冬芽的长枝；8—生于杯状心皮上的胚珠

3. 松科 Pinaceae

常绿或落叶乔木，稀灌木。叶在长枝上呈螺旋状排列，在短枝上簇生，针形或条形。球花单性，雌雄同株；雄球花穗状，单生叶腋（稀苞腋）或枝顶，稀簇生（金钱松、油杉），具多数雄蕊，每雄蕊具2花药雄蕊；雌球花球状，由多数螺旋状排列的珠鳞（心皮）组成，每个珠鳞的腹面基部有 2 枚胚珠，背面有 1 枚苞片（苞鳞），与珠鳞分离。珠鳞在结果时称为种鳞。种子具单翅。有胚乳，子叶 2～15 枚。

分布：10 属，230 余种，广布于全世界。我国有 10 属，约 130 种（包括变种），分布于全国各地；已知药用的有 40 余种。

马尾松 *Pinus massoniana* Lamb.

常绿乔木（图 5-3-3）。小枝轮生，长枝上叶为鳞片状；短枝上叶为针状，2 针一束，稀为 3 针，细长柔软，长 12～20cm，树脂道 4～8 个，边生。雄球花圆柱形，聚生于新枝下部成穗状；雌球花常 2 个生于新枝的顶端；种鳞的鳞盾菱形，鳞脐微凹，无刺头。球果卵圆形或圆锥状卵圆形，成熟后为栗褐色。种子长卵形，子叶 5～8 枚。分布于我国淮河和汉水流域以南各地，西至四川、贵州和云南。

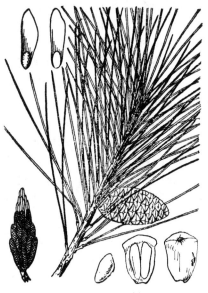

图 5-3-3　马尾松

松节（药材名：油松节）为祛风湿药，有祛风燥湿、活血止痛之功效。树皮（药材名：松树皮）为收敛止血药，有收敛生肌之功效。叶（药材名：松针）为祛风湿药，有祛风活血、安神、解毒止痒之功效。花粉（药材名：松花粉）为收敛止血药，有收敛、止血作用。种子（药材名：松子仁）为润下药，有润肺滑肠的作用；松香（药材名：松香）为祛风湿药，有燥湿祛风、生肌止痛之功效。

油松 *P. tabulaeformis* Carr.

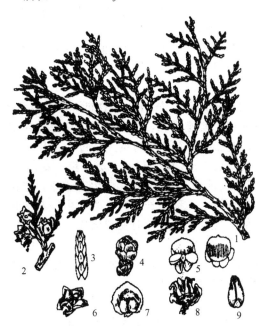

图 5-3-4　侧柏

1—着花的枝；2—着果的枝；3—小枝；
4—雄球花；5—雄蕊的内面及外面；
6—雌球花；7—雌蕊的内面；
8—球果；9—种子

本种植物的外形特征与马尾松相似，但本种针叶较粗硬，长 10～15cm，2 针一束，树脂道边生，约 10 个。球果卵圆形，成熟时为淡黄褐色，鳞盾肥厚隆起，鳞脐凸起有刺尖。种子褐色，有斑纹。富含树脂，药用同马尾松。

4. 柏科 Cupressaceae

常绿乔木或灌木。叶交互对生或轮生，常为鳞片状或针状，或同一树上兼有二型叶。球花小，单性，同株或异株；雄球花生于枝顶，椭圆状卵形，有 3～8 对交互对生的雄蕊，每一雄蕊有 2～6 枚药室；雌蕊花球形，由 3～6 枚交互对生的珠鳞组成，珠鳞与下面的苞鳞合生，每珠鳞有一至数枚胚珠。球果木质或革质，展开，有时为浆果状不展开。种子具有胚乳，子叶 2 枚。

分布：22 属，约 150 种，广布于世界各地。我国有 8 属，约 40 种（包括变种），几乎遍布全国；已知药用的有 20 种。

侧柏（扁柏）*Platycladus orientalis* (L.) Franco.

常绿乔木（图 5-3-4）。小枝扁平，排成一平面，直展。叶鳞片状，交互对生，贴生于小枝上。球花单性同株。球果具种鳞 4 对，扁平，木质，蓝绿色，被白粉，覆瓦状排列，有反曲尖头，熟时为木质，开裂，中部种鳞各有种子 1~2 枚，种子卵形，无翅。为我国特有树种，除新疆、青海外，全国其他省份均有分布。枝叶（药材名：侧柏叶）为止血药，有凉血止血、祛风消肿、清肺止咳之功效；种子（药材名：柏子仁）为安神药，有养心安神、润肠通便之功效。

5. 红豆杉科　Taxaceae

常绿乔木或灌木。叶条形或披针形，螺旋状排列或交互对生，基部常扭转排成两列，叶面中脉凹陷，叶背有两条气孔带。雌雄异株，稀为同株；雄球花常单生于叶腋或苞腋，或组成穗状花序集生于枝顶，雄蕊多枚，具 3~9 枚花药。雌球花单生或 2~3 对组成球序，生于叶腋或苞腋；胚珠 1 枚，花后珠托发育成假种皮，种子核果状或坚果状，全部或部分包于肉质的假种皮中。

分布：5 属，23 种，主要分布于北半球。我国有 4 属，12 种，已知药用的有 10 种。

红豆杉 *Taxus chinensis* (Pilger) Rehd.

常绿乔木（图 5-3-5）。树皮裂成条片剥落。叶条形，微弯或直，排成 2 列，长 1~3cm，宽 2~4mm，先端具微突尖头，叶上面深绿色，下面淡黄色，有 2 条气孔带。种子卵圆形，上部渐窄，先端微具 2 条钝纵脊，先端有突起的短尖头，种脐近圆形或宽椭圆形，生于杯状红色肉质的假种皮中。为我国特有树种，分布于甘肃、陕西、安徽、湖北、湖南、广西、贵州、四川、云南等省区。生于海拔 1000~1500m 的山石杂木林中。叶可用于治疗疥癣；种子有消积、驱虫之功效。近年来发现从本属植物的茎皮中提取到的紫杉醇具有明显的抗肿瘤作用。

同属中具有抗肿瘤作用的其他植物：**南方红豆杉 *T. chinensis* (Pilger) Rehd. var. *mairei* (Lemee et Levl.) Cheng et L. K. Fu.** 分布于我国甘肃、陕西、河南、安徽、浙江、江西、湖北、台湾、福建、广东、广西、四川、云南等省区。**西藏红豆杉 *T. wallichiana* Zucc.** 分布于我国西藏南部。**云南红豆杉 *T. yunnanensis* Cheng et L. K. Fu** 分布于我国四川、云南、西藏等地。**东北红豆杉 *T. cuspidata* Sieb. et Zucc.** 分布于我国黑龙江地区。

6. 麻黄科　Ephedraceae

小灌木或亚灌木，茎及枝有红色髓心。小枝对生或轮生，节明显，节间有细的纵槽纹。叶小，鳞片状，对生或轮生，基部结合，先端三角形。雌雄异株，稀为同株。雄球花序球形或椭圆形，生枝顶或叶腋，每花序有 2~8 对交互对生或 3 个轮生的苞片，每一苞片中有雄花 1 朵，外包假花被，膜质，先端 2 裂，每朵花有雄蕊 2~8 枚，花丝合成 1 束，花药 2~3 室；雌球花由 2~8 对交互对生或轮生的苞片组成，仅顶端 1~3 枚苞片内生有雌花，雌花由顶端开口的囊状的假花被包围。胚珠 1 枚，具一层珠被，上部延长成珠被管，由假花被开口处伸出，假花被发育成革质假种皮，包围种子，最外为苞片，成熟时变成肉质，红色或橘红色。种子浆果状，胚乳丰富，子叶 2 枚。

分布：仅 1 属，约 40 种，分布于亚洲、美洲及欧洲东部和非洲北部等干旱地区。我国有 16 种，分布于东北、西北、西南等地区，已知药用的有 15 种。

草麻黄 *Ephedra sinica* Stapf.

亚灌木（图 5-3-6），高 30~40cm，木质茎短，有时横卧，小枝丛生于基部。具明显的节和节间。叶鳞片状，膜质，基部鞘状，上部 2 裂，裂片呈锐三角形。雄球花常 2~3 朵生于节上，由 5~7 对交互对生或轮生的苞片组成，仅先端 1 对或 1 轮苞片各有 1 朵雌花，珠被管直立，成熟时苞片为肉质，红色。种子包藏于肉质的苞片内。分布于我国东北、内蒙古、陕西、河北、山西等省区。生于沙质干燥地带，常见于山坡、河床和干旱草原，常组成

图 5-3-5　红豆杉
1—种子枝；2—雄球花枝；3—雄球花

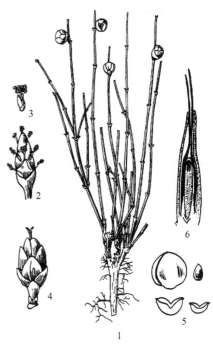

图 5-3-6　草麻黄
1—雌株；2—雄球花；3—雄花；4—雌球花；
5—种子及苞片；6—胚珠纵切面

大面积群落，有固沙作用。

　　茎（药材名：麻黄）为解表药，有发汗散寒、平喘、利尿等作用。

　　同属作麻黄药用的其他植物：中麻黄为直立小灌木，高达 1m 以上，节间长 3～6cm，叶裂片通常 3 片；雌球花珠被管常呈螺旋状弯曲；种子常 3 枚；木贼麻黄为直立小灌木，高达 1m，节间细而较短，长 1～2.5cm；雌球花常 2 朵对生于节上，珠被管弯曲；种子常 1 枚。

第四节　被子植物门的分类

一、被子植物的主要特征

　　被子植物是植物界最进化、种类最多、分布最广的类群。已知被子植物有 1 万多属，20 多万种，占植物界的一半。我国有 2700 多属，约 3 万种，是药用植物最多的类群。被子植物的种类如此众多，适应性如此广泛，和它的结构复杂化、完善化是分不开的，特别是繁殖器官的结构和生殖过程的特点，给予了它适应、抵御各种不良环境的内在条件，使它在生存竞争、自然选择的矛盾斗争过程中不断产生新的变异，产生新的物种，而在地球上占绝对优势。

　　被子植物的主要特征归纳如下。

　　1. 有真正的花

　　和裸子植物相比，被子植物通常具有由花被（花萼和花冠）、雄蕊群和雌蕊群组成的真正的花，故又叫有花植物。

　　2. 胚珠和种子外有包被

　　胚珠包藏在子房内，得到良好的保护，子房在受精后形成的果实既能保护种子，又以各种方式帮助种子散布。

3. 具有双受精现象

双受精现象为被子植物所特有，胚珠在受精过程中，1个精子与卵细胞结合形成受精卵，另一个精子与2个极核细胞融合，发育成三倍体的胚乳，此种胚乳不是单纯的雌配子体，它具有双亲的特性，使新植物体有更强的生命力。

4. 孢子体高度发达并进一步分化

被子植物的孢子体高度发达，配子体极度退化，除乔木和灌木外，更多的是草本；在解剖构造上，木质部中有导管，韧皮部有筛管、伴胞，使输导组织结构和生理功能更加完善，同时在化学成分上，随着被子植物的演化而不断发展和复杂化，被子植物包含了所有天然化合物的各种类型，具有多种生理活性。

5. 最进化、种类最多、分布最广

由于被子植物的营养器官和繁殖器官更加复杂，使其具有更强的适应性，从而成为植物界最繁茂、分布最广的一个类群。

二、被子植物的分类及代表药用植物

被子植物门分为两个纲，即双子叶植物纲和单子叶植物纲，它们的基本区别如下（表5-4-1）。

表 5-4-1 双子叶植物纲和单子叶植物纲的区别

植物部位	双子叶植物纲	单子叶植物纲
根	一般为直根系	一般为须根系
茎	维管束成环状排列，有形成层	维管束散生，无形成层
叶	一般具网状脉	一般为平行脉或弧形脉
花	一般为4或5基数，极少为3 花粉具3个萌发孔	一般为3基数，极少为4，绝无5 花粉具单个萌发孔
胚	具2枚子叶	具1枚子叶

（一）双子叶植物纲的分类鉴定

1. 三白草科 Saururaceae

多年生草本；茎直立或匍匐状，具明显的节。单叶互生，托叶与叶柄常合生或缺。花小，两性，无花被，聚集成稠密的穗状花序或总状花序，花序基部常有显著的总苞；雄蕊3、6或8枚，稀更少；雌蕊由3～4心皮所组成，子房上位。果实为浆果或蒴果。

蕺菜 *Houttuynia cordata* Thunb.

多年生草本（图5-4-1）。又名鱼腥草，植物体有鱼腥气，高30～60cm；茎下部伏地，节上轮生小根，上部直立，无毛或节上被毛，有时带紫红色。叶互生，心形；托叶膜质，条形，下部与叶柄合生成长8～20mm的鞘，基部扩大，略抱茎。穗状花序顶生，基部有4枚白色总苞片；花小、两性、无花被。蒴果。生于湿地和水旁。全草入药，具有清热解毒、利水消肿之功效。

本科常见药用植物三白草 *Saururus chinensis* (Lour.) Baill.，分布于长江以南各省区。全草入药，具有清热解毒、利水消肿之功效。

 鉴别要点

三白草科草本叶单生，花序穗状、总状花两性，白色总苞显著缺花被，三白草科蕺菜清热利尿。

2. 桑科 Moraceae

木本，稀草本和藤本，常具乳液。叶互生，稀对生，全缘或具锯齿，分裂或不分裂。花小，单性，雌雄同株或异株；花序腋生，荑荑、总状、隐头等类型；无花瓣，花被片常 4～5 片，雄蕊与花被片通常同数而对生，雌花花被有时呈肉质；子房上位，2 心皮，合生，通常 1 室 1 胚珠。果实为小瘦果、小坚果、聚花果。

桑 *Morus alba* L.

乔木或灌木（图 5-4-2），叶互生，卵形或广卵形，边缘锯齿粗钝，有时为各种分裂，表面鲜绿色，无毛，背面沿脉有疏毛；花单性，腋生或生于芽鳞腋内，雌雄异株。聚花果卵状椭圆形，成熟时红色或暗紫色。全国各地均有栽培。叶、枝条、果实及根皮均可入药。桑叶为养蚕的主要饲料，亦作药用，能疏散风热、清肺润燥、清肝明目；桑枝能祛风通络、利水消肿；桑白皮（根皮）能泻肺平喘，利水消肿。

大麻 *Cannabis sativa* L.

一年生草本（图 5-4-3），高 1～3m，茎直立，具纵沟，密生短柔毛，皮层富有纤维。叶

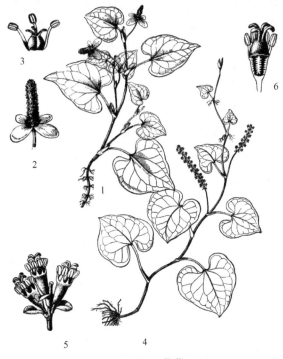

图 5-4-1　蕺菜

1,4—植株；2—花序；3—花；5—花序一段；
6—花纵切面示胚珠

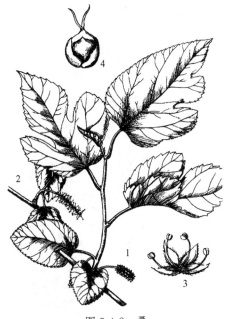

图 5-4-2　桑

1—雌花枝；2—雄花枝；3—雄花；4—雌花

图 5-4-3　大麻

掌状全裂，裂片披针形或线状披针形，先端渐尖，边缘具粗锯齿；花单性，雌雄异株，雄花序圆锥状，黄绿色；雌花序穗状，腋生，绿色。瘦果扁卵形，果皮坚脆，表面具细网纹。我国各地常有栽培或野生。果实入药，称"火麻仁"或"大麻仁"，具润肠通便之功效。

本科常见其他药用植物有**无花果** *Ficus carica* L.，果实入药，能清热润肠；根、叶能消肿解毒；**构树** *Broussonetia kazinoki* Sieb.，果实（楮实子）入药，具有补肾清肝、明目、利尿等功效。

> **鉴别要点**
>
> 桑科植物通常乳汁，叶单生，花序葇荑、隐头，花单性，蕊萼同数，对生，结复果，桑科薜荔、无花果皆药用。

3. 马兜铃科 Aristolochiaceae

多年生草本或藤本，稀乔木；单叶、互生，具柄，常为心脏形，全缘，稀3～5裂。花两性，花被常单层，花被下部常合生为管状，顶端3裂或向一侧扩大；辐射对称或两侧对称；花顶生、腋生或生于老茎上，暗紫色或黄绿色，通常有腐肉臭味；雄蕊6至多数，1或2轮；子房下位，稀半下位或上位；蒴果。

北细辛 *Asarum heterotropoides* Fr. Schmidt var. *mandshuricum* (Maxim.) Kitag.

多年生草本（图5-4-4）。根状茎横走，根细长。茎端生2～3叶，叶卵状心形或近肾形，先端急尖或钝，基部深心形，叶柄长约15cm；花被管壶状或半球状，紫褐色，顶端3裂，裂片向外反折；蒴果肉质半球状。全草入药，具有祛风散寒，镇痛止咳之功效。

马兜铃 *Aristolochia debilis* Sieb. et Zucc.

多年生缠绕草本（图5-4-5）。叶互生，卵状三角形，长圆状卵形或戟形，顶端钝圆或短渐尖，基部心形，两侧裂片圆形，下垂或稍扩展；花单生或2朵聚生于叶腋，花左右对称，花被管喇叭状，基部膨大呈球形，上端逐渐扩大成偏向一侧的侧片，侧片卵状披针形，带暗紫色斑，雄蕊6，蒴果近球形，6瓣裂。根、茎、叶、果均入药。根（青木香）具有解毒利尿、理气止痛之功效；茎（天仙藤）具有疏风、活血、镇痛之功效；叶治毒蛇咬伤；果实清

图 5-4-4　北细辛
1—果枝；2—花被管

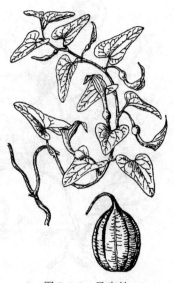

图 5-4-5　马兜铃

肺、止咳、化痰。

本科药用植物尚有以下几类：汉城细辛 *Asarum sieboldii* var. form. Seoulense Nakai、华细辛 *Asarum sieboldii* Miq.，二者的入药部位和功效同北细辛。木通马兜铃 *Aristolochia manshuriensis* Kom. 茎（关木通）入药，有清热、利尿之功效。广防己 *Aristolochia fangchi* Y. C. Wu ex L. D. Chow et S. M. Hwang 根入药，有祛风止痛、清热利水之功效。

● 鉴 别 要 点 ●

马兜铃科草本或藤本；心形单叶互生，花两性，花被单层合生，结蒴果，马兜铃有肾毒性要慎用。

4. 蓼科 Polygonaceae

多为草本，茎节常膨大。单叶互生；具明显的托叶鞘，多呈膜质。花两性或单性异株；常排成穗状、总状或圆锥花序；单被，花被3～6，多宿存；雄蕊多6～9；子房上位，心皮2～3，合生成1室，1胚珠，基生胎座。瘦果或小坚果，常包于宿存花被内，多有翅。种子胚乳丰富。

本科约有30属1200种，全球分布。我国15属200余种，其中药用种类约120种，全国均有分布。

药用大黄 *Rheum officinale* Baill.

多年生草本（图5-4-6）。根和根茎肥厚，断面黄色。叶片近圆形，掌状浅裂。圆锥花序，花黄白色。分布于陕西、四川、湖北、云南等省，野生或栽培。根茎入药，具有泻下攻积、清热泻火，凉血解毒，逐瘀通经，利湿退黄之功效。同属植物**掌叶大黄** *R. palmatum* L. 多年生高大草本。叶片掌状深裂。花紫红色。分布于甘肃、青海、四川西部及西藏东部。也有栽培。**唐古特大黄** *R. tanguticum* Maxim. 叶片深裂，裂片再作二回羽状深裂。上述三种大黄为正品中药大黄的原植物。

何首乌 *Polygonum multiflorum* Thunb.

图 5-4-6　大黄
1—叶；2—果枝；3—瘦果

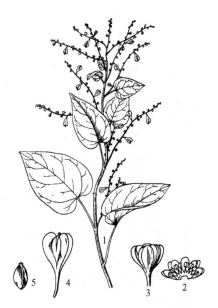

图 5-4-7　何首乌
1—花枝；2—花被展开，示雄蕊；3—花的侧面；
4—包被在花被内的果实；5—果实

多年生草质藤本（图 5-4-7）。块根肥厚近纺锤形，表面暗褐色，坚实，断面浅黄棕色，具云锦纹。叶卵状心形，托叶鞘短筒状，长叶柄。大型圆锥花序顶生或腋生，分枝极多；花小，白色，花被 5 深裂。瘦果有 3 棱。分布几遍全国各地。块根入药，生用能通便、解疮毒；制何首乌能补肝肾、乌须发、强筋骨；茎［首乌藤（夜交藤）］能安神、通络。

虎杖 *P. cuspidatum* Sieb. et Zucc. 多年生粗壮草本，茎中空，具红色或紫红色斑点。雌雄异株。瘦果具 3 棱。主产长江流域及以南各省。根茎和根能清热利湿、收敛止血。

本科药用植物尚有以下几类：**萹蓄** *P. aviculare* L. 匍匐草本，全国均有分布，全草能清热、利尿。**红蓼** *P. orientale* L. 一年生高大草本，果实（水红花子）能散血、消积。**蓼蓝** *P. tinctorium* Ait. 叶为中药大青叶药材来源之一，能清热解毒、凉血。**拳参** *P. bistorta* L. 根茎能消肿止血。其他药用植物还有：**羊蹄** *Rumex japonicas* Houtt.、**巴天酸模** *R. patientia* L.、**野荞麦** *Fagopyrum cymosum* （Trev.）Meisn. 等。

> ●▶ **鉴别要点** ◀●
>
> 蓼科，草本，茎节多膨大，单叶互生，托叶鞘膜质，花小，瘦果、坚果埋于花被内。大黄攻下，何首乌补血。

5. 苋科 Amaranthaceae

多为草本。叶互生或对生；无托叶。花常两性；排成穗状、圆锥状或头状聚伞花序；单被，花被片 3～5，干膜质；每花下常有 1 干膜质苞片及 2 小苞片，雄蕊 1～5；子房上位，心皮 2～3，合生，1 室，胚珠 1 枚，稀多数。胞果，稀为浆果或坚果。种子有胚乳。

本科约 65 属，850 种，分布于热带和温带。我国约 10 属，50 种，其中药用种类 28 种，分布全国。

牛膝 *Achyranthes bidentata* Bl.

多年生草本（图 5-4-8）。根长圆柱形。茎四棱，节膨大。叶对生，椭圆形。穗状花序腋生或顶生。胞果长圆形，包于宿萼内。除东北外，全国广布。河南栽培品称"怀牛膝"。根生用能活血散瘀，消肿止痛；酒制后能补肝肾，强筋骨等（图 5-4-8）。

川牛膝 *Cyathula officinalis* Kuan

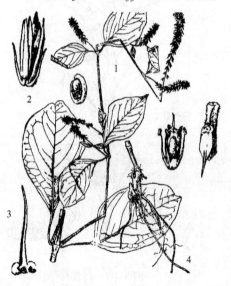

图 5-4-8 怀牛膝
1—花枝；2—花；3—苞片；4—根

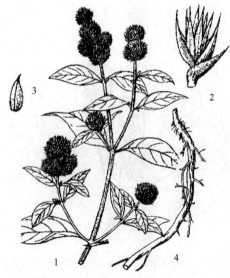

图 5-4-9 川牛膝
1—花枝；2—花；3—苞片；4—根

多年生草本（图 5-4-9）。根长圆柱形，茎多分枝，被糙毛。花小，绿白色，杂性，密集成圆头状。分布于云南、四川、贵州等省。根能祛风湿，破血通经。

青葙 *Celosia argentea* L.

一年生草本。叶互生，叶片呈长圆状披针形或披针形。穗状花序排成圆柱状或塔状。苞片、小苞片及花被片均干膜质，淡红色。全国均有野生或栽培。种子（青葙子）能清肝火、祛风热、明目降压。

本科药用植物尚有以下几类。**鸡冠花** *C. cristata* L. 各地均有栽培，花序能凉血止血。**土牛膝** *Achyranthes aspera* L. 根入药，具有清热解毒，利尿之功效。

● 鉴 别 要 点 ●

苋科，草本，单叶对生或互生，两性花，单被，多干膜质，胞果常见，偶浆果、坚果。牛膝祛风，青葙子降肝火。

6. 石竹科 Caryophyllaceae

草本，茎节多膨大。单叶，全缘，对生，基部常连合。花两性，辐射对称，多成聚伞花序或单生；萼片 4～5，分离或结合成筒状，宿存；花瓣 4～5，分离，常具爪；雄蕊为花瓣的倍数，8～10 枚；子房上位，特立中央胎座。蒴果，顶端齿裂或瓣裂。种子多数，有胚乳。

本科约 80 属，2000 种，广泛分布于世界各地。我国有 31 属，370 余种，其中药用种类 100 余种，广布全国。

孩儿参 *Pseudostellaria heterophylla*（Miq.）Pax

又名太子参，多年生草本（图 5-4-10）。块根肉质，纺锤形，白色，稍带灰黄。茎直立，单生，茎下部叶常 1～2 对，叶片匙形，顶部两对叶片较大，排成十字形。花 2 型：下部的花小，紫色，萼片 4，无花瓣，雄蕊常 2；顶生花白色，萼片 5，花瓣 5，顶端 2 齿裂，雄蕊 10。蒴果卵形。分布于东北、华北、华中、华东等地。块根入药，有益气健脾、生津润肺之功效。

瞿麦 *Dianthus superbus* L.

多年生草本（图 5-4-11）。茎丛生，直立，绿色。叶对生，线形或披针形，中脉特显，

图 5-4-10　孩儿参（太子参）
1—植株全形；2—普通花；3—雄蕊；4—闭锁花

图 5-4-11　瞿麦

基部合生成鞘状。花1或2朵生枝端，有时顶下腋生；花萼下有小苞片4～6，卵形。花瓣5，顶端深裂呈丝状，基部具长爪。雄蕊10，子房上位，1室，花柱2。蒴果，顶端4齿裂，外被宿存萼。全国分布。全草能清热利尿。

同属植物国产有20种，其中**石竹** *D. chinensis* L. 似瞿麦，但花瓣顶端为不整齐的细齿。分布于东北、华北、西北及长江流域。功效同瞿麦。

本科药用植物尚有以下几类。**银柴胡** *Stellaria dichotoma* L. var. *lanceolata* Bunge 主根圆柱形。茎簇生，数回叉状分枝，节稍膨大，叶对生，披针形。聚伞花序顶生；花瓣5，白色。蒴果。根能清虚热，除疳热。**麦蓝菜** *Vaccaria segetalis*（Neck.）Garcke 全株无毛，微被白粉，呈灰绿色。茎单生，直立，上部分枝。叶片卵状披针形或披针形，基部圆形或近心形，微抱茎，顶端急尖，具3条基出脉。聚伞花序顶生；花瓣5，淡红色；雄蕊10。花萼卵状圆锥形，后期微膨大呈球形，棱绿色，棱间绿白色。蒴果，种子入药称王不留行，球形，黑色，能通乳消肿、活血通经。

●**鉴别要点**●

石竹科，草本，节膨大，单叶对生，花瓣常具爪，特立中央胎座，多蒴果。瞿麦、石竹清热又利尿。

7. 毛茛科 Ranunculaceae

多草本、稀灌木或藤本。单叶或复叶，多互生或基生，少对生；叶片多缺刻或分裂，稀全缘；常无托叶。花多两性；辐射对称或两侧对称；萼片3至多数，常呈花瓣状；花瓣3至多数或缺；雄蕊和心皮多数，分离，常螺旋状排列在多少隆起的花托上，子房上位，1室。稀定数。聚合瘦果或蓇葖果，稀为浆果。种子具胚乳。

本科约有50属，2000种，广泛分布于世界各地，主产北半球温带及寒温带。我国有43属，约750种，已知药用植物400余种，分布于全国。

黄连 *Coptis chinensis* Franch.

多年生草木（图5-4-12）。根状茎黄色，常分枝。叶基生，3全裂，中间裂片具细柄，

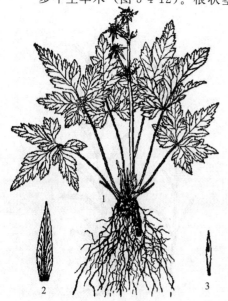

图 5-4-12　黄连
1—植株全形；2—萼片；3—花瓣

图 5-4-13　乌头
1—花枝；2—块根；3—花

卵状菱形，羽状深裂，边缘具锐锯齿，侧生裂片，不等的二深裂。聚伞花序有花 3~8 朵，苞片披针形，羽状深裂；花小，萼片 5，黄绿色；花瓣呈线形；雄蕊多数；心皮 8~12 离生；蓇葖果具柄。分布于西南、华南、华中地区，生于高山林下隐私处，多有栽培。根状茎入药，具有清热燥湿，泻火解毒之功效。

乌头 *Aconitum carmichaeli* Debx.

多年生草本（图 5-4-13）。块根倒圆锥形，长 2~4cm，棕黑色，有母根、子根之分。叶互生，3 深裂至全裂，中间裂片宽菱形或菱形，先端急尖，近羽状分裂，小裂片三角形。总状花序。萼片 5，蓝紫色，上萼片盔帽状；花瓣 2，有长爪；聚合蓇葖果。分布于长江中下游、华北、西南等地区。生于山坡，灌丛中。根有大毒，一般经炮制后入药。栽培种母根入药称"川乌"，能祛风燥湿，散寒止痛。子根入药称"附子"，能回阳救逆，温中散寒，止痛。野生种块根作"草乌"入药。

白头翁 *Pulsatilla chinensis* （bunge）Regel

多年生草本（图 5-4-14）。具粗壮的圆锥状根。全株密被白色绒毛。叶基生，宽卵形，3 全裂，中间裂片常具柄，3 深裂，侧生裂片较小，不等的 3 裂；萼片 6，2 轮，蓝紫色。瘦果聚成头状，宿存；花柱呈羽毛状。分布于东北、华北、江苏、安徽、湖北、陕西、四川等地。生于山坡草地或平原。根能清热解毒，凉血止痢。

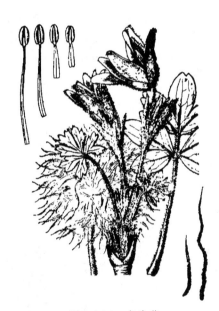

图 5-4-14 白头翁

图 5-4-15 威灵仙

威灵仙 *Clematis chinensis* Osbeck

藤本（图 5-4-15）。根须状；茎具条纹；茎、叶暗绿色，干后变黑色；羽状复叶，对生，小叶常 5，狭卵形或三角状卵形，全缘。花序圆锥状，顶生或腋生；萼片 4，白色；无花瓣；雄蕊多数，心皮多数，离生。聚合瘦果，具羽毛状宿存的花柱。分布于我国南北各地。生于山坡林边或草丛中。根入药能祛风除湿，通络止痛。

本科药用植物尚有以下几类。**升麻** *Cimicifuga foetida* L. 根茎能发表透疹，清热解毒，升举阳气。**小木通** *Clematis armandii* Franch. 舒筋活血，祛湿止痛，解毒利尿。用于筋骨疼痛。外用治无名肿毒。**毛茛** *Ranunculus japonicus* Thunb. 全草有毒，一般外用作发泡药。

8. 小檗科 Berberidaceae

多年生草本或小灌木。草本植物常具根状茎或块茎。单叶或复叶，互生或基生，通常无

托叶。花两性，辐射对称，单生或排成总状、穗状及圆锥状花序；萼片与花瓣相似，2～4轮，每轮常3片，有时花瓣变成蜜腺；雄蕊常3～9，与花瓣对生；子房上位，常1心皮，1室，胚珠1至多数。浆果或蒴果。种子具胚乳。

　　本科约14属650种，多分布于北温带。我国有11属，280多种，其中药用种类140余种，分布全国各地。

　　箭叶淫羊藿（三枝九叶草）*Epimedium sagittatum* Sieb. et Zucc. Maxim.

　　草本（图5-4-16）。根状茎结节状。三出复叶，小叶长卵圆形，两侧小叶基部不对称，箭状心形。总状或圆锥花序；萼片花瓣状；花瓣黄色；雄蕊4。蒴果。产于长江以南地区。全草（淫羊藿）能补肾壮阳，强筋骨，祛风湿。

图5-4-16　淫羊藿

同属植物淫羊藿（心叶淫羊藿）*E. brevicornum* Maxim.、**柔毛淫羊藿** *E. pubescens* Maxim.、**东北淫羊藿** *E. koreanum* Nakai 等也作"淫羊藿"用。

　　阔叶十大功劳 *Mahonia bealei* (Fort.) Carr.

　　常绿灌木（图5-4-17）。奇数羽状复叶，互生，小叶卵形，边缘有2～8锯齿，总状花序；花黄褐色，萼片花瓣状，9片排成3轮；花瓣6；雄蕊6。浆果熟时暗蓝色，有白粉。分布于长江流域及陕西、四川、贵州、甘肃、湖北、河南、湖南和华东等山区，有栽培。根、茎（功劳木）和叶能清热解毒。亦可用作提取小檗碱的原料。同属植物**十大功劳**（细叶十大功劳）*M. fortunei* (Lindl.) Fedde、**华南十大功劳** *M. japonica* (Thunb.) DC. 等亦药用，功效类同。

　　黄芦木（大叶小檗）*Berberis amurensis* Rupr.

　　落叶灌木。叶刺三叉状。叶缘有刺状细锯齿。花序总状；小苞片2；胚珠2。浆果熟时红色。分布于东北、华北、山东、陕西等地。根和茎能清热燥湿，泻火解毒，止痢。并可提取小檗碱（黄连素）。同属植物不少种类有相同功效，如**豪猪刺**（三颗针）*B. julianae* Schneid.、**细叶小檗** *B. poiretii* Schneid. 等。

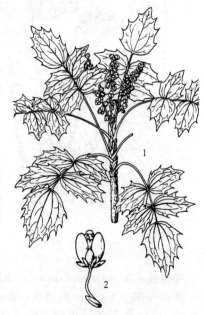

图5-4-17　阔叶十大功劳
1—花枝；2—花

9. 防己科 Menispermaceae

多年生草质或木质藤本。单叶互生，全缘，有时掌状分裂，掌状脉。无托叶。花单性异株，辐射对称，多排列成聚伞花序或圆锥花序；花小，绿色，单性异株；萼片、花瓣常各 6 枚，各 2 轮，每轮 3 片；雄蕊多为 6 枚，稀 3 或多数；子房上位，心皮 3～6，离生，1 室，1 胚珠。核果，核常呈马蹄形或肾形。

本科约 70 属 400 种，分布于热带及亚热带。我国有 20 属近 70 种，均可药用，南北均有分布。

蝙蝠葛 *Menispermum dauricum* DC.

多年生缠绕藤本（图 5-4-18）。根状茎褐色，垂直生，茎自位于近顶部的侧芽生出，一年生茎纤细，有条纹。叶圆肾形，叶缘常具 5～7 浅裂，很少近全缘；叶柄盾状着生。雌雄异株，圆锥花序单生或有时双生，有细长的总梗。核果紫黑色。分布于东北、华北及华东地区。根茎（北豆根）能消热解毒、利水消肿。

粉防己（石蟾蜍）*Stephania tetrandra* S. Moore

多年生缠绕藤本（图 5-4-19）。主根肉质，柱状。叶阔三角状卵形。全缘，顶端有凸尖，基部微凹或近截平，叶柄盾状着生。核果红色。分布于华南及华东地区。根（粉防己、汉防己）能祛风除湿、行气止痛、利水消肿。

图 5-4-18　蝙蝠葛

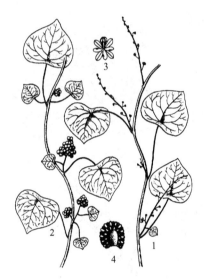

图 5-4-19　粉防己
1—雄花枝；2—果枝；3—花；4—果核

同属植物国产约 30 种，其中：**千金藤** *S. japonica*（Thunb.）Miers、**头花千金藤**（山乌龟）*S. cepharantha* Hayata ex Yamamoto、**一文钱**（地不容）*S. delavayi* Diels 等亦供药用，功效与粉防己相近。

金果榄 *Tinospora capillipes* Gagnep.

多年生缠绕藤本。地下有数个成串的球形块根。叶卵状箭形，叶基耳状。雌雄异株，核果熟时红色。分布于华南、西南、华中地区。根能清热解毒、利咽、止痛。

木防己 *Cocculus trilobu*（Thunb.）DC.

缠绕性藤本。叶心形或卵状心形。全国多数地区有分布。根能清热解毒、祛风止痛、行水消肿。

本科药用植物还有：**青牛胆** *Tinospora sagittata* （Oliv.） Gagnep.、**锡生藤** *Cissampelos pareira* L.、**藤黄连** *Fibraurea tinctoria* Lour.、**青藤** *Sinomenium acutum* （Thunb.） Rehd. et Wils. 等。

> ●**鉴别要点**●
>
> 　防己科藤本单叶互生，单性异株，花小，3基数，心皮离生，核果，核肾形。北豆根清热，防己祛风。

10. 木兰科 Magnoliaceae

木本，稀藤本，体内常具油细胞。单叶互生，常全缘，托叶大而早落，托叶环（痕）明显。花单生，多两性，稀单性，辐射对称；花被常6～12，排成数轮，每轮3片；雄蕊和雌蕊多数，分离，螺旋状排列在延长的花托上；子房上位。聚合蓇葖果或聚合浆果。种子具胚乳。

本科约有20属，300种，主要分布在亚洲和北美洲热带、亚热带或温带地区。我国有14属，160余种，已知药用植物约90种，主要分布于长江流域及以南地区。

五味子（北五味子）*Schisandra chinensis* （Turcz.） Baill.

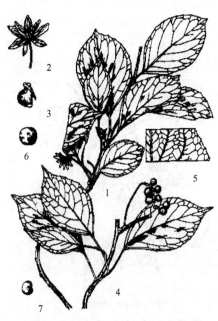

图 5-4-20　五味子

1—雌花序；2—雄花；3—心皮；4—果枝；
5—叶缘放大（示腺状小齿）；6—果实；7—种子

落叶木质藤本（图5-4-20）。小枝灰褐色，稍有棱。叶宽椭圆形、倒卵形或卵形，先端急尖或渐尖，基部楔形，边缘疏生具腺细齿，表面光滑。花单生或簇生于叶腋；花单性，雌雄异株；花被片6～9，乳白色至粉红色；雄花雄蕊5；雌花心皮17～40；聚合浆果排成长穗状，熟时红色。分布于东北、华北。生于山林中。果实（五味子）有敛肺滋肾，生津敛汗，涩精止泻，宁心安神之功效。

望春花 *Magnolia biondii* Pamp

落叶乔木。小枝绿色；冬芽卵形，密被淡黄色柔毛。叶互生，长圆状披针形或卵状披针形，先端急尖，基部楔形，有时近圆形。花先叶开放，萼片3，近线形，花瓣6，匙形，白色，外面基部带紫红色；雄蕊多数，螺旋状着生于长轴形花托的下部；心皮多数，螺旋状着生于长轴形花托的上部。果实为蓇葖果，合生成圆柱形聚合果，稍扭曲。花蕾入药（辛夷），具有散风寒，通鼻窍之功效。

紫玉兰 *Magnolia liliflora* Desr.

落叶灌木，小枝紫褐色。叶椭圆状倒卵形或倒卵形，先端急尖或渐尖，基部楔形，叶柄粗短。花蕾卵圆形，被淡黄色绢毛；花先叶或与叶同时开放，萼片3，披针形，黄绿色。花瓣6，外面紫色或紫红色，里面白色；花蕾入药（辛夷）主治鼻炎、头痛，作镇痛消炎剂，为我国两千多年传统中药。

厚朴 *Magnolia officinalis* Rehd. et Wils.

落叶乔木。树皮厚，紫褐色。叶大，革质，呈倒卵形。花大，白色。聚合蓇葖果。分布于长江流域各省区山地，亦有人工栽培。树皮和根皮入药，具有燥湿健脾，温中下气，消食化积之功效。

本科药用植物尚有以下几类。**八角茴香** *Illicium verum* 果实入药，温中理气，健脾止呕。**南五味子** *Kadsura longipedunculata*，花被片白色或淡黄色，果实入药，功效同五味子。

· 鉴别要点 ·

木兰科，木本，具香气，花单生，托叶留痕明显，雌、雄蕊多数分离，果聚合。厚朴燥湿，五味子滋肾。

11. 樟科 Lauraceae

多为落叶或常绿木本。多具油细胞，有香气。单叶，多为互生，多革质，全缘，无托叶。花通常两性，3基数，多为单被，2轮；雄蕊3～12，第1、2轮雄蕊花药内向，第3轮外向，第4轮雄蕊常退化，花丝基部常具2腺体，花药瓣裂；子房上位，3心皮合生，1室，具1胚珠。核果或呈浆果状，有时有宿存花被形成果托包围基部。种子1粒，无胚乳。

本科40多属，2000余种，分布于热带及亚热带地区。我国有20属，400多种，已知药用120余种，主要分布于长江以南各省区。

肉桂 *Cinnamomum cassia* Presl

常绿乔木（图5-4-21），全株有香气。树皮厚，灰褐色，内皮红棕色，幼枝、芽、花序及叶柄均被褐色柔毛。叶互生，长椭圆形，离基三出脉。圆锥花序腋生或近顶生；花小，子房上位，1室，1胚珠。浆果状核果。分布于华南、西南地区。茎皮入药（肉桂）能补火助阳，散寒止痛，活血通经。嫩枝入药（桂枝）能解表散寒，温经通络。

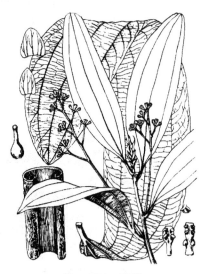

图 5-4-21　肉桂

图 5-4-22　乌药

乌药 *Lindera aggregata*（Sims）Kosterm.

常绿灌木或小乔木（图5-4-22）。根膨大呈纺锤状或结节状。叶互生，革质，叶片椭圆形，背面密生灰白色柔毛，离基三出脉。雌雄异株，花较小，黄绿色，集成伞形花序，腋生。核果球形，熟时黑色。分布于长江以南及西南各省区。根入药具有理气止痛，温中散寒的功效。

樟 *C. camphora*（L.）Presl

常绿乔木。枝叶均具樟脑味。叶互生，卵状椭圆形，离基三出脉，脉腋有腺体。腋生圆锥花序。核果球形，紫黑色，果托杯状。分布于长江以南及西南各省区，广为栽培。全株均可药用，能祛风止痛，和中理气。提取出的樟脑和樟脑油能开窍辟浊，杀虫，止痛，并用作中枢兴奋剂。

鉴别要点

樟科，木本，常具油细胞，革质叶三出或羽状脉，花小，3基数，花药瓣裂。肉桂散寒，荜澄茄理气。

12. 罂粟科 Papaveraceae

草本或灌木，体内常含乳汁或黄色、白色汁液。单叶互生，无托叶。花两性，辐射对称或两侧对称，单生或成总状、聚伞、圆锥花序；萼片2，早落，花瓣4～6或8～12，覆瓦状排列；雄蕊多数，稀4，离生，或6枚合生成两束；子房上位，心皮2至多数，合生，1室，侧膜胎座，胚珠多数。蒴果，孔裂或瓣裂，种子细小。

本科40多属，600多种，主要分布于北温带。我国20属，近300种，已知药用130余种，南北均有分布。

罂粟 *Papaver somniferum* L.

一年生或两年生草本（图5-4-23），植物体内含白色乳汁。叶互生，长椭圆形，先端急尖，基部圆形或近心形而抱茎，边缘具不规则粗齿，或为羽状浅裂，两面均被白粉呈灰绿色。花大，顶生，萼片2，长椭圆形，早落；花瓣4，有时为重瓣，有白、粉红、淡紫等色；雄蕊多数，花药长圆形，黄色；雌蕊1，子房长方卵圆形，无花柱，侧膜胎座。蒴果近球形，熟时黄褐色，孔裂。种子多数，略呈肾形，表面网纹明显，棕褐色。从未成熟的果实中割取的乳汁，制后称鸦片，含吗啡等生物碱，有镇痛、解痉、止咳、止泻之功效。已割取乳汁后的果壳（罂粟壳）能敛肺、涩肠、止痛。

延胡索 *Corydalis yanhusuo* W. T. Wang

多年生草本（图5-4-24），块茎扁球形。二回三出复叶，全裂，裂片全缘披针形。下部茎生叶常具长柄；叶柄基部具鞘。总状花序疏生5～15花；花两侧对称，花瓣4，紫红色，

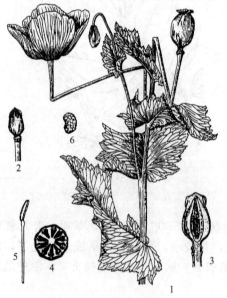

图 5-4-23 罂粟
1—植株上部；2—雌蕊；3—雄蕊纵切；
4—子房横切；5—雄蕊；6—种子

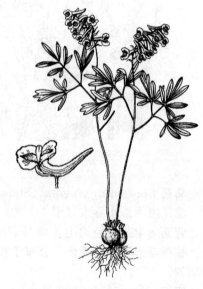

图 5-4-24 延胡索

上面一瓣基部有长距；侧膜胎座。蒴果条形。块茎为著名的常用中药延胡索，含 20 多种生物碱，用于行气止痛、活血散瘀、跌打损伤等。

同属植物国产共有 200 余种。其中：**东北延胡索** *C. ambigua* Cham. et Schlecht var. *amurensis* Maxim. 、**齿瓣延胡索** *C. remota* Fisch. ex Maxim. 与延胡索功效相同。**伏生紫堇** *C. decumbens* (Thunb.) Pers 分布于湖南、江西等地。其块茎（夏天无）能行气活血，通络止痛。

本科药用植物尚有以下几类。**地丁草** *Corydalis bungeana* Turcz. ，又名苦地丁，多年生草本，高 10～30cm，具主根。茎自基部铺散分枝，灰绿色，具棱，少分枝，淡黄棕色。叶互生，灰绿色，二至三回羽状全裂，末裂片倒卵形，上部常 2 浅裂成 3 齿。总状花序顶生，苞片叶状，羽状深裂；花淡紫色，花瓣 4，外轮两裂先端兜状，中下部狭细成距，内轮两瓣小；雄蕊 6；蒴果狭扁椭圆形。种子扁球形。全草入药，具有清热解毒，消痈肿之功效。**白屈菜** *Chelidonium majus* L. 具黄色乳汁。叶互生，羽状全裂，被白粉。花瓣 4，黄色。蒴果条状圆筒形。全草入药，有镇痛、止咳、消肿、利尿、解毒之功效。

> ● **鉴别要点** ●
>
> 　罂粟科，草本，具黄白汁，二枚萼早落，雄蕊多数，子房上位，蒴果孔瓣裂。延胡索止痛，鸦片解痉。

13. 十字花科 Cruciferae

多草本。茎直立或铺散，叶有两型：基生叶呈旋叠状或莲座状；茎生叶通常互生，单叶全缘、有齿或分裂，基部有时抱茎或半抱茎，有时呈各式深浅不等的羽状分裂或羽状复叶；通常无托叶。花整齐，两性；花多数聚集成一总状花序，顶生或腋生；萼片 4 片；花瓣 4 片，成十字形排列，花瓣白色、黄色、粉红色、淡紫色、淡紫红色或紫色；雄蕊通常 6 个，四强雄蕊；雌蕊 1 个，子房上位，侧膜胎座，花柱短或缺，柱头单一或 2 裂。果实为长角果或短角果，有翅或无翅。

全世界有 300 属以上，约 3200 种，主要产地为北温带。我国有 95 属、425 种、124 变种和 9 个变型，全国各地均有分布。

菘蓝 *Isatis indigotica* Fortune

二年生草本（图 5-4-25），高 40～100cm；茎直立，绿色，顶部多分枝，植株光滑无毛，带白粉霜。基生叶莲座状，叶片长圆形至宽倒披针形，顶端钝或尖，基部渐狭，全缘或稍具波状齿，具柄；茎生叶蓝绿色，长椭圆形或长圆状披针形，基部垂耳圆形，半抱茎。圆锥花序；花瓣黄色。短角果近长圆形，扁平，无毛，边缘有翅；果梗细长，微下垂。种子长圆形，淡褐色。

原产我国，全国各地均有栽培。根（板蓝根）、叶（大青叶）入药，有清热解毒、凉血消斑、利咽止痛的功效。叶还可提取蓝色染料。

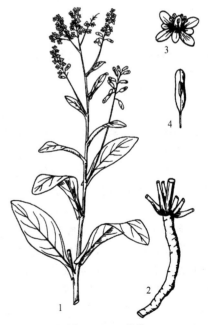

图 5-4-25　菘蓝
1—花果枝；2—根；3—花；4—果实

白芥 *Sinapis alba* L.

一年生草本（图 5-4-26）；茎直立，有分枝。下部叶大头羽裂，长 5～15cm，宽 2～6cm，有 2～3 对裂

图 5-4-26　白芥
1—植株；2—花

片，顶裂片宽卵形，长 3.5～6cm，宽 3.5～4.5cm，常 3裂，侧裂片长 1.5～2.5cm，宽 5～15mm，二者顶端皆圆钝或急尖，基部和叶轴会合，边缘有不规则粗锯齿，两面粗糙，有柔毛或近无毛；叶柄长 1～1.5cm；上部叶卵形或长圆卵形，长 2～4.5cm，边缘有缺刻状裂齿；叶柄长 3～10mm。总状花序，花淡黄色，花瓣倒卵形，长 8～10mm，具短爪。长角果近圆柱形，直立或弯曲，具糙硬毛；种子球形，直径约 2mm，黄棕色。欧洲原产。我国辽宁、山西、山东、安徽、新疆、四川等省区引种栽培。种子供药用，有祛痰、散寒、消肿止痛作用；全草可作饲料。

本科药用植物尚有以下几类：**萝卜** *Raphanus sativus* L.，种子入药，具有消食除胀，降气化痰之功效。**独行菜** *Lepidium apetalum* Willd.，种子（葶苈子、北葶苈子）入药，具有泻肺平喘，利水消肿之功效。**播娘蒿** *Descurainia sophia*（L.）Webb. ex Prantl，种子（南葶苈子）入药，功效同北葶苈子。

● 鉴 别 要 点 ●

十字花科，草本，具辛辣味，十字花冠，雄蕊为四强，总状花序，角果具隔膜。菘蓝根叶入药能清热。

14. 景天科 Crassulaceae

多年生肉质草本或亚灌木。单叶多肉质，互生或对生，有时轮生；无托叶。花多两性，辐射对称，多排成聚伞花序，有时总状花序或单生；萼片 4～5；花瓣 4～5；雄蕊与花瓣同数或为其倍数；子房上位，心皮 4～5，离生或仅基部合生，每心皮基部具以小鳞片，胚珠多数。蓇葖果。

本科约 35 属 1600 余种，广布全球，多为耐旱植物。我国有 10 属近 250 种，已知药用 70 种。

景天三七（土三七）*Sedum aizoon* L.

多年生肉质草本（图 5-4-27）。根状茎短。有 1～3 条茎，茎直立，无毛，不分枝。叶互生，狭披针形、椭圆状披针形至卵状倒披针形，先端渐尖，基部楔形，边缘有不整齐的锯齿；叶坚实，近革质。聚伞花序多花。萼片 5，线形，肉质；花瓣 5，黄色，长圆形至椭圆状披针形；雄蕊 10，较花瓣短；蓇葖果星芒状排列；种子椭圆形，长约 1mm。分布于东北、西北、华北及长江流域。全草入药，能散瘀、止血。

垂盆草 *Sedum sarmentosum* Bunge

多年生肉质草本（图 5-4-28）。茎细弱，匍匐生根。3 叶轮生，叶肉质，倒披针形，全缘，先端近急尖，基部急狭。聚伞花序，花瓣 5，黄色，披针形至长圆形，雄蕊 10。我国大部分省区有分布。全草入药有清热解毒，利尿消肿之功效。同属植物**佛甲草** *S. lineare* Thunb. 叶线形，肉质。全草功效与垂盆草近似。

本科药用植物尚有以下几类：**红景天** *R. rosea* L.、**大花红景天** *R. crenulata*（Hook f. et Thoms）H. Ohba、**高山红景天**（库页红景天）*R. sachalinensis* A. Bor.、**狭叶红景天** *R. kirilowii*（Reg）Maxim. 的根具有滋补强壮、扶正固本、抗疲劳、抗衰老等功效。**瓦松**

图 5-4-27　景天三七

图 5-4-28　垂盆草
1—植株；2—花；3—茎；4—果实

Orostachys fimbriatus（Turcz.）Berger 具有止血、活血、敛疮等功效。

鉴别要点

景天科，多年生肉质草本，叶无叶柄，花四或五，心皮具鳞片，结蓇葖果。垂盆草、佛甲草可退黄。

15. 杜仲科 Eucommiaceae

落叶乔木，枝、叶折断时有银白色胶丝。叶互生，具羽状脉，边缘有锯齿，具柄，无托叶。花单性异株，无花被，先叶或与叶同时开放；雄花密集成头状花序，雄蕊 4～10，常为8；雌花单生，小枝下部，具小苞片；子房上位，心皮 2，合生，1 室，胚珠 2。翅果，含种子 1 粒。全科仅 1 属 1 种。为我国特产植物，分布于我国中部及西南各省区，各地有栽培。

杜仲 *Eucommia ulmoides* Oliv.

落叶乔木（图 5-4-29）。树皮灰褐色，粗糙，内含橡胶，折断拉开有多数细丝。叶椭圆形、卵形或矩圆形，薄革质；基部圆形或阔楔形，先端渐尖；边缘有锯齿；翅果扁平，长椭圆形。

树皮含一种硬质橡胶——杜仲胶，另含降压成分——松脂素双糖苷、桃叶珊瑚苷、杜仲苷等多种苷类。树皮、叶入药，能补肝肾、强筋骨、安胎。

图 5-4-29　杜仲
1—果枝；2—雄花及苞片

鉴别要点

杜仲科,特产单属单种,单叶互生,花单性异株,枝、叶有白色胶丝,翅果。

16. 蔷薇科 Rosaceae

草本、灌木或乔木,落叶或常绿,有刺或无刺。单叶或复叶,叶互生,稀对生,通常有托叶,有时早落或附生于叶柄上。花两性,稀单性,辐射对称,排成伞房花序、圆锥状花序或单生;花托与花萼下部愈合成碟状、钟状、杯状、坛状或圆筒状的花筒,在花筒边缘着生萼片、花瓣和雄蕊;萼片和花瓣同数,通常4~5,雄蕊5至多数,稀1或2,花丝离生,稀合生;心皮1至多数,离生或合生。果实为蓇葖果、瘦果、梨果或核果,稀蒴果;种子通常不含胚乳。

本科约有124属3300余种,分布于全世界,北温带较多。我国约有51属1000余种,产于全国各地。

按照果实和花的构造,本科分为以下四个亚科。

(1) **绣线菊亚科** Spiraeoideae Agardh　灌木,稀草本,单叶,稀复叶,叶片全缘或有锯齿,常不具托叶;心皮1~5(~12),离生或基部合生;子房上位,具2至多数悬垂的胚珠;果实成熟时多为开裂的蓇葖果,稀蒴果。

(2) **苹果亚科** Maloideae Weber　灌木或乔木,单叶或复叶,有托叶;心皮(1~)2~5,多数与杯状花托内壁连合;子房下位,半下位,稀上位,(1~)2~5室,各具2,稀1至多数直立的胚珠;果实成熟时为肉质的梨果或浆果状,稀小核果状。

(3) **蔷薇亚科** Rosoideae Focke　灌木或草本,复叶,稀单叶,有托叶;心皮常多数,离生,各具1~2悬垂或直立的胚珠;子房上位,稀下位;果实成熟时为瘦果,着生在膨大肉质的花托内或花托上。

(4) **李亚科** Prunoideae Focke　乔木或灌木,单叶,有托叶;心皮1,稀2~5;子房上位,1室,内含2悬垂的胚珠;果实为核果,成熟时肉质,多不裂开或极稀裂开。

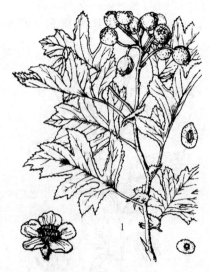

图 5-4-30　山楂

山楂 Crataegus pinnatifida Bge.

落叶乔木(图5-4-30)。树皮粗糙,暗灰色或灰褐色;刺长1~2cm,有时无刺;小枝圆柱形,当年生枝紫褐色。叶片宽卵形或三角状卵形,稀菱状卵形,先端短渐尖,基部截形至宽楔形,通常两侧各有3~5羽状深裂片,裂片卵状披针形或带形;托叶草质,镰形,边缘有锯齿。伞房花序具多花,花瓣倒卵形或近圆形,白色;雄蕊20,短于花瓣,花药粉红色;果实近球形或梨形,直径1~1.5cm,深红色,有浅色斑点。

山里红 Crataegus pinnatifida Bge. var. major N. E. Brown 为山楂的一个变种,果形较大,直径可达2.5cm,深亮红色;叶片大,分裂较浅。**野山楂** Crataegus cuneata Sieb. et Zucc. 属灌木,分枝密,通常具细刺;叶片宽倒卵形至倒卵状长圆形,先端急尖,基部楔形,下延连于叶柄,边缘有不规则重锯齿,顶端常有3或稀5~7浅裂片;果实近球形或扁球形,直径1~1.2cm,红色或黄色。

以上3种植物均以果实入药,有消食健胃、活血化瘀之功效。

地榆 *Sanguisorba officinalis* L.

多年生草本（图 5-4-31）。根粗壮，多呈纺锤形，稀圆柱形，表面棕褐色或紫褐色，有纵皱及横裂纹，横切面黄白色或紫红色。茎直立，有棱。基生叶为羽状复叶，有小叶4～6对，小叶片有短柄，卵形或长圆状卵形，顶端圆钝稀急尖，基部心形至浅心形，边缘有多数粗大圆钝稀急尖的锯齿；茎生叶较少，长圆形至长圆披针形，狭长，基部微心形至圆形，顶端急尖；基生叶托叶膜质，褐色，茎生叶托叶大，草质，半卵形，外侧边缘有尖锐锯齿。穗状花序椭圆形，圆柱形或卵球形，直立；萼片4枚，紫红色；雄蕊4枚。分布于全国大部分地区，生于干山坡、林缘、草原、草甸、灌木及田边等地。根能清热凉血，收敛止血。

图 5-4-31　地榆
1—植株；2—根；3—花枝；4—花

龙芽草 *Agrimonia pilosa* Ldb.

多年生草本（图 5-4-32）。全株密被淡黄色柔毛。奇数羽状复叶，小叶 5～7 对，间杂有小型叶；小叶片无柄或有短柄，倒卵形，倒卵椭圆形或倒卵披针形，顶端急尖至圆钝，稀渐尖，基部楔形至宽楔形，边缘有急尖到圆钝锯齿；花序穗状、总状顶生，分枝或不分枝，花直径 6～9mm；萼片 5，三角卵形；花瓣黄色，长圆形；雄蕊 5～8～15 枚；果实倒卵圆锥形。全草（仙鹤草）能收敛止血、截疟、止痢、解毒。

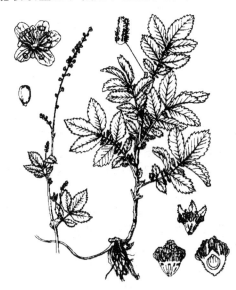

图 5-4-32　龙芽草

杏 *Prunus armeniaca* L.

落叶乔木。叶片宽卵形或圆卵形，先端急尖至短渐尖，基部圆形或渐狭，边缘有圆钝锯齿，叶互生，具长柄（2～3.5cm）无毛，近顶端有 2 个腺体。花单生，先于叶开放；花萼紫绿色；萼筒圆筒形，外面基部被短柔毛；萼片 5，卵形至卵状长圆形；花瓣 5，白色或稍带红色；雄蕊多数。果实球形，白色、黄色至黄红色，常具红晕，微被短柔毛。

同属植物还有**山杏** *Prunus Armeniaca* L. var. *ansu* Maxim.、**西伯利亚杏** *Prunus sibirica* L. 和**东北杏** *Prunus mandshurica* Koehne。

以上 4 种植物均以种仁入药，具有止咳平喘、润肠通便之功效。

梅 *Prunus mume*（Sieb.）Sieb. et Zucc.

落叶小乔木，稀灌木；小枝细长，绿色，光滑无毛。叶片卵形或圆卵形，先端尾尖，基部宽楔形至圆形，叶边常具小锐锯齿，叶柄长1～2cm，近顶端有 2 腺体。花单生或有时 2 朵同生于一芽内，直径 2～2.5cm，先于叶开放；花瓣倒卵形，白色至粉红色；雄蕊短或稍长于花瓣；果实近球形，直径 2～3cm，黄色或绿白色。果实可食、盐渍或干制，或熏制成乌梅入药，有止咳、止泻、生津、止渴之效。

金樱子 *Rosa laevigata* Michx.

常绿攀援灌木（图5-4-33）。有倒钩状皮刺和刺毛。羽状复叶互生；小叶多为3～5片，叶柄有棕色腺点及细刺；托叶呈条形，与叶柄分离，早落；小叶片呈椭圆状卵形或披针形，顶端尖，基部近圆形或宽楔形，边缘具细锐锯齿，无毛，上表面有光泽，下表面沿中脉有刺。花单生于侧枝顶部，花托壶状，密生细刺毛；萼片5，呈卵状披针形，宿存；花瓣5，白色，呈倒广卵形，熟时黄红色，外有直刺，顶端长而扩展或有外弯的宿萼。分布于华东、华中、华南及西南各省。生于向阳多石山坡灌木丛中，果实入药，具有固精缩尿，固崩止带，涩肠止泻之功效。

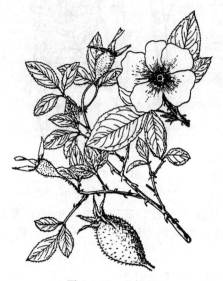

图5-4-33　金樱子

图5-4-34　掌叶覆盆子

掌叶覆盆子 *Rubus chingii* Hu.

落叶灌木（图5-4-34）。枝细圆，红棕色；幼枝绿色，有白粉，具稀疏、微弯曲的皮刺，叶单生或数叶簇生，掌状5裂，罕有3裂，中央1片大，长卵形或长椭圆形，先端渐尖，常呈尾状，两侧裂片较小，常不相等，裂片边缘具重锯齿；主脉5出，上被柔毛，下面叶脉上均有柔毛；叶柄细，有极小的刺；托叶2枚，线状披针形。花单生于小枝顶端，花梗细，花萼5，宿存，卵状长圆形，两面有毛；花瓣5，卵圆形；雄蕊多数，花药丁字着生，2室；雌蕊多数，着生在凸出的花托上。聚合果近球形。果实入药，具有固精、缩尿、益肾之功效。

本科药用植物尚有以下几类：**贴梗海棠** *Chaenomeles speciosa*（Sweet）Nakai、**木瓜** *Chaenomeles sinensis*（Thouin）Koehne，二者果实入药（木瓜），具有和胃化湿，平肝舒筋活络之功效。**翻白草** *Potentilla discolor* Bge.、**委陵菜** *Potentilla chinensis* Ser.，二者均全草入药，具有清热解毒，凉血止痢之功效。**郁李** *Prunus japonica* Thunb. 果仁入药，具有润肠通便之功效。

● 鉴 别 要 点 ●

　　蔷薇科，花托凹凸或平，茎常有刺，叶多具托叶，心皮离生或合生，蓇葖果、瘦果、梨果、核果。苦杏仁止咳，山楂消食。

17. 豆科 Leguminosae（Fabaceae）

草本或木本。根部常有根瘤。茎直立或蔓生，叶常互生；多为羽状或掌状复叶，少为单叶；多具托叶或叶枕（叶柄基部膨大的部分），花两性，花萼5裂，花瓣5，少合生；雄蕊多为10枚，常成二体雄蕊，稀多数；心皮1，子房上位，1室，边缘胎座，胚珠一至多数。荚果。种子无胚乳。

本科为种子植物第三大科，仅次于菊科和兰科，约700余属，18000余种，全球分布。我国有160属，1550种和变种，已知药用约600种。

根据花部特征本科可分为三个亚科：含羞草亚科 **Mimosoideae**、云实（苏木）亚科 **Caesalpinioideae** 和蝶形花亚科 **Papilionoideae**。

豆科三亚科检索表

　　1. 花辐射对称，花瓣镊合状排列，通常在基部以上合生；雄蕊通常为多数，稀与花瓣同数……含羞草亚科（或含羞草科）

　　1. 花两侧对称；花瓣覆瓦状排列；雄蕊定数，通常为10枚。

　　2. 花冠为假蝶形；花瓣上升覆瓦状排列，即最上面的一片花瓣（旗瓣）位于最内方；雄蕊10枚或更少，通常离生……云实亚科（或云实科）

　　2. 花冠蝶形；花瓣下降覆瓦状排列，即最上面的一片花瓣（旗瓣）位于最外方；雄蕊10枚，通常为二体雄蕊……蝶形花亚科（或蝶形花科）

含羞草亚科 Mimosoideae

木本、藤本，稀草本。叶多为二回羽状复叶。花辐射对称；萼片下部多少合生；花瓣与萼片同数，镊合状排列，基部常合生；雄蕊多数，稀与花瓣同数。荚果，有的具次生隔膜。

合欢 *Albizia julibrissin* Durazz.

落叶乔木（图5-4-35）。二回偶数羽状复叶。头状花序于枝顶排成圆锥花序；花粉红色。萼片、花瓣下部合生；雄蕊多数，花丝细长。

分布于南北各地，多栽培。树皮（合欢皮）有安神、活血、消肿止痛作用；花能安神、理气、解郁。

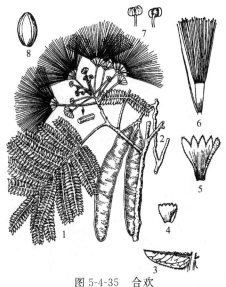

图 5-4-35　合欢
1—花枝；2—果枝；3—小叶放大；4—花萼；
5—花冠；6—雄蕊与雌蕊；7—花药；8—种子

图 5-4-36　决明
1—果枝；2—花；3—雄蕊与雌蕊

云实亚科 Caesalpinioideae

木本、藤本，稀草本。花两侧对称；萼片5，通常分离，有时上方二枚合生；花冠假蝶形，花瓣多5，上升覆瓦状排列（即最上面一片花瓣位于最内方）；雄蕊10或较少，分离或各式联合；子房有时有柄。荚果，常有隔膜。

决明 *Cassia tora* L.

一年生草本（图5-4-36）。偶数羽状复叶，小叶3对。花黄色。种子菱形。分布于长江以南地区。有栽培。种子（决明子）能清肝、明目、通便、降压、降血脂。同属植物国产22种，其中**望江南** *C. occidentalis* L. 小叶3～5对。种子扁卵形，入药能清热明目、健脾、润肠；根能祛风湿；叶捣烂外敷解毒。

皂荚 *Gleditsia sinensis* Lam.

落叶乔木，枝灰色至深褐色；茎粗壮，常分枝，多呈圆锥状。叶一回羽状复叶，长10～26cm，小叶2（3）～9对，纸质，卵状披针形。分布南北各地，多栽培。果实（皂荚）扁条形，紫棕色，入药能祛痰开窍、散瘀消肿。皂荚树因衰老或受外伤等影响而结出的畸形小荚果，药材称猪牙皂，功用同皂荚。皂荚树上的棘刺（皂荚刺）能活血消肿、排脓通乳。

蝶形花亚科 Papilionoideae

草本、灌木或乔木。单叶、三出复叶或羽状复叶；常有托叶和小托叶。花两侧对称；花萼5裂；蝶形花冠，花瓣5，下降覆瓦状排列（即最上面一片花瓣，排列于最外方，为旗瓣）；侧面2片为翼瓣，被旗瓣覆盖；位于最下的2片其下缘稍合生而成龙骨瓣。雄蕊10，常为二体雄蕊，成（9）＋1，或（5）＋（5）两组，也有10个全部连合成单体雄蕊，或全部分离。荚果，有时为节荚果。

甘草 *Glycyrrhiza uralensis* Fisch.

多年生草本（图5-4-37）。根与根茎味甜。花蓝紫色。荚果镰刀状或环状，密被刺状腺毛。分布于华北、西北、东北地区。根及根茎能补脾、润肺、解毒、调和诸药。同属植物国产10余种，其中：**光果甘草**（*G. glabra* L.）和**胀果甘草**（*G. inflata* Bat.）的根及根茎

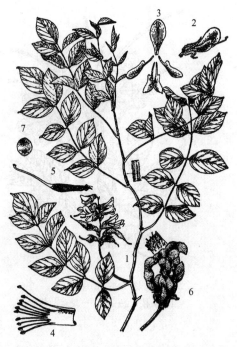

图 5-4-37　甘草

1—花枝；2—花的侧面观；3—花剖开后，示旗瓣、翼瓣和龙骨瓣；4—雄蕊；5—雌蕊；6—果序；7—种子

图 5-4-38　膜荚黄芪

亦作甘草药材用。

膜荚黄芪 *Astragalus membranaceus*（Fisch.）Bunge

多年生草本（图5-4-38）。奇数羽状复叶，小叶6~13对。蝶形花冠黄色。荚果膜质，膨胀，被黑色短柔毛。分布于东北、华北、西北、西南等地区。根（黄芪）能补气固表、托疮生肌、利水。同属植物国产130种，其中**内蒙黄芪** *Astragalus mongholicus* Bunge 小叶12~18对。子房与荚果无毛。分布于内蒙古、吉林、山西、河北等省区。根亦作黄芪药材用。

商品药材红芪是同科植物**多序岩黄芪** *Hedysarum polybotrys* Hand.-Mazz. 的根，主产于甘肃，功效似黄芪。

槐 *Sophora japonica* L.

落叶乔木。奇数羽状复叶，小叶9~15。荚果连珠状。我国大部分地区有栽培。花蕾（槐米）、花（槐花）均能凉血止血，并可提取芦丁；果实称槐角，能清热泻火、凉血止血。槐属植物国产约有20种，其中**苦参** *S. flavescens* Ait.，多年生草本。小叶6~12对，叶尖端钝或急尖，基部宽楔形或浅心形，上面无毛，下面疏被灰白色短柔毛或近无毛。荚果条形，略呈串珠形。南北各地均有分布。根能清热燥湿、利尿、杀虫。

野葛 *Pueraria lobata*（Willd.）Ohwi

藤本，全体被黄色长硬毛。块根肥厚。三出复叶。花冠蓝紫色。全国大部分地区有分布。根（葛根）能解表清热、透疹止泻、生津止渴，并有增加脑冠状动脉血流量的作用；未完全开放的花（葛花）能治头痛，呕吐和解酒毒。葛属植物国产12种，其中**甘葛藤** *P. thomsonii* Benth. 的根习称粉葛，也作葛根药材入药。

补骨脂 *Psoralea corylifolia* L.

一年生草本。单叶，互生。荚果扁肾形，具种子1枚。主产于四川、河南、陕西、安徽等省。多栽培。果实能补肾壮阳、暖脾止泻。

密花豆 *Spatholobus suberectus* Dunn

木质大藤本。老茎砍断后有鲜红色汁液流出，种子1枚。分布于广东、广西、云南。茎藤（鸡血藤）能补血活血、舒经通络。同属植物国产6种。

豆科药用植物种类较多，较重要的还有**农吉利** *Crotalaria sessiliflora* L.、**葫芦巴** *Trigonella foenum-graecum* L.、**柔枝槐**（广豆根）*Sophora subprostrata* Chun et T. Chen、**广金钱草** *Desmodium stytracifolium*（Osbeck）Merr.、**白扁豆** *Dolichos lablab* L.、**赤小豆** *Phaseolus calcaratus* Roxb.、**赤豆** *P. angularis* Wight 等。

豆科，单或复叶，具叶枕，雄蕊二体，心皮仅一枚，边缘胎座，荚果，根结瘤。根据花冠雄蕊类型分亚科。

18. 芸香科 Rutaceae

多木本，稀草本。叶或果实上常有透明油点（腺点），多含挥发油。叶互生或对生，复叶或单身复叶，无托叶。花辐射对称，两性，稀单性，单生或簇生，或排成总状花序、聚伞花序、圆锥花序；萼片3~5，花瓣3~5，雄蕊与花瓣同数或为其倍数，外轮雄蕊常与花瓣对生；花盘发达。子房上位；蓇葖果、蒴果、核果或柑果，稀翅果。

本科约150属，1700种，分布于热带、亚热带和温带。我国有29属，150余种，已知药用100余种，主产南方。

橘 *Citrus reticulata* Blanco

常绿小乔木或灌木（图 5-4-39），常有枝刺。单身复叶，小叶披针形至卵状披针形，互生，革质，具透明油室。花单生或簇生于叶腋，黄白色。柑果扁球形，果皮密布油点。长江以南地区广泛栽培，品种甚多。果实为著名水果，其各部分均可入药：果皮（陈皮）能理气化痰，和胃降逆；中果皮与内果皮之间的维管束群称橘络，能通络化痰；种子（橘核）能理气，止痛，散结；幼果或幼果果皮（青皮）能疏肝理气，散结化滞。

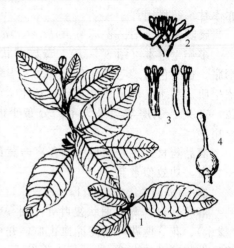

图 5-4-39　橘
1—花枝；2—花；3—雄蕊；4—雌蕊

同属植物我国包括引入栽培的共 15 种，其中**酸橙** *C. aurantium* L. 属常绿小乔木。小枝三棱形，具刺。单生复叶，互生，革质，具透明油点，叶柄翅倒心形。花单生或簇生于叶腋或新生枝顶端，白色，芳香。柑果近球形。长江流域及其以南地区有栽培。5～6 月间采摘或自然脱落的幼小果实（枳实）能破气消积，化痰除痞；近成熟的果实横切两半称"枳壳"，功效同枳实，但破气之功较弱。酸橙之变种**代代花** *C. aurantium* L. var. *amara* Engl. 主产江苏、浙江、广东、贵州等地，其近成熟的果实亦作"枳壳"入药。

黄檗（关黄柏）*Phellodendron amurense* Rupr.

落叶乔木（图 5-4-40）。树皮具不规则网状深沟，木栓层厚而软，内皮鲜黄色。奇数羽状复叶，对生，小叶片卵形或卵状披针形，叶缘具细锯齿，齿间具腺点，主脉基部两侧密被柔毛。聚伞花序，雌雄异株；花小，黄绿色。浆果状核果呈球形，熟时紫黑色。分布于东北、华北及宁夏等地。有栽培。除去栓皮的树皮（关黄柏）能清热泻火，燥湿解毒。

同属植物**黄皮树**（川黄柏）*P. chinense* Schneid. 分布于四川、贵州、云南、湖北、陕西等地，其树皮也做"黄檗"用。

吴茱萸 *Evodia rutaecarpa* (Juss.) Benth.

落叶灌木或小乔木（图 5-4-41）。幼枝紫褐色，连同叶轴及花序轴均被有锈色长柔毛。奇数羽状复叶对生，小叶 5～9，椭圆形，背面密被白色柔毛，并有粗大透明腺点。雌雄异

图 5-4-40　黄檗

图 5-4-41　吴茱萸

株，聚伞圆锥花序顶生，花白色。蓇葖果扁球形，开裂成 5 瓣，呈膏葖果状，有强烈香气。每分果含种子一枚，黑色，有光泽。分布于陕西、甘肃、贵州、湖南、云南、四川、广西等地。贵州、广西产量较大，湖南常德产质量最好。未成熟果实能散寒止痛，降逆止呕，助阳止泻。

同属植物国产有 25 种，其中**疏毛吴茱萸** *E. rutaecarpa*（Juss.）Benth. var. *bodinieri* (Dode) Huang.、**石虎** *E. rutaecarpa*（Juss.）Benth. var. *officinalis* (Dode) Huang. 的果实亦可做"吴茱萸"用。

芸香 *Ruta graveolens* L.

多年生木质草本，高 70～100cm，有强烈的气味，茎叶呈蓝绿色，各部无毛而有油点。叶二至三回羽状全裂或深裂，长 7～12mm，宽 4mm，全缘，上面密被透明油点。聚伞花序顶生；花金黄色；萼片 4；花瓣 4，边缘细裂呈须状；雄蕊 8，花药椭圆形；雌蕊由 4 个心皮组成，4 室，每室有胚珠数枚。膏葖果，圆形，表面有油点，成熟时顶端开裂。花期 5～6 月，果熟期 7～8 月。原产欧洲南部，我国南部常见栽培。

全草含挥发油及芸香苷，果、叶含茴芋碱等多种生物碱；枝叶可作调香原料；全草入药，有驱风镇痉、通经、杀虫之效。

•◦鉴别要点◦•

芸香科，木本，常带香辣气，单、复叶，有腺点，缺托叶，果序各式，核果、柑果、蓇葖果、膏葖果。陈皮理气，黄柏味极苦。

19. 楝科 Meliaceae

木本，叶常互生，多为羽状复叶，无托叶。花多两性，辐射对称，集成圆锥花序；萼片 4～5，稀 6，下部通常合生；花瓣 4～5，稀 3～10，分离或基部合生；雄蕊 8～10，花丝合生成管状；具花盘或缺；子房上位，心皮 2～5，2～5 室，每室胚珠 1～2，稀更多。蒴果、浆果或核果。

本科约 50 属 1400 种，主要分布于热带和亚热带。我国有 15 属约 60 种，已知药用 20 余种，主产于长江以南各省区。

本科植物含有三萜类化合物及香豆素。如楝、川楝的树皮和根皮中含有的川楝素，具有驱蛔作用。

楝树（苦楝）*Melia azedarach* L.

落叶乔木（图 5-4-42）。二至三回奇数羽状复叶，小叶边缘有钝锯齿。核果球形，直径 1.5～2cm。分布于黄河以南各地。根皮和树皮（苦楝皮）能清热燥湿、杀虫。

同属植物**川楝** *M. toosendan* Sieb. et Zucc. 小叶全缘或有不明显疏锯齿。核果较大。分布于四川、贵州、云南、湖南、湖北、河南、甘肃等省。果实（川楝子）能利气止痛、杀虫；树皮和根皮功用同苦楝皮。

图 5-4-42 楝树

1—花枝；2—果枝；3—花萼及雌蕊；4—雄蕊管剖开；5—雄蕊管顶端；6—雄蕊管顶端的内侧，示花药与裂片互生

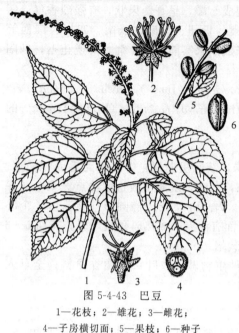

图 5-4-43 巴豆
1—花枝;2—雄花;3—雌花;
4—子房横切面;5—果枝;6—种子

20. 大戟科 Euphorbiaceae

木本或草本,常含有乳汁。多单叶,互生,间有对生;叶基部常有腺体;托叶早落或缺。花单性,雌雄同株或异株;排成穗状、总状、聚伞或杯状聚伞花序;萼片 2~5,稀 1 或缺;无花瓣或稀有花瓣;有花盘或腺体;雄蕊多数,或仅 1 枚,花丝分离或连合;子房上位,心皮 3,组成 3 室,每室胚珠 1~2;蒴果,少数为浆果或核果。种子具胚乳。

本科约 300 属 8000 余种,广布于全世界,主产热带。我国约有 66 属 360 种,已知药用约 160 种。

巴豆 *Croton tiglium* L.

常绿小乔木(图 5-4-43)。幼枝、叶有星状毛。花单性,雌雄同株。蒴果卵形。分布于长江以南各地,野生或栽培。种子有大毒,能泻下祛积、逐痰行水。根可治风湿性腰腿痛和跌打损伤,叶可治蛇伤或作杀虫剂。

同属植物国产 19 种,其中**毛果巴豆** *Croton lachynocarpus* Benth. 产我国南方,其根可药用,有小毒,能祛寒驱风、散瘀活血。**鸡骨香** *Radix Croton* Crassifolus 其根有行气止痛、舒筋活络之功效。

蓖麻 *Ricinus communis* L.

图 5-4-44 蓖麻
1—果株;2—花株的上部;3—未开放的雄花;
4—雄花;5—花药;6—雌花;7—子房横切;
8—蒴果;9—无刺的蒴果;10—种子

图 5-4-45 大戟
1—花枝;2—杯状花序;
3—果实;4—根

高大草本（图5-4-44）。叶掌状深裂。雌雄同株。蒴果有软刺。种子椭圆形，一端有种阜，具斑纹。我国各地均有栽培。种子经冷榨所得的油为蓖麻油，内服有泻下通便作用；种仁捣烂外用，能拔毒提脓、泻下通滞。

大戟 *Euphorbia pekinensis* Rupr.

多年生草本（图5-4-45），植物体有白色乳汁。花序特异，是由多数杯状聚伞花序排列而成的多歧聚伞花序：总花序通常5歧聚伞状，有5伞梗，基部各生一叶状苞片，轮生；每伞梗再作3～4歧聚伞状，有3～4小伞梗，基部有苞片3～4枚；每小伞梗又作一至多回二歧聚伞状分枝，分枝基部有小叶状苞1对，分枝顶端着生杯状聚伞花序；杯状聚伞花序外围有杯状总苞，总苞4～5浅裂，有4枚肥厚肾形腺体；总苞内有多数雄花和1雌花，雄花集成蝎尾状聚伞花序，无花被，仅具1雄蕊，花丝和花柄间有关节；雄花仅有雌蕊1枚，单生于杯状总苞的中央，具长柄，无花被，子房上位，3心皮合生成3室，每室胚珠1。分布于我国各地。根有毒，能消肿散结、泻水逐饮。

同属植物国产60余种。其中较重要的药用植物还有**甘遂** *E. kansui* Liou、**续随子** *E. lathyris* L.、**地锦** *E. humifusa* Willd 等。

> **鉴别要点**
>
> 大戟科，有乳汁，叶互生，腺体常见单性花，缺花被，聚伞花序结3室蒴果。巴豆、蓖麻有毒，可逐水。

21. 鼠李科 Rhamnaceae

木本，稀草本，常具枝刺或托叶刺。单叶，互生或对生，羽状脉或3～5基出脉；托叶小，常脱落。花小，两性，稀单性，辐射对称；通常排成聚伞花序；萼片4～5裂，合生，花瓣4～5或缺；雄蕊4～5，与花瓣对生。花盘肉质；子房上位，埋藏于肉质花盘中，心皮2～4，合生，2～4室，每室胚珠1。核果、蒴果或翅果。

本科58属，约900种，分布温带及热带。我国有14属，约130种，已知药用76种，南北均有分布，主产长江以南地区。

枣 *Ziziphus jujuba* Mill.

落叶乔木或灌木。小枝红褐色，具刺。单叶互生，长圆状卵形或披针形，基生三出脉。聚伞花序，腋生，花黄绿色；花盘肉质圆形，子房下部与花盘合生。核果红色，中果皮肉质而肥厚，味甜，果核两端尖锐。全国各地均有栽培，主产于河北、河南、山东、山西、陕西、甘肃、内蒙古等省区。果实入药称大枣，能补脾和胃，养气安神。

酸枣 *Z. jujuba* Mill. var. *spinosa* (Bunge) Hu ex H. F. Chow

落叶灌木（图5-4-46）。叶、果实较枣小。果实味酸，果核两端钝。小枝有刺两种，一种为针状直形的，另一种为向下反曲。叶椭圆形至卵状披针形，基生三出脉。分布于辽宁、内蒙古、河北、山东、山西、河南、陕西、甘肃、宁夏、新疆、江苏、安徽等省区。种仁入药称酸枣仁，能补肝、宁心、敛汗、生津。

本科药用植物还有**枳椇** *Hovenia dulcis* Thunb. 落叶乔木，聚伞花序，果成熟时花序轴肉质扭曲，味甜。

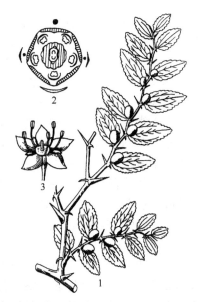

图 5-4-46　酸枣
1—果枝；2—鼠李科花图式；3—花

分布于华东、中南、华北、西北和西南各省区。北方以枳椇果实连同肥厚肉质的花序轴（拐枣）供药用或作水果食用；南方则用种子（枳椇子）入药，能解酒毒，止吐，利尿。

● 鉴 别 要 点 ●

鼠李科多木本，常有刺，叶脉细密，平行叶互生，聚伞花序，子房埋花盘中。大枣补气，酸枣仁安神。

22. 锦葵科 Malvaceae

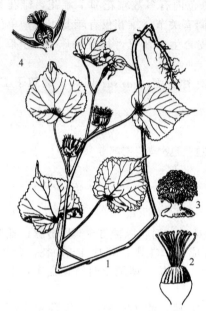

图 5-4-47　苘麻
1—植株；2—雌蕊；3—雄蕊；4—雌蕊纵切

草本或木本，体内富纤维，有的具黏液，表面常有星状毛。单叶互生，常掌状分裂；有托叶，早落。花两性，辐射对称，单生或成聚伞花序；萼片通常 5，离生或合生，镊合状排列，其下常有 3 至多数小苞片（副萼）；花瓣 5，旋转状排列；雄蕊多数，花丝连合成管状（单体雄蕊）；心皮 3 至多数，合生或分离，轮状排列。子房上位，3 至多室，每室一至多数胚珠，中轴胎座，花柱与心皮同数或为其 2 倍。蒴果或分果，稀浆果。

本科约 50 属 1000 余种，分布于温带及热带。我国 17 属约 80 种，已知药用约 60 种，分布南北各地。

苘麻 *Abutilon theophrasti* Medic.

一年生草本（图 5-4-47）。茎有柔毛。花黄色，蒴果半球形，分果呈 15～20。种子圆肾形，黑色。全国多数省区有分布。种子能润肠通便、利尿、通乳，部分地区作冬葵子药材用。全草也可药用，能解毒祛风。同属植物国产 9 种。

冬葵（野葵）*Malva verticillata* L.

二年生草本。茎有星状长柔毛，叶掌状 5～7 浅裂。花小，淡红色，丛生于叶腋。蒴果扁圆形，熟时心皮分离成 10～20 瓣。分布于东北、华北、西北、西南、华中等地。果实（冬葵果）能清热利尿、消肿。

木芙蓉 *Hibiscus mutabilis* L.

落叶灌木（图 5-4-48）。花大，秋季开放，白色或粉红色。我国多数地区有栽培。叶、花和根皮能清热解毒，散瘀止血，消肿排脓。

同属植物国产约 20 种，其中**木槿** *H. syriacus* L. 属落叶灌木或小乔木。我国南部有野生或栽培。茎皮和根皮（川槿皮）有杀虫、止痒、止血作用。花能清热解毒、止痢。果实（朝天子）能清肝化痰、解毒止痛。

本科较重要的药用植物还有**草棉** *Gossypium herbaceum* L. 主产西北地区。根（棉花根）能补气、止咳、平喘；种子（棉籽）能强腰膝、止血、催乳。**陆地棉** *G. hirsutum* L. 在我国广泛栽培。功用同草棉。

图 5-4-48　木芙蓉

23. 堇菜科 Violaceae

草本，单叶互生或基生。花两性，两侧对称，稀辐射对称，花瓣5片，基部1枚有距，雄蕊5枚，与花瓣互生，雌蕊子房上位，三心皮合生成一室，侧膜胎座；蒴果。本科有22属、900种，广布温带及热带地区。我国有4属、125种，南北均有分布。

紫花地丁 *Viola philippica* Cav.

多年生草本（图5-4-49），株高约10cm。地下茎短，无匍匐枝；叶基生，矩圆状披针形，基部近截形或浅心形而稍下延于叶柄上部，顶端钝，长为3～5cm；花两侧对称，具长梗，萼片5片，卵状披针形，花瓣5片，淡紫色，最下一瓣基部延长成距，距管状，常向顶部渐红，长为4～5mm，直或稍下弯；果椭圆形，长约1.5mm，无毛。

全草均入药，性寒，味微苦，清热解毒、凉血消肿。药用主治：黄疸、痢疾、乳腺炎、目赤肿痛、咽炎；外敷治跌打损伤、痈肿、毒蛇咬伤等。

图 5-4-49　紫花地丁

本科药用植物还有**蔓茎堇菜** *V. diffusa* Ging，全草入药，能清肺化痰、消肿排脓。

24. 五加科 Araliaceae

图 5-4-50　刺五加
1—花枝；2—果序

木本、藤本或多年生草本。茎有时具刺。叶多互生，掌状复叶、羽状复叶，或为单叶（多掌状分裂）。花两性，稀单性或杂性；花小，辐射对称，伞形花序，或再集合成圆锥状或总状复合花序；花萼小，或具小形萼齿5枚；花瓣5、10，分离，有时顶部连合成帽状；雄蕊与花瓣同数，互生，稀为花瓣的二倍或更多；花盘位于子房顶部；子房下位，心皮1～15，合生，常2～5室，每室有1倒生胚珠。浆果或核果；种子有丰富的胚乳。

本科约80属，900余种，分布于热带和温带地区；我国23属160余种，药用19属，110余种。

刺五加 *Acanthopanax senticosus* (Rupr. et Maxim.) Harms

落叶灌木（图5-4-50），茎枝直立，密生细针状刺。掌状复叶互生，叶下面脉腋密生黄褐色毛。伞形花序生于茎顶，花多而密；花黄色；花柱 5，合生成柱状。浆果状核果，紫黑色，干后有 5 棱，先端具宿存花柱。分布于东北、华北。根、根状茎、茎皮入药，有人参样作用，能益气健脾，补肾安神。叶及果实亦可入药。

人参 *Panax ginseng* C. A. Meyer

多年生草本（图 5-4-51）。根状茎（芦头）结节状；主根粗壮，圆柱形，肉质。掌状复叶，小叶常 5，上面脉上疏生刚毛，下面无毛，叶缘有细锯齿。伞形花序顶生；花小，花萼、花瓣各 5，淡黄绿色。核果浆果状，扁球形，成熟时鲜红色。分布于东北，野生于阔叶林或针阔混交林，现多栽培。根、茎、叶、花和果含多种人参皂苷。根为著名的滋补强壮药，能补气固脱，生津安神。

三七 *P. notoginseng* (Burk.) F. H. Chen

多年生草本（图 5-4-52）。主根粗壮，倒圆锥形或短柱形，肉质，具疣状突起的分枝。掌状复叶，小叶 3～7，两面脉上密生刚毛。伞状花序顶生，具 80 朵以上小花。主要栽培于云南、广西。现四川、江西、湖北、广东、福建等地也有栽培。根（三七、田七）能活血散瘀，止血，消肿，止痛，滋补强壮。

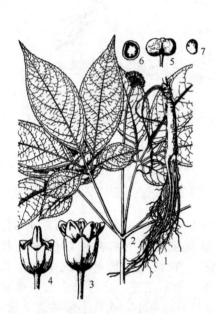

图 5-4-51　人参
1—根的全形；2—花枝；3—花；4—去花瓣
及雄蕊后，示花柱及花盘；5—果实；
6—种子；7—胚体

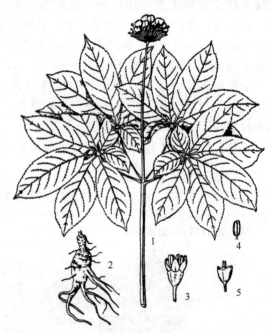

图 5-4-52　三七
1—植株上部；2—根茎及根；3—花；
4—雄蕊；5—花萼及花柱

通脱木 *Tetrapanax papyrifera* (Hook.) K. Koch. 落叶灌木，茎干粗壮。叶大，掌状 5～11 裂，下面密披黄色星状毛。伞形花序集成圆锥状。分布于长江流域及以南各省。茎髓白色，入药称"通草"或"大通草"，能清热利尿，通气下乳。

　　五加科，木本多，草本少，掌状单叶或复叶常见，伞形花序子房为下位。人参补气，三七止血强。

25. 伞形科 Umbelliferae

一年生至多年生草本，稀亚灌木，具芳香气味。茎空心或有髓，常有棱。叶互生，叶片通常分裂或多裂，1回掌状分裂或1~4回羽状分裂的复叶，或1~2回三出式羽状分裂的复叶，很少为单叶；叶柄基扩展成鞘状抱茎。伞形或复伞形花序，稀头状花序；花小，两性，花萼与子房贴生，萼齿5或无；花瓣5，雄蕊5，与花瓣互生。子房下位，2室，每室1的胚珠，双悬果。

全世界约200余属，2500种，广布于全球温热带。我国约90余属。

当归 *Angelica sinensis* (Oliv.) Diels.

多年生草本（图5-4-53）。根圆柱状，分枝，有多数肉质须根，黄棕色，有浓郁香气。茎直立，绿白色或带紫色，有纵深沟纹，光滑无毛。叶三出式二至三回羽状分裂，叶柄长，基部膨大成管状的薄膜质鞘，紫色或绿色，基生叶及茎下部叶轮廓为卵形，长8~18cm，宽15~20cm，小叶片3对，下部的1对小叶柄长0.5~1.5cm，近顶端的1对无柄，末回裂片卵形或卵状披针形，边缘有缺刻状锯齿，齿端有尖头；茎上部叶简化成囊状的鞘和羽状分裂的叶片。复伞形花序，密被细柔毛；总苞片2，线形，或无；花白色。果实椭圆形至卵形，侧棱成宽而薄的翅，翅边缘淡紫色。根入药，具有补血活血、调经止痛、润肠通便等功效。

白芷 *Angelica dahurica* (Fisch. ex Hoffm.) Benth. et Hook. f. ex Franch. et Sav.

多年生高大草本（图5-4-54）。根圆柱形，有分枝，外表皮黄褐色至褐色，有浓烈气味。茎基部通常带紫色，中空，有纵长沟纹。基生叶一回羽状分裂，有长柄，叶柄下部有管状抱茎边缘膜质的叶鞘；茎上部叶二至三回羽状分裂，叶片轮廓为卵形至三角形，叶柄下部为囊状膨大的膜质叶鞘，常带紫色；末回裂片长圆形，卵形或线状披针形，多无柄，急尖，边缘有不规则的白色软骨质粗锯齿，具短尖头，基部两侧常不等大，沿叶轴下延成翅状；花序下方的叶简化成无叶的、显著膨大的囊状叶鞘，外面无毛。复伞形花序顶生或侧生，花序梗、伞辐和花柄均有短糙毛；总苞片通常缺或有1~2，呈长卵形膨大的鞘；小总苞片五至十余，

图 5-4-53　当归
1—果枝；2—根；3—叶

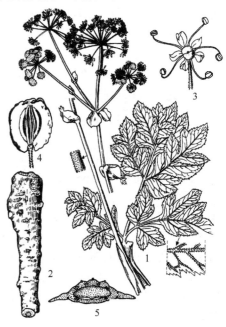

图 5-4-54　白芷
1—花、果枝；2—根；3—花
4—果实；5—分果横切面

图 5-4-55　柴胡（北柴胡）
1—花枝；2—地下部分；3—小花序；4—花；5—花瓣；
6—雄蕊；7—果实；8—果实横切面；9—小总苞

线状披针形，膜质，花白色；双悬果黄棕色，有时带紫色。产于我国东北及华北地区。常生长于林下，林缘，溪旁，灌丛及山谷草地。目前国内北方各省多栽培供药用。根入药，具有解表散寒，祛风止痛，通鼻窍，燥湿止带，消肿排脓的功效。

北柴胡 *Bupleurum chinense* DC.

多年生草本（图 5-4-55）。主根较粗大，棕褐色，质坚硬。茎单一或数茎，表面有细纵槽纹，实心，上部多回分枝，微作之字形曲折。基生叶倒披针形或狭椭圆形，顶端渐尖，基部收缩成柄，早枯落；茎中部叶倒披针形或广线状披针形，顶端渐尖或急尖，有短芒尖头，基部收缩成叶鞘抱茎，叶表面鲜绿色，背面淡绿色，常有白霜；茎顶部叶同形，但更小。复伞形花序很多，形成疏松的圆锥状；总苞片 2～3，或无，甚小，狭披针形，花直径 1.2～1.8mm；花瓣鲜黄色，果广椭圆形，棕色，两侧略扁，棱狭翼状，淡棕色。根入药，能疏肝解郁，疏散退热，升举阳气。

狭叶柴胡 *Bupleurum scorzonerifolium* Willd 根（南柴胡）功效同北柴胡。

本科植物在国民经济中有着一定的作用。在药用方面著名的中药材还有 **川芎** *Ligusticum chuanxiong* Hort.、**前胡** *Peucedanum praeruptorum* Dunn、**防风** *Saposhnikovia divaricata*（Turcz.）Schischk.、**独活** *Heracleum hemsleyanum* Diels、**藁本** *Ligusticum sinense* Oliv.、**明党参** *Changium smyrnioides* Wolff.、**羌活** *Notopterygium incisum* Ting ex H. T. Chang、**北沙参** *Glehnia littoralis* Fr. Schmidt ex Miq. 等，这些种类在国内外市场上享有较高的声誉。

● **鉴别要点** ●

伞形科草本含挥发油，叶柄膨大，茎中空，具棱，伞形花序，2 室，双悬果。当归活血，柴胡能解表。

26. 夹竹桃科 Apocynaceae

乔木、灌木、藤本或草本，具乳汁或水液。单叶对生或轮生，全缘，常无托叶。花两性，辐射状对称，单生或成聚伞花序及圆锥花序；萼 5 裂，下部成筒状或钟状，基部内面常有腺体；花冠 5 裂，高脚碟状、漏斗状、坛状或钟状，裂片旋转状排列，花冠喉部常有鳞片状或毛状附属物，有时具副花冠；雄蕊 5 枚，着生花冠上或花冠喉部，花药常呈箭头状；有花盘；子房上位，2 心皮离生或合生，1～2 室，中轴或侧膜胎座，胚珠一至多数；柱头头状、环状或棍棒状。果实多为 2 个并生蓇葖果，少为核果、浆果或蒴果。种子一端常具毛或膜翅。

本科 250 属 2000 余种，主要分布于热带、亚热带地区，少数在温带地区。我国 46 属 176 种，主要分布于南部各省区。已知药用 95 种。

萝芙木 *Rauvolfia verticillata*（Lour.）Baill.

小灌木（图 5-4-56）。单叶对生或轮生。花冠白色。核果卵形，离生，熟时由红变黑色。产于华南、西南地区。全株能镇静、降压、活血止痛、清热解毒，常作提取降压灵和利血平的原料。同属植物我国产 9 种 4 变种，大多可作药用。

图 5-4-56　萝芙木
1—花枝；2—花；3—花冠展开；4，5—雄蕊；6—雌蕊；
7—果实纵切示胚的着生位置；8—果序

图 5-4-57　罗布麻

长春花 *Catharanthus roseus*（L.）G. Don

多年生草本，具水液。叶对生。花冠红色。蓇葖果双生。种子具小瘤状突起。原产非洲，我国长江以南地区有栽培。全株能抗癌、抗病毒、利尿、降血糖。为提取长春碱和长春新碱的原料。

罗布麻 *Apocynum venetum* L.

亚灌木（图 5-4-57）。枝条带红色。叶对生。花冠紫红色或粉红色。蓇葖果长条形，下垂。产于长江以北地区。全草能清热平肝、安神、强心、利尿、降压、平喘。同属植物我国 3 种，全部入药。

络石 *Trachelospermum jasminoides*（Lindl）Lem.

木质藤本。花冠白色。蓇葖果二叉状。种子顶端有毛。全国各地有分布。茎叶能祛风通络、活血止痛，用于治疗风湿性关节炎、跌打损伤等。本属植物我国有 10 种。

黄花夹竹桃 *Thevetia peruviana*（Pers）K. Schum.

小乔木。叶长圆状披针形。花黄色。原产美洲热带，我国南方各省有栽培。全株有毒，有强心、利尿、消肿作用。可提取多种强心苷。

本科药用植物还有**羊角拗** *Strophanthus divaricatus*（Lour）Hook. et Arn. 种子及叶入药，能强心、消肿、杀虫、止痒。**杜仲藤** *Parabarium micranthum*（DC.）Pierre 树皮（红杜仲）能祛风活络、强筋壮骨。

夹竹桃科含乳汁，单叶对生或轮生，花冠裂片旋卷状。箭形花药可确认。

27. 旋花科 Convolvulaceae

常为缠绕性草质藤本，有时含乳状汁液。单叶互生，无托叶。花两性，辐射对称，单生或成聚伞花序；萼片 5 枚，常宿存；花冠合瓣，漏斗状、钟状或坛状，全缘或微 5 裂，开花前成旋转状；雄蕊 5 枚，着生于花冠管上；子房上位，常被花盘包围，2 心皮合生，1～2 室，有时因假隔膜而成 4 室，每室胚珠 1～2 枚。蒴果，稀浆果。

本科 56 属，1800 种，广布于全世界，主产美洲和亚洲热带、亚热带地区。我国 22 属，128 种。已知药用 16 属，54 种。

牵牛（裂叶牵牛）*Pharbitis nil* (L.) Choisy

一年生缠绕生草本（图 5-4-58），全株被毛。单叶互生，掌状 3 裂；聚伞花序腋生，通常有花 1～3 朵；花多单生，花冠漏斗状，浅蓝色或紫红色；雄蕊 5 枚，子房上位，3 室，每室有胚珠 2 枚；蒴果球形；种子卵状三棱形，黑褐色或淡黄白色。全国大部分地区有分布或栽培。种子（牵牛子）黑色的称"黑丑"，淡黄白色的称"白丑"，能逐水消肿，杀虫攻积。

同属植物**圆叶牵牛** *P. purpurea* (L.) 叶心形，其种子功用同牵牛。

菟丝子 *Cuscuta chinensis* Lam.

一年生缠绕性寄生草本（图 5-4-59）。茎纤细，黄色，叶退化成鳞片状；花簇生成球形，花萼 5 裂；花冠黄白色，壶状，5 裂；雄蕊 5；子房上位，2 室，花柱 2；蒴果成熟时被花冠全部包住，盖裂；种子 2～4 裂。分布于我国大部分地区。常寄生在豆科、藜科、蓼科、菊科等多种草本植物上。种子能补肝肾，益精，安胎。

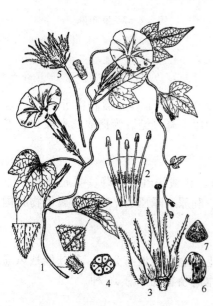

图 5-4-58　牵牛
1—花枝；2—花冠筒部展开示雄蕊；3—萼片
展开示雄蕊；4—子房横切面；5—花序
6—种子；7—种子横切

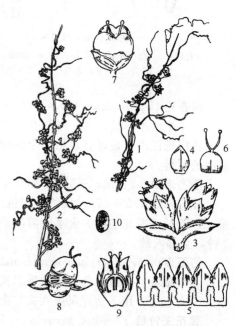

图 5-4-59　菟丝子
1—花枝；2—果枝；3—花；4—花萼；
5—花冠展开示雄蕊；6—雌蕊；7—果实；
8—果实横切；9—果实纵切；10—种子

同属植物**日本菟丝子** *C. japonica* Choisy 和**南方菟丝子** *C. australis* R. Br. 种子亦可作菟丝子入药。

　　旋花科藤本常缠绕，单叶互生，无托叶，两性花辐射排，冠生雄蕊有 5 枚，子房上位，蒴果。

28. 紫草科 Boraginaceae

多为草本，常密被粗硬毛。单叶互生，稀对生，常全缘。花两性，辐射对称，稀两侧对称，多为单歧聚伞花序；萼片5，分离或基部合生；花冠5裂，成管状、辐射状或漏斗状，喉部常有附属物；雄蕊与花冠裂片同数而互生，着生花冠管上；子房上位，2心皮合生，2室，每室2胚珠，有时4深裂而成假4室，每室1胚珠；花柱单一，着生于子房顶部或4深裂子房的中央基部。小坚果或核果。

本科约100属，2000种，分布于温带和热带地区，以地中海区域较多。我国51属，210种，各地均产，以西北、西南地区种类较多。已知药用22属，62种。

紫草（硬紫草）*Lithospermum erythrorhizon* Sieb. et Zucc.

多年生草本（图5-4-60），高50~90cm。全株被白色糙状毛；根肥厚粗长，紫红色；叶互生，无柄，披针形，全缘；聚伞花序茎顶集生；花冠白色，5裂，管口有5个小鳞片；雄蕊5；子房4深裂，花柱基底着生；小坚果4枚，包于宿存增大的萼中。全国大部分地区有分布。根入药，具有清热凉血、解毒透疹等功效。

新疆紫草（软紫草）*Arnebia euchroma* (Royle) Johnst.

多年生草本（图5-4-61），高15~40cm。全株被白色或淡黄色粗毛；花冠紫色；小坚果具瘤状突起。分布于甘肃、新疆、西藏。根入药，功效同硬紫草。

图5-4-60　紫草

图5-4-61　新疆紫草
1—根；2—花；3—花枝；4—花冠展开示雄蕊

本属植物我国有5种，其中**内蒙紫草** *A. guttata* Bunge 根也作"软紫草"用。

　　紫草科，草本，被硬毛，单叶互生、为全缘，花萼5枚，冠5瓣，喉部常有附属物。两个心皮4深裂，复雌蕊，生4坚果。

29. 唇形科 Labiatae

多为草本，常含挥发油而有香气。茎四棱。叶对生，单叶，少复叶。花两性，两侧对称，轮伞花序，常再成穗状或总状、圆锥状、头状排列，花萼分裂宿存，花冠唇形，少为假单唇形（上唇很短，2裂，下唇3裂，如筋骨草属）或单唇形，雄蕊通常4枚，2强或仅2；

子房上位，心皮 2，合生，4 深裂成假 4 室，每室胚珠 1。果实为 4 枚小坚果。

约 220 属 3500 种，分布于全世界，我国 99 属 808 种，全国各地均有分布，已知药用 75 属 436 种。

丹参 *Salvia miltiorrhiza* Bunge

多年生直立草本（图 5-4-62）；根肥厚，肉质，外面朱红色，内面白色。茎四棱形，具槽，密被长柔毛，多分枝。奇数羽状复叶，小叶 3～5（7），密被向下长柔毛，卵圆形或椭圆状卵圆形或宽披针形，先端锐尖或渐尖，基部圆形或偏斜，边缘具圆齿。总状花序顶生或腋生，花蓝紫色（很少为白色），唇形，上唇镰刀状，向上竖立，先端微缺，下唇短于上唇，3 裂。小坚果长圆形，暗棕色或黑色。根入药，含丹参酮，有活血调经，祛瘀止痛，清心除烦的功效。

益母草 *Leonurus artemisia* (Lour.) S. Y. Hu

一年或二年生草本（图 5-4-63），茎四棱，上部多分枝，全株有短毛。叶对生，叶形变化很大，茎下部叶轮廓为卵形，基部宽楔形，掌状 3 裂，裂片呈长圆状菱形至卵圆形，通常长 2.5～6cm，宽 1.5～4cm，裂片上再分裂，茎上部叶羽状分裂，裂片披针形。轮伞花序腋生，花唇形，粉红色至淡紫红色。每朵花结四粒棕黑色小坚果（茺蔚子）。全草入药，具有调经活血，清热利水的功效。种子（茺蔚子）有泻肝明目的功效。

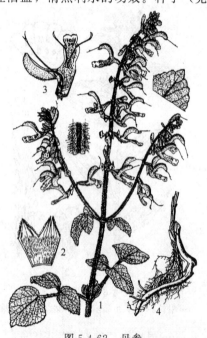

图 5-4-62　丹参

1—花枝；2—部分展开的花萼；
3—花冠展开示雄蕊和雌蕊；4—根

图 5-4-63　益母草

1—植物下部示基叶；2—花枝；3—花；
4—花冠展开示雄蕊；5—雄蕊；6—雌蕊

夏枯草 *Prunella vulgaris* L.

多年生草本（图 5-4-64），根状茎匍匐，在节上生须根。茎高 20～30cm，上升，下部伏地，基部多分枝，钝四棱形，紫红色。夏季枯萎，故称"夏枯草"。茎生叶卵状长圆形或卵圆形，大小不等，先端钝，基部圆形、截形至宽楔形，下延至叶柄成狭翅，边缘具不明显的波状齿或几近全缘；花序下方的一对苞叶似茎叶。轮伞花序密集组成顶生长 2～4cm 的穗状花序，花冠紫色、蓝紫色或红紫色，轮生于茎顶，密集成圆柱。穗状花序入药，具有泻肝明

图 5-4-64 夏枯草
1—植株；2—花及苞片；3—花萼展开；
4—花冠展开；5—雄蕊；6—雌蕊；7—小坚果

图 5-4-65 薄荷
1—茎基及根；2—茎上部；3—花；4—花萼展开；
5—花冠展开示雄蕊；6—果实及种子

目，清热散结的功效。

黄芩 *Scutellaria baicalensis* Georgi

多年生草本；根状茎肥厚，断面黄绿色。茎基部伏地，上升，钝四棱形，绿色或带紫色，自基部多分枝。叶坚纸质，披针形至线状披针形，长 1.5～4.5cm，宽（0.3）0.5～1.2cm，顶端钝，基部圆形，全缘；叶柄短，长 2mm，腹凹背凸，被微柔毛。总状花序在茎及枝上顶生，花偏向一侧。花冠紫色、紫红色至蓝色，冠筒近基部明显膝曲。雄蕊 4。小坚果卵球形、黑褐色。

薄荷 *Mentha haplocalyx* Briq.

多年生草本（图 5-4-65），茎直立，四棱形，下部数节具纤细的须根及水平匍匐根状茎，全草有薄荷香气。单叶对生，叶片长圆状披针形、披针形、椭圆形或卵状披针形，稀长圆形，边缘有锯齿，两面有毛。花小，淡紫红色，花序轮生在茎上部叶腋。雄蕊 4。小坚果长圆形，褐色。全草入药，具有疏散风热，清利头目，利咽，透疹的功效。

藿香 *Agastache rugosa* (Fisch. et Mey.) O. Ktze.

多年生草本（图 5-4-66），茎直立，全株有香气。叶对生，叶心状卵形至长圆状披针形，有柄，先端尖锐，基部心形至圆形，边缘有粗锯齿。花淡紫蓝色，唇形，顶生穗状花序，圆柱形，雄蕊伸出花冠，花丝细。小坚果，倒卵形，黑褐色。全草入药，具有化湿，止呕，解暑的功效。

裂叶荆芥 *Schizonepeta tenuifolia* (Benth.) Briq.

一年生草本（图 5-4-67）。多分枝，被灰白色疏短柔毛，茎下部的节及小枝基部通常微红色。叶通常为指状三裂，大小不等，先端锐尖，基部楔状渐狭并下延至叶柄，裂片披针形，中间的较大，两侧的较小，全缘，花序为多数轮伞花序组成的顶生穗状花序，通常生于主茎上的较长大而多花，生于侧枝上的较小而疏花，但均为间断的；花冠青紫色，二唇形，

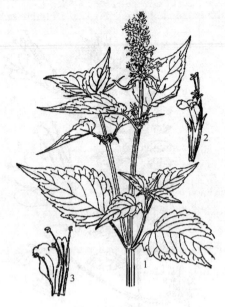

图 5-4-66 藿香
1—植株上部；2—花；3—花解剖示雄蕊和雌蕊

图 5-4-67 裂叶荆芥

上唇先端 2 浅裂，下唇 3 裂，中裂片最大。雄蕊 4，小坚果长圆状三棱形，褐色。全草及花穗为常用中药，具有祛风解表，透疹消疮，止血的功效。

本科药用植物尚有以下几种：**香薷** *Elsholtzia ciliata*（Thunb.）Hyland.，全草入药，具有发汗解暑、行水散湿、温胃调中等功效。**紫苏** *Perilla frutescens*（L.）Britt.，茎、叶及种子入药，茎叶能解表散寒，行气宽中。种子为紫苏子，具有降气化痰，止咳平喘，润肠通便的功效。

🔵 **鉴别要点**

唇形科草本茎四棱，叶有香气相对生，唇形花冠二强雄，四枚坚果是特征。

30. 茄科 Solanaceae

草木、灌木、稀小乔木。单生互叶，有时呈大小叶对生状。花两性，辐射对称，单生、簇生或为聚伞花序。花萼常 5 裂，宿存，果期常增大。花冠 5 裂，辐状、钟状、漏斗状或高脚碟状；雄蕊 5，着生在花冠管上，与花冠裂片互生；子房上位，2 心皮，合生 2 室，有时假 4 室，中轴胎座，胚珠常多数。浆果或蒴果。

本科约有 80 属，3000 种，广布于温带及热带地区。我国有 26 属，115 种，各地均产。已知药用 25 属，84 种。

白花曼陀罗 *Datura metel* L.

一年生粗壮草本（图 5-4-68），全体近无毛，茎基部稍木质化。单叶互生，呈卵形或宽卵形，叶基圆形、截形或楔形，不对称，叶缘全缘或有波状齿。花单生；花萼呈筒状，顶端 5 裂；花冠白色，呈漏斗状，具 5 棱，上部 5 裂；雄蕊 5；蒴果斜生，近球状，表面疏生短粗刺，成熟时 4 瓣裂。宿存萼筒基部呈浅盘状。我国各地有分布，栽培或野生，常生于向阳的山坡草地或住宅旁。叶和花含莨菪碱和东莨菪碱；花为中药的"洋金花"，能平喘止咳，镇痛，作麻醉剂。全株有毒，而以种子最毒。

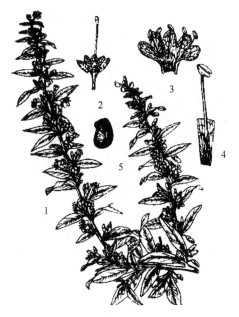

图 5-4-68　白花曼陀罗
1—花枝；2—果枝；3—花冠剖开（示雄蕊）；
4—雌蕊；5—果实

图 5-4-69　宁夏枸杞
1—着花果的枝；2—花萼剖开示花盘及雌蕊；
3—花冠剖开示雄蕊着生情况；4—花冠的一部分，
放大示雄蕊基部及花冠的毛；5—种子

宁夏枸杞 *Lycium barbarum* L.

灌木、分枝有棘刺（图 5-4-69）。叶互生或丛生于短枝上，呈长椭圆状披针形或卵状披针形，顶端短渐尖或急尖，基部楔形。花 2～6 朵簇生于短枝上；花萼钟状，通常 2 中裂，裂片有小尖头或顶端有 2～3 齿裂；花冠漏斗状，5 浅裂，裂片紫堇色，筒部黄白色；浆果红色，广椭圆状、矩圆状、卵状或近球状，顶端有短尖头或平截，有时稍凹陷，长 8～20mm，直径 5～10mm。种子常 20 余粒，略成肾脏形，扁压，棕黄色，长约 2mm。果实能补肝益肾，益精明目。根皮（地骨皮）凉血退热。

毛曼陀罗 *Datura innoxia* Mill.

一年生直立草本或半灌木，高 1～2m，全体密被细腺毛和短柔毛。茎粗壮，下部灰白色，分枝灰绿色或微带紫色。叶片广卵形，顶端急尖，基部不对称、近圆形，全缘而微波状或有不规则的疏齿，花单生于枝杈间或叶腋，直立或斜升；花萼圆筒状而不具棱角，向下渐稍膨大，5 裂，裂片狭三角形，有时不等大，花后宿存部分随果实增大而渐大呈五角形，果时向外反折；花冠长漏斗状，下半部带淡绿色，上部白色，花开放后呈喇叭状，边缘有 10 尖头。叶和花入药，功效似白花曼陀罗。

本科药用植物还有**莨菪** *Hyoscyamus niger* L.，其种子（天仙子）有毒，能止痉、镇痛、平喘。

茄科植物叶互生，花冠整齐，花两性，雄蕊五枚，附冠生，蒴果、浆果、萼宿存。

31. 玄参科 Scrophulariaceae

大多为草本，少数灌木或乔木。单叶对生，稀互生或轮生，无托叶。花两性；萼 4～5

裂，常宿存；花冠合瓣，2 唇形，少辐射对称，裂片（3）4～5；雄蕊多为 4，2 强，少为 2 或 5 枚，其第 5 枚常退化；子房上位，2 室。果多为蒴果，少有浆果状。

约 200 属 3000 余种，广布于全球各地，多数在温带地区。中国产 56 属约 650 种，主要分布于西南部山地。

玄参 *Scrophularia ningpoensis* Hemsl.

高大草本（图 5-4-70），支根数条，纺锤形或胡萝卜状膨大，茎四棱形，有浅槽，无翅或有极狭的翅，无毛或多少有白色卷毛，常分枝。叶在茎下部多对生而具柄，上部的有时互生而柄极短，叶片多变化，多为卵形，有时上部的为卵状披针形至披针形，基部楔形、圆形或近心形，边缘具细锯齿，稀为不规则的细重锯齿，花序为疏散的大圆锥花序，由顶生和腋生的聚伞圆锥花序合成，聚伞花序常 2～4 回复出，有腺毛；花褐紫色，裂片圆形，边缘稍膜质；花冠筒多少球形，裂片圆形，相邻边缘相互重叠，

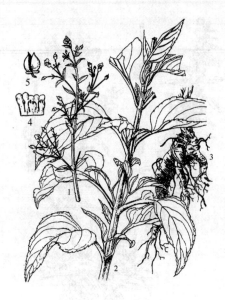

图 5-4-70　玄参
1—花枝；2—植株；3—根；
4—花冠展开示雄蕊；5—果实

下唇裂片多少卵形，中裂片稍短；雄蕊稍短于下唇，花丝肥厚，退化雄蕊大而近于圆形；花柱长约 3mm，稍长于子房。蒴果卵圆形。根入药，有清热凉血、泻火解毒、滋阴等功效。

地黄 *Rehmannia glutinosa* (Gaertn.) Libosch. ex Fisch. et Mey.

多年生草本（图 5-4-71），全株被灰白色长柔毛及腺毛。根肥厚，肉质，呈块状，圆柱形或纺锤形。茎直立，单一或基部分生数枝。基生叶成丛，叶片倒卵状披针形，先端钝，基部渐窄，下延成长叶柄，叶面多皱，边缘有不整齐锯齿；茎生叶较小。花茎直立，被毛，于茎上部呈总状花序；苞片叶状，发达或退化；花萼钟状，先端 5 裂，裂片三角形，被多细胞长柔毛和白色长毛；花冠宽筒状，稍弯曲，外面暗紫色，里面杂以黄色，有明显紫纹，先端 5 浅裂，略呈二唇形；雄蕊 4，二强，花药基部叉形；子房上位，卵形，2 室，花后变 1 室，花柱 1，柱头膨大。蒴果卵形或长卵形，先端尖，有宿存花柱，外为宿存花萼所包。种子多数。因其地下块根为黄白色而得名地黄，其根部为传统中药之一，生地黄为清热凉血药；熟地黄则为补血药。

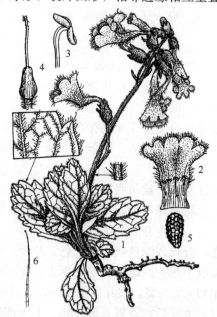

图 5-4-71　地黄
1—带花植株；2—花冠展开示雄蕊；3—雄蕊；
4—雌蕊；5—种子；6—腺毛

玄参科草多乔木少，单叶对生少轮生，萼片宿存冠裂 4 或 5，雄蕊二强上位子房有 2 室，中轴胎座蒴果成。

32. 爵床科 Acanthaceae

草木或灌木。茎节常膨大。单叶对生，无托叶。花两性，两侧对称，每花下常具 1 苞片和 2 小苞片，苞片多具鲜艳色彩；花由聚伞花序再组成各种花序，少总状花序或单生；萼 5～4 裂；花冠 5～4 裂，二唇形或为不相等的 5 裂；雄蕊 4 枚，2 强，或仅 2 枚，贴生于花冠筒内或喉部，下部常有花盘；子房上位，2 心皮 2 室，中轴胎座，每室胚珠 2 至多数。蒴果室背开裂；种子通常着生于珠柄演变成的钩状物（种钩）上，成熟后弹出。

本科共 250 属 2500 余种，广布于热带和亚热带。我国 61 属 178 种，多产于长江流域以南各地。已知药用 32 属 71 种。

穿心莲（一见喜）*Andrographis paniculata*（Burm. f.）Nees

一年生草本（图 5-4-72）。茎 4 棱，下部多分枝，节膨大。叶对生，卵状矩圆形至矩圆状披针形。花序轴上叶较小，总状花序顶生和腋生，集成大型圆锥花序；花冠白色或淡紫色，二唇形。蒴果长椭圆形，2 瓣裂。原产东南亚，我国南方有栽培。全草味极苦，能抗菌消炎、清热解毒、消肿止痛。

马蓝 *Baphicacanthus cusia*（Nees）Brem.

多年生草本（图 5-4-73），具根茎。茎节膨大。单叶对生。花冠紫色，裂片 5，近相等。蒴果棒状。分布于华南、西南地区，当地常将叶作大青叶、根作板蓝根（南板蓝根）药用。叶可加工制成青黛，为中药青黛原料来源之一，能清热解毒、凉血消斑。

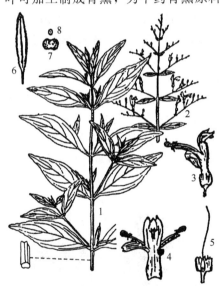

图 5-4-72　穿心莲
1—叶枝；2—花枝；3—花；4—花冠展开，
示雄蕊；5—花萼展开，示雌蕊；6—果实；
7—果实横切面；8—种子

图 5-4-73　马蓝
1—花枝；2—花冠剖开后，
示雄蕊着生状态；3—花萼
及雌蕊的花柱；4—雄蕊

爵床 *Rostellularia procumbens*（L.）Nees

一年生草本，多分枝。穗状花序顶生，小苞片有睫毛，花冠粉红色。全国大部分地区有分布。全草能清热解毒、消肿利尿。

本科药用植物尚有**狗肝菜** *Dicliptera chinensis*（L.）Nees、**九头狮子草** *Peristrophe japonica*（Thunb.）Bremek 等。

> **· 鉴别要点 ·**
>
> 爵床科草本或灌木，茎节膨大叶对生，苞片鲜艳萼冠裂，中轴胎座蒴果生。

33. 茜草科 Rubiaceae

本植物为草本或木本，有时呈攀援状。单叶对生或轮生，常全缘；有托叶，有时托叶呈叶状。花两性，辐射对称，聚伞花序排成圆锥状或头状；花萼 4～5 裂，有时个别裂片扩大成花瓣状；花冠 4～5 裂；雄蕊与花冠裂片同数而互生，着生于花冠筒上。子房下位，2 心皮 2 室，每室胚珠 1 至多数。蒴果、浆果或核果。

茜草 *Rubia cordifolia* L.

为多年生攀援草本（图 5-4-74）。根细呈圆柱形，丛生，红褐色。茎四棱，棱上有倒生小刺。叶 4 片，轮生，有长柄，呈卵状心形；基生脉 5 条，弧形；下面中脉与叶柄上有倒刺。聚伞花序呈圆锥状，大而疏松；花萼平截；花冠 5 裂，淡黄白色；雄蕊 5；子房下位，2 室。浆果近球形，紫黑色。我国大部分地区有分布。生于灌木丛中。根及根状茎入药，能凉血止血，祛瘀通经。

栀子 *Gardenia jasminoides* Ellis

常绿灌木（图 5-4-75）。叶对生或三叶轮生，叶片椭圆状倒卵形至倒阔披针形，革质，表面光滑；托叶在叶柄内合生成鞘状。花白色，芳香，单生枝顶；萼筒有棱；花冠高脚碟状；雄蕊无花丝；子房下位，1 室。蒴果金黄色，外皮略带革质，具 5～8 条翅状棱。分布于我国南部和中部。生于山坡杂林中。也有栽培。果实入药，能泻火除烦，清热利湿，凉血解毒。

钩藤 *Uncaria rhynchophylla*（Miq.）Miq. ex Havil.

藤本。嫩枝较纤细，方柱形或略有 4 棱角，无毛；老枝四棱柱形。叶对生，革质，宽椭圆形或长椭圆形，顶端短尖或骤尖，基部楔形至截形，两面均无毛，干时褐色或红褐色，下面有时有白粉。托叶狭三角形，深 2 裂达全长 2/3。头状花序球形，总花梗被黄色粗毛；花被褐色粗毛，有香气；花萼筒状，5 裂；花冠漏斗形，5 裂，淡黄色；雄蕊 5；子房下位。

图 5-4-74　茜草

图 5-4-75　栀子

1—花枝；2—果枝；3—花纵剖面

蒴果纺锤形，被毛。本种带钩藤茎为著名中药（钩藤），具有清血平肝，息风定惊的功效。

巴戟天 *Morinda officinalis* How

缠绕藤本。叶对生，膜质，长圆形，先端尖，背脉及叶柄被短粗毛；托叶干膜质。花序头状，有花 2～10 朵，生于小枝端或排成伞形花序，花梗被毛；萼管半球形，先端不规则齿裂；花冠白色，喉部收缩，4 裂；雄蕊 4，花丝短；子房下位，4 室，花柱细短，2 深裂。聚花果常单个，近球形，每室一种子。花期 4～6 月，果期 7～11 月。根能补肾阳、强筋骨、祛风湿。

•鉴别要点•

茜草科单叶对或轮，柄基托叶具各式。花多两性辐射称，4、5 基数样式多，雄蕊花冠相互生，子房下位常 2 室，蒴果核果和浆果。

34. 忍冬科　Caprifoliaceae

灌木、乔木或藤本。叶对生，多单叶，少羽状复叶，常无托叶。花两性，辐射对称或两侧对称，聚伞花序或再组成各种花序；花萼 4～5 裂，有时两唇形；雄蕊与花冠裂片同数而互生，贴生花冠上；子房半下位，心皮 2～5，通常为 3 室，每室胚珠常 1 枚。浆果、核果或蒴果。本科共有 15 属，450 种左右，分布于温带地区。

我国有 12 属，259 种，药用 106 种。全国均有分布。

忍冬 *Lonicera japonica* Thunb.

多年生半常绿缠绕藤本（图 5-4-76）。茎中空，幼茎密生短柔毛和腺毛。叶纸质，卵形至矩圆状卵形，有时卵状披针形，稀圆卵形或倒卵形，两面被短毛。花成对腋生；苞片叶状，萼 5 齿裂，无毛；花冠白色，后转黄色，故有"金银花"之称，外面有柔毛和腺毛，上唇 4 裂，下唇反卷不裂；雄蕊 5；子房下位。浆果呈球状，黑色。全国大部分地区有分布，主产山东、河南。生于山坡灌丛中。有栽培。花蕾能清热解毒；茎枝（忍冬藤）能清热解毒、疏风通络。

接骨木 *Sambucus williamsii* Hance

落叶灌木至小乔木（图 5-4-77），老枝淡红褐色，具明显的长椭圆形皮孔，髓心淡黄棕色。羽状复叶有小叶 2～3 对，有时仅 1 对或多达 5 对，侧生小叶片卵圆形、狭椭圆形至倒矩圆状披针形，长 5～15cm，宽 1.2～7cm，顶端尖、渐尖至尾尖，边缘具不整齐锯齿，基部阔楔形，常不对称，两面光滑无毛，叶揉碎后有臭味。圆锥状聚伞花序顶生，花冠辐状，

图 5-4-76　忍冬

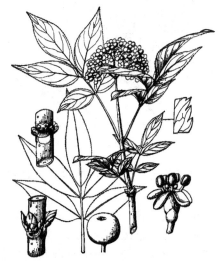

图 5-4-77　接骨木

白色至淡黄色。浆果状核果等球形，黑紫色或红色。茎、叶入药，能活血祛瘀，驱风祛湿，利水消肿。

本科药用植物尚有以下几类：**山银花** *Lonicera confusa*（Sweet）DC.，**华南忍冬** *Lonicera hypoglauca* Miq. 和**毛柱金银花** *Lonicera dasystyla* Rehd.，以上三者均以花蕾入药（金银花），有清热解毒，疏散风热功效。

鉴别要点

忍冬科与茜草科相似，但忍冬科无托叶，子房通常3室，每室1胚珠。
在茜草科植物中，有的托叶与正常叶形态相同，可由叶腋有无腋芽来区分。

35. 败酱科 Valerianaceae

多年生草本，全体通常具强烈气味。茎直立，常中空，极少蔓生。叶对生或基生，多为羽状分裂，基生叶与茎生叶、茎上部叶与下部叶常不同形，无托叶。花小，多为两性，稀杂性或单性，稍两侧对称，成聚伞花序再排成头状、圆锥状或伞房状；萼小，不明显；花冠钟状或狭漏斗形，黄色、淡黄色、白色、粉红色或淡紫色，3～5裂，基部常有偏突的囊或距；雄蕊3枚或4枚，有时退化为1枚或2枚，贴生于花冠筒上；子房下位，3心皮合生，3室，仅1室发育，胚珠1。瘦果，有时顶端的宿存花萼成冠毛状，或与增大的苞片相连而成翅果状。种子1颗，种子无胚乳，胚直立。

本科共13属400余种，主产北温带。我国产3属40种，各地均有分布。已知药用3属24种。

图 5-4-78 黄花败酱

黄花败酱（黄花龙芽）*Patrinia scabiosaefolia* Fisch.

多年生草本（图5-4-78）。根茎具有特殊的陈败豆酱气。地下茎细长，横走。基生叶丛生，长卵形，花时枯落；茎生叶对生，叶片披针形或窄卵形，羽状分裂。顶生伞房状聚伞花序，花冠黄色。

分布广，几全国各省区都有。全草（败酱草）和根状茎及根入药，能清热解毒、消肿排脓、活血祛瘀。其中**白花败酱** *P. Villosa* Juss. 茎枝被粗白毛，花白色。全草也作败酱草药材使用。

墓头回 *Patrinia heterophylla* Bunge

又名异叶败酱，多年生草本；根状茎较长，横走；茎直立。基生叶丛生，具长柄，叶片边缘圆齿状或具糙齿状缺刻，不分裂或羽状分裂至全裂，具1～4（～5）对侧裂片，裂片卵形至线状披针形，顶生裂片常较大，卵形至卵状披针形；茎生叶对生，茎下部叶常2～3（～6）对羽状全裂，顶生裂片较侧裂片稍大或近等大，卵形或宽卵形，罕线状披针形，先端渐尖或长渐尖，中部叶常具1～2对侧裂片，顶生裂片最大，卵形、卵状披针形或近菱形，具圆齿毛，叶柄长1cm，上部叶较窄，近无柄。花黄色，组成顶生伞房状聚伞花序；总花梗下苞叶常具1或2对（较少为3～4对）线形裂片，分枝下者不裂，线形，常与花序近等长或稍长；萼齿5，明显或不明显，圆波状、卵形或卵状三角形至卵状长圆形；花冠钟形，基部一侧具浅囊肿，裂片5；雄蕊4伸出。根状茎入药，具有清热解毒、消肿、生肌、止血、止带、截疟、抗癌等功效。

本科药用植物尚有以下几类：**缬草** *Valeriana officinalis* L. 根和根茎含挥发油，有特异气味。基生叶丛生，茎生叶对生、羽状深裂。聚伞花序顶生，花冠淡红色。瘦果具羽毛状宿萼。全国大部分地区有分布。根及根茎能镇静安神、理气止痛。**甘松** *Nardostachys chinensis* Batal. 根茎粗短，具强烈松脂气。聚伞花序呈紧密圆头状。根及根茎能理气止痛。同属植物**匙叶甘松** *N. jatamansi* DC. 功效同甘松。

●**鉴别要点**●

　　败酱科草本有气味，叶片对生或基生，羽状分裂或全缘，萼小冠基距或囊，果实具翅或冠毛。

36. 川续断科 Dipsacaceae

草本，有时成亚灌木状，稀为灌木。叶对生，有时轮生，基部相连，单叶全缘或有锯齿、浅裂至深裂，很少成羽状复叶。花序为具总苞的头状花序或为间断的穗状轮伞花序；每花外围有2个小苞片；花萼整齐，杯状或不整齐筒状，上口斜裂，边缘有刺或全裂成具5～20条针刺状或羽毛状刚毛，成放射状；花冠合生成漏斗状，4～5裂，裂片稍不等大或成二唇形，上唇2裂片较下唇3裂片为短；雄蕊4枚，有时因退化成2枚；子房下位，2心皮合生，1室，胚珠1枚。瘦果。

本科约有12属，300种；主产地中海区、亚洲及非洲南部。我国产5属25种5变种，主要分布于东北、华北、西北、西南及中国台湾等地。

川续断 *Dipsacus asperoides* C. Y. Cheng et T. M. Ai

多年生草本（图5-4-79）；主根1条或在根茎上生出数条，圆柱形，黄褐色，稍肉质；茎中空，具6～8条棱，棱上疏生下弯粗短的硬刺。基生叶稀疏丛生，叶片琴状羽裂，顶端裂片大，卵形，两侧裂片3～4对，侧裂片一般为倒卵形或匙形，叶面被白色刺毛或乳头状刺毛，背面沿脉密被刺毛；茎生叶在茎之中下部为羽状深裂，中裂片披针形，先端渐尖，边缘具疏粗锯齿，侧裂片2～4对，披针形或长圆形，基生叶和下部的茎生叶具长柄，向上叶柄渐短，上部叶披针形，不裂或基部3裂。头状花序球形；总苞片5～7枚，叶状，披针形或线形，被硬毛；小苞片倒卵形，先端稍平截；花冠淡黄色或白色，花冠管长9～11mm，基部狭缩成细管，顶端4裂；雄蕊4，明显超出花冠；子房下位。瘦果。

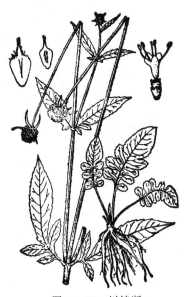

图 5-4-79　川续断

产于湖北、湖南、江西、广西、云南、贵州、四川和西藏等省区。生于沟边、草丛、林缘和田野路旁。

川续断根入药，具有行血消肿、生肌止痛、续筋接骨、补肝肾、强腰膝、安胎的功效。

●**鉴别要点**●

　　川续断科多草本，叶对生，无托叶。头状或穗状轮伞花序，对称两性花，瘦果宿存，存花萼羽毛状。

37. 葫芦科 Cucurbitaceae

草质藤本，具卷须。多为单叶互生，常为掌状浅裂及深裂，有时为鸟趾状复叶。花单性，同株或异株，辐射对称；花萼及花冠 5 裂；雄花有雄蕊 5 枚，分离或各式合生，合生时常为 2 对合生，1 枚分离，药室直或折曲；雌花子房下位，3 心皮 1 室，侧膜胎座，胚珠多数；瓠果，稀蒴果。种子常扁平。

110 属 700 余种，分布于热带、亚热带地区。我国约 30 属 150 种，各地均有分布或栽培，以华南和西南种类最多。已知药用 21 属 90 种。

栝楼 *Trichosanthes kirilowii* Maxim.

多年生草质攀援藤本（图 5-4-80）。叶掌状浅裂或中裂。雌雄异株。雄花成总状花序，雌花单生。花冠白色，裂片倒卵形，中部以上细裂成流苏状。果实近球形、黄褐色。种子浅棕色。主产于长江以北及华东地区。成熟果实（瓜蒌）能清热涤痰、润肠。果皮（瓜蒌皮）能清热化痰、止咳。根（天花粉）具生津止渴、降火润燥作用，其蛋白可用于中期引产。种子（瓜蒌子）能润肺化痰，润肠通便。

图 5-4-80　栝楼
1—根；2—花枝；3—果实；4—种子

图 5-4-81　绞股蓝

本属植物我国产 40 种，25 种在各地入药，其中：**中华栝楼**（双边栝楼）*T. rosthornii* Harms，叶通常 5 深裂，裂片披针形；种子深棕色。功效同栝楼。**日本栝楼** *T. japonica* Regel 根也作天花粉药材使用。

绞股蓝 *Gynostemma pentaphyllum* (Thunb.) Makino

草质攀援植物（图 5-4-81）；茎细弱，具分枝，具纵棱及槽，具鸟趾状复叶，通常 5～7 小叶，小叶片卵状长圆形或披针形，中央小叶较大，侧生小较小，先端急尖或短渐尖，基部渐狭，边缘具波状齿或圆齿状牙齿。卷须纤细，2 歧，着生于叶腋。雌雄异株，雄花圆锥花序，花冠淡绿色或白色，5 深裂，雄蕊 5，花丝短，联合成柱，花药着生于柱之顶端。雌花圆锥花序远较雄花之短小，花萼及花冠似雄花；果实球形、熟时黑色。

广布于长江以南。全草能消炎解毒、止咳祛痰，并有增强免疫作用。

罗汉果 *Siraitia grosvenorii* (Swingle) C. Jeffrey [*Momordica grosvenori* Swingle]

多年生草质攀援藤本（图 5-4-82）。根块状。卷须 2 裂，几达基部。雌雄异株。全株被短柔毛。果实淡黄色，干后呈黑褐色。分布于华南地区。果实味极甜，能清肺镇咳、润肠通便。

木鳖 *Momordica cochinchinensis* （Lour）Spreng.

多年生草质攀援大藤本。宿根粗壮，块状。叶 3～5 深裂或中裂。卷须不分叉。雌雄异株，花冠黄色。果实卵形，上有刺状凸起。种子扁卵形，灰黑色。分布于华中、华南地区。种子（木鳖子）能化积利肠；外用可消肿、透毒生肌。同属植物**苦瓜** *M. charantia* L. 中所含的多肽具降血糖作用。

本科药用植物还有：**冬瓜** *Benincasa hispida* （Thunb.）Cogn.，果皮（冬瓜皮）能清热利尿、消肿。种子（冬瓜子）能清热利湿、排脓消肿。**丝瓜** *Luffa cylindrical* （L.）Roem. 果实成熟后的维管束网药用称丝瓜络，能祛风通络、活血消肿。

图 5-4-82 罗汉果
1—雄花序；2—雌花枝；3—叶；4—果实

葫芦科藤本具卷须，单叶互生掌状裂，单性花同株或异株，花萼 5 裂花冠合，雄蕊 5 枚药常曲，瓠果内质种子多，东西南北瓜水果。

38. 桔梗科 Campanulaceae

草本，常具乳汁。单叶互生或对生，稀轮生，无托叶。花两性，辐射对称或两侧对称，单生或成聚伞、总状、圆锥花序；萼常 5 裂，宿存；花冠钟状或管状，5 裂；雄蕊 5，与花冠裂片同数而互生，着生花冠基部或花盘上，花丝分离，花药聚合成管状或分离；子房下位或半下位，2～5 心皮合生成 2～5 室，中轴胎座，胚珠多数；蒴果，稀浆果。种子扁平，小形，有时有翅。

本科共 60 属 2000 余种，主产温带和亚热带。我国 17 属约 170 种，全国分布，以西南地区种类最多。已知药用 13 属 111 种。

党参 *Codonopsis pilosula* （Franch.）Nannf.

多年生草质藤本（图 5-4-83）。根肉质、圆柱状，顶端有一膨大的根头，具多数瘤状的茎痕，外皮乳黄色至淡灰棕色，有纵横皱纹。叶对生、互生或假轮生，具柄，被疏柔毛；叶片卵形或广卵形，先端钝或尖，基部截形或浅心形，全缘或微波状。花萼绿色，具 5 裂片；花冠广钟形，直径 2～2.5cm，淡黄绿色，且有淡紫色斑点，先端 5 裂；蒴果圆锥形。分布于秦巴山区及华北、东北各地。根能补脾、益气、生津。

党参属植物我国有 39 种，多数可药用。其中**素花党参** *C. pilosula* Nannf. var. *modesta* （Nannf.）L. T. Shen、**管花党参** *C. tubulosa* Kom. 等也作党参药材使用。

桔梗 *Platycodon grandiflorum* （Jacq.）A. DC.

多年生草本（图 5-4-84）。根肉质、圆柱形。单叶对生、轮生或互生。叶卵形，卵状椭圆形至披针形。花单朵顶生，或数朵集成假总状花序，或有花序分枝而集成圆锥花序。花冠宽钟状，蓝色或蓝紫色，蒴果倒卵形。广布于全国各地。根能宣肺、祛痰、利咽、排脓。

图 5-4-83　党参
1—植株；2—根；3—叶尖；4—雄蕊和雌蕊

图 5-4-84　桔梗
1—植株；2—雄蕊和雌蕊；3—花药；4—果枝

轮叶沙参 *Adenophora tetraphylla*（Thunb.）Fisch.

多年生草本，根胡萝卜形，黄褐色，有横纹。茎高大，在花序下不分枝。茎生叶 4～6 枚轮生，无柄或有不明显叶柄，叶片卵圆形至条状披针形，边缘有锯齿。花序圆锥状，花冠蓝色。蒴果球状圆锥形或卵圆状圆锥形。种子黄棕色。同属植物还有**杏叶沙参** *Adenophora humanensis* Nannf.（图 5-4-85）、**沙参** *A. stricta* Miq. 等，均以根入药，称南沙参，具有养阴清肺祛痰，清胃生津益气之功效。

本科较重要的药用植物还有：**半边莲** *Lobelia chinensis* Lour.，多年生湿生小草本，具乳汁，花冠裂片偏向一侧，全草用于清热解毒、利尿消肿和治蛇咬伤。**羊乳**（四叶参、土党参）*Codonopsis lanceolata*（Sieb. et Zucc.）Benth. et Hook. f.，根能养阴润肺、排脓解毒。

● **鉴别要点**

桔梗科草本有乳汁，单叶互生无托叶，两性花常相对称，花冠 5 裂样式多，雄蕊同数基处着。子房下位半下位，中轴胎座蒴果成。

39. 菊科 Compositae（Asteraceae）

多为草本。有的具乳汁。叶互生，少对生或轮生。花小，两性，稀单性或无性，头状花序外有由 1 至数层总苞片组成的总苞，总苞片呈叶状、鳞片状或针刺状；头状花序单生或再排成总状、聚伞状、伞房状或圆锥状；花萼退化成冠毛状、鳞片状、刺状或缺如；花冠管状、舌状或假舌状（先端 3 齿、单性），少二唇形、漏斗状（无性）。头状花序中的小花有异形（外围舌状、假舌状或漏斗状）花，称缘花；中央为管状花，称盘花，或同型（全为管状花或舌状花）。雄蕊 5，稀 4，花丝分离，贴生于花冠管上，花药结合成聚药雄蕊；子房下位，2 心皮 1 室，1 枚胚珠。瘦果，顶端常有刺状、羽状冠毛或鳞片。

本科约 1000 属 25000～30000 种，广布于全球，主产温带地区。我国约 230 属 2300 余种，全国均产。已知药用 154 属 777 种。

本科通常分为两个亚科。

① **管状花亚科**　整个花序全为管状花或中央为管状花，边缘为舌状花。植物体无乳汁，

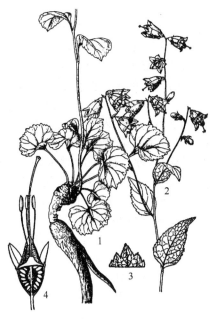

图 5-4-85　杏叶沙参

1—根；2—花枝；3—叶尖；4—花纵切面

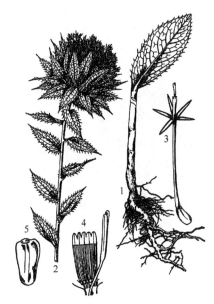

图 5-4-86　红花

1—根；2—花枝；3—花；4—雄蕊和雌蕊；5—瘦果

有的含挥发油。

② **舌状花亚科**　整个花序全为舌状花，植物体具乳汁。

红花 *Carthamus tinctorius* L.

一年生草本（图 5-4-86）。叶互生，长椭圆形或卵状披针形，先端急尖，基部渐狭而抱茎，叶缘裂齿具针刺；上部叶渐小，成苞叶状围绕头状花序。头状花序全为管状花，花冠初为黄色，渐变橘红色，成熟时深红色，檐部 5 裂片线形。瘦果无冠毛。全国各地有栽培，管状花冠入药，具活血通经、散瘀止痛功效。

图 5-4-87　白术

1—植株；2—花；3—花冠和雄蕊；
4—雌蕊；5—瘦果；6—根茎

图 5-4-88　苍术

1—植株下部，带根；2—花枝；3—花序示总苞；
4—关苍术的茎叶；5—北苍术的茎叶

菊花 *Dendranthema morifolium* (Ramat.) Tzvel.

多年生草本，茎色嫩绿或褐色，基部半木质化。单叶互生，卵圆形至长圆形，边缘有缺刻及锯齿，基部楔形，有时为心形；头状花序大小不等，单生枝端或叶腋，或排列成伞房状；外层总苞片绿色，条形，边缘膜质，有白色绒毛；外围舌状花，雌性，白色、红色、紫色或黄色；中央管状花，两性，黄色；也有全为舌状花；雄蕊 5 枚，聚药，基部钝圆；子房下位，柱头 2 裂片线形。瘦果柱状，一般不发育。无冠毛。花序入药，浙江北部产者称杭菊，安徽亳州、滁县等地产者称亳菊、滁菊。能疏风解热、清肝明目。同属植物我国有 17 种，其中 11 种入药。如**野菊** *D. indicum* (L.) Des Moul.，头状花序小，黄色。全国均有野生，花序（野菊花）能清热解毒、抗菌、降血压。

白术 *Atractylodes macrocephala* Koidz.

多年生草本（图 5-4-87），高 30～80cm。根茎粗大，略呈骨状。茎直立，上部分枝。叶革质，单叶互生；茎下部叶有长柄，叶片 3 深裂，偶为 5 深裂，中间裂片较大，椭圆形或卵状披针形，两侧裂片较小，通常为卵状披针形，基部不对称；茎上部叶的叶柄较短，叶片不分裂，椭圆形至卵状披针形，先端渐尖，基部渐狭下延成柄状，叶缘均有刺状齿。头

图 5-4-89　牛蒡

状花序顶生，花冠全为管状花，紫色，先端 5 裂，裂片披针形，外展或反卷；瘦果被黄白色绒毛，顶端有冠毛残留的圆形痕迹。华东、华中地区栽培。根茎能补气、健脾、利水。

苍术 *Atractylodes lancea* (Thunb.) DC.

多年生草本（图 5-4-88），有香气。根茎结节状，横断面有红棕色油腺点。茎直立，单生或少数茎簇生，下部或中部以下常紫红色。叶革质，无柄或具短柄，下部 3～7 裂羽状浅裂，顶生裂片大，侧裂片小，边缘具细齿。花冠白色。瘦果具棕黄色毛。分布于华中、华东地区。根茎具芳香健胃、祛风除湿作用。

同属植物**北苍术** *A. chinensis* (DC.) Koidz. 产于黄河以北，**关苍术** *A. japonica* Koidz. ex Kitam. 产于东北地区及内蒙古、河北等省区，入药同苍术。

牛蒡 *Arctium lappa* L.

二年生草本（图 5-4-89）。主根肉质。头状花序丛生茎顶。冠毛呈短刚毛状。广布于全国各地。果实（牛蒡子）能疏散风热、宣肺透疹、散结解毒。根、茎叶能清热解毒、活血止痛。

茵陈 *Artemisia capillaris* Thunb.

多年生草本（图 5-4-90），少分枝。幼苗被白色柔毛。叶一至三回羽状分裂，裂片线形。全国各地均有分布。幼苗能清热利湿，用于治疗黄疸型肝炎、胆囊炎。

本属我国 180 种，有 74 种在各地作药用。如**滨蒿** *A. scoparia* Waldst. et Kit. 在北方作茵陈使用。**黄花蒿** *A. annua* L. 干燥地上部分称青蒿，能清暑、泄热。茎叶中提取的青蒿素用于治疗疟疾。**艾（艾蒿）** *A. argyi* Levl. et Vant. 叶能驱寒止痛、温经止血、平喘，又常用于制作灸条。

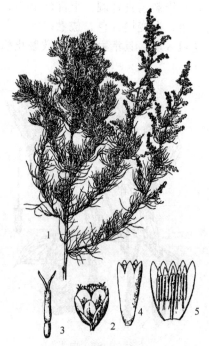

图 5-4-90　茵陈

1—花枝；2—头状花序；3—雌花；

4—两性花；5—两性花展开，示雄蕊和雌蕊

木香（云木香、广木香）*Aucklandia lappa* Decne.

多年生高大草本（图 5-4-91）。主根肥大。叶基部下延成翅。花序全为管状花。瘦果具浅棕色冠毛。西藏有分布，云南、四川等地有栽培。根能健脾和胃、理气解郁、解痉。

紫菀 *Aster tataricus* L. f.

多年生草本。根茎粗短。头状花序排成伞房状。分布于华北、西北和华东地区。根能润肺、化痰、止咳。紫菀属我国 130 种，已知 34 种作药用。

旋覆花 *Inula japonica* Thunb.

多年生草本（图 5-4-92）。头状花序直径 3～4cm，缘花舌状，黄色。中央为管状花。冠毛白色。全国大部分地区均有分布。头状花序能止咳化痰、平喘。

本属 20 种，入药 15 种。其中**欧亚旋覆花** *I. Britannica* L. 等亦作旋覆花药材使用。

图 5-4-91　木香

1—基生叶；2—花枝；3—根

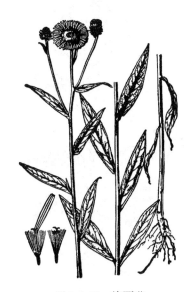

图 5-4-92　旋覆花

豨莶 *Siegesbeckia orientalis* L.

一年生草本。全株被白色柔毛。总苞片具腺毛。分布于长江以南地区。全草能祛风湿、通络、降血压。同属植物**腺梗豨莶** *S. pubescens* Makino 功用同豨莶。

鳢肠（旱莲草）*Eclipta prostrata* L.

一年生草本。全株被短毛，折断后流出的汁液稍后即呈蓝黑色。叶对生。瘦果具棱。全国广布。全草有凉血止血、滋阴补肾作用。

佩兰 *Eupatorium fortunei* Turcz.

多年生草本。茎带红色。叶对生，叶片 3 全裂或 3 中裂。分布于长江流域及以南各省区，有栽培。全草能化湿开胃、清暑热。本属我国有 15 种，入药 9 种。

祁州漏芦 *Rhaponticum uniflorum*（L.）DC.

多年生草本，分布于东北、华北地区。根（漏芦）能清热解毒、排脓通乳。

蒲公英 *Taraxacum mongolicum* Hand.-Mazz.

多年生草本，具乳汁，全国广布。全草能清热解毒、消肿散结。同属植物多种亦供药用。

本科较重要的药用植物还有：**大蓟** *Cirsium japonicum* DC.、**小蓟**（刺儿菜）*C. Setosum*（Willd.）MB. 全草均能凉血止血、清热消肿。**苍耳** *Xanthium sibiricum* Patr. ex Widd. 带总苞果实（苍耳子）有小毒。能发汗通窍、祛风湿、通鼻窍。**天名精** *Carpesium abrotanoides* L. 果实称鹤虱，能杀虫消积。**款冬** *Tussilago farfara* L. 干燥头状花序（款

冬花）用于治疗咳嗽、哮喘、肺痈等。**千里光** *Senecio scandens* Buch. -Ham. 全草能清热解毒、抗菌消炎、凉血明目、杀虫止痒、去腐生肌。**水飞蓟** *Silybum marianum*（L.）Gaertn. 果实含水飞蓟素，有解毒保肝作用，用于治疗肝损伤和肝炎等。

　　菊科是个最大科，头状花序苞片多，舌状管状两种花，聚药雄蕊和瘦果。

（二）单子叶植物纲的分类及代表药用植物

1. 泽泻科 Alismataceae

　　草本，水生或沼生。常具根状茎、匍匐茎、块茎、球茎等。叶基生，直立；叶柄长，基部常成鞘状。花常轮生于花葶上，组成总状或圆锥花序；花两性或单性，辐射对称；花被片6，外轮3，绿色，萼片状，宿存；内轮3，花瓣状，脱落；雄蕊6至多数；心皮6至多数，分离，常螺旋状排列在突起或扁平的花托上，子房上位，1室；胚珠1或数颗，只1颗发育。聚合瘦果，每瘦果含1种子。

　　我国5属，18种，野生或栽培，南北均有分布。已知药用2属，12种。

　　泽泻 *Alisma orientale*（Sam.）Juzep.

　　多年生沼生草本（图5-4-93）。叶基生，长椭圆形至广卵形，长3～8cm，宽1～9cm，先端短尖，基部楔形或心形、叶脉5～7条；有长柄；叶鞘边缘膜质。花茎高达1m，花集成轮生状圆锥花序；萼片3，广卵形，绿色或稍带紫色，宿存；花瓣3，倒卵形，白色，膜质；雄蕊6，

图 5-4-93　泽泻

心皮多数，离生。瘦果倒卵形，扁平。生于沼泽、浅水池或稻田内。块茎入药，具有利尿，清热之功效。

　　泽泻科水生或沼生，根茎或块茎供使用，花绿萼存聚合瘦果。

2. 禾本科 Gramineae

　　多为草本，少数为木本（竹类）。常具根状茎，地上茎特称秆。秆的节和节间显著，节间常中空。单叶互生，排成2列；叶由叶鞘、叶片和叶舌三部分组成；叶鞘抱秆，通常一侧开列；叶片狭长，具明显中脉及平行脉；叶片与叶鞘连接处的内侧有叶舌，有的叶鞘顶端两侧各有1叶耳。花序由小穗集合而成。每小穗有1很短的小穗轴，基部生有2颖片，下方的称外颖（第一颖），上方的称内颖（第二颖），小穗轴上生有1至多朵小花。小花通常两性，其外包有外稃和内稃，外稃较坚硬，顶端或背部常生有芒，内稃膜质；内外稃间，子房基部有2枚（少为3枚）浆片；雄蕊通常3枚；雌蕊1，子房上位，1室，柱头常羽毛状，颖果。我国228属，1202种以上，分布全国。已知药用85属，173种。

　　（1）竹亚科　木本。主秆叶与枝上生的叶区别明显。主秆叶叫秆箨（笋壳），分箨鞘、

籁叶两部分，两者相接处有箨舌，箨鞘顶端两侧各有1箨耳，箨叶常缩小无中脉。枝上生普通叶，有短柄，叶鞘与叶柄相接处成1关节，叶片易从关节处脱落。雄蕊6，浆片3。秆木质，枝条的叶具短柄，是竹亚科与禾亚科的主要区别。

（2）禾亚科　草本。秆上生普通叶，叶鞘与叶片连接处无关节，故不易自叶鞘脱落，通常无叶柄，叶片中脉显著。

薏苡（川谷）*Coix lacryma-jobi* L.

一年或多年生草本（图5-4-94）。秆直立，高1～1.5m，丛生，分枝多，基部节上生根。叶互生；叶片长10～40cm，宽1.5～3cm，先端尖，基部阔心形，中脉粗厚明显，边缘粗糙；叶舌短；叶鞘抱茎。总状花序自上部叶鞘内侧抽出，1至数个成束；花单性，雌雄同株，雄小穗覆瓦状排列于穗轴上，雌小穗位于雄小穗下方，包被于卵形硬质总苞中，成熟后渐变珠状。全国各地有栽培，种仁入药，具有健脾渗湿，除痹止泻之功效。

图5-4-94　薏苡
1—花枝；2—花序；3—雄小穗；4—雌花及雄小穗；5—雌蕊；6—雌花的外颖；7—雌花的内颖；8—雌花的不孕性小颖；9—雌花的外稃；10—雌花的内稃

图5-4-95　淡竹叶
1—植株；2—小穗；3—叶的一部分，示叶脉

芦苇 *Phragmites communis* trin.

多年生高大湿生草本，地下根茎横走，黄白色，节上多数须根。地上茎粗壮，直立，高2～4m。叶片狭披针形至条形，两面粗糙；叶鞘包围着秆，叶舌有毛。圆锥花序由多数穗状花序组成，顶生，棕紫色；小穗有3～7花。颖果椭圆形，与内稃和外稃分离。

我国多数地区均有分布，生于河边、塘畔、池沼。新鲜或干燥根茎入药，具有清热生津、除烦、止呕、利尿之功效。

淡竹叶 *Lophatherum gracile* Brongn

多年生（图5-4-95）。具木质缩短的根状茎。须根中部膨大呈纺锤形小块根。秆直立，疏丛生，高40～80cm，具5～6节。叶鞘平滑或外侧边缘具纤毛；叶舌质硬，褐色，背有糙毛；叶片披针形，长6～20cm，宽1.5～2.5cm，具横脉，有时被柔毛或小刺状疣毛，基部收窄成柄状。圆锥花序长12～25cm，分枝斜升或开展，长5～10cm；小穗线状披针形；雄蕊2枚。颖果长椭圆形。花果期6～10月。产于全国大部分地区，生于山坡、林地或林缘、道旁庇荫处。叶入药，具有清心除心烦，利尿，止渴之功效。

◆ 鉴别要点 ◆

　　禾本科，茎叫秆，叶柄成鞘包住茎，花序多为复穗状，朵朵小花结颖果。

3. 莎草科 Cyperaceae

草本，常具根状茎。秆多实心，通常三棱形，无节。叶3列，叶片线形，有封闭的叶鞘。花序多种多样，有穗状花序、总状花序、圆锥花序、头状花序或聚伞状花序；小穗单生，簇生或排列成穗状或头状，具2至多数花，或退化至仅具1花；花两性或单性，雌雄同株，少有雌雄异株，着生于鳞片（颖片）腋间，鳞片螺旋状排列或两行排列，无花被或花被退化成下位鳞片或下位刚毛，有时雌花为先出叶所形成的果囊所包裹；雄蕊3枚；子房上位，由2～3心皮组成，1室，具1基生胚珠，花柱1，柱头2～3。

图 5-4-96　莎草
1—植株；2—穗状花序；
3—小穗的一部分；
4—鳞片；5—雌蕊

果实为小坚果或瘦果，三棱形，双凸状，平凸状，或球形。

我国约33属，670种，广布全国。多生于潮湿处或沼泽中，已知药用16属，110种。

莎草 *Cyperus rotundus* L.（香附子）

多年生草本（图5-4-96）。具匍匐根状茎和椭圆形块茎，块茎芳香，茎直立，三棱形，基部呈块茎状。叶基生，3列；苞片2～3，叶状，长过花序；聚伞花序生秆顶，数分枝，排成辐射状；小穗扁平，鳞叶2列，茶褐色，每鳞片内生1无被花；花两性，雄蕊3，柱头3，小坚果有3棱。

分布于全国各地的山坡、荒地、田间。块茎入药，具有理气解郁、活血止痛之功效。

荆三棱 *Scirpus yagara* Ohwi

多年生沼生植物（图5-4-97），具细长匍匐的根状茎，顶端膨大成球状块茎，表皮黑褐色。茎秆直立，高大而粗壮，高50～150cm，锐三棱形。叶秆生，线形，通常下部有叶鞘，长20～40cm，宽5～10cm。聚伞花序不分枝，辐射枝3～8，每侧枝有小穗1～3，小穗褐色，卵状长圆形，长10～12mm，宽5～8mm，密生多数花，花序下有叶状苞片3～4，线形；小穗鳞片膜质，长圆形，外被短柔毛，顶端具芒。小坚果三棱状倒卵形，成熟时黄白色，表面有网纹。生于湖沼浅水中或沼泽地。块茎入药，具有破血行气、消积止痛之功效。

◆ 鉴别要点 ◆

　　莎草科草本具根茎，地上无节三棱形。叶有三列茎实心，或仅叶鞘闭合生。各种花序或小穗，坚果三棱凸球形，荸荠香附作药行。

4. 棕榈科 Palmae

灌木、藤本或乔木。茎通常不分枝。叶互生，常聚生茎顶，或在攀援种类中散生茎上；叶常绿，通常大型，掌状或羽状分裂，叶柄基部常扩大成具纤维的鞘。肉穗花序大型，常具佛焰苞 1 至数片；花小，淡绿色，辐射对称，两性或单性，雌雄同株或异株；花被 2 轮，每轮 3 片，离生或合生；雄蕊常 6 枚，少为 3 或多数；心皮常 3 枚，分离或合生，子房上位，1～3 室，每室 1 胚珠。浆果、核果或坚果，外果皮常纤维质。我国约有 28 属 100 余种（含常见栽培属、种）。

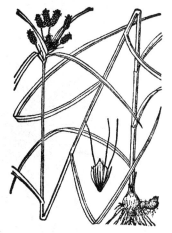

图 5-4-97　荆三棱

槟榔 *Areca catechu* L.

常绿乔木，高达 10m 余，茎直立，不分枝，有明显的环状叶痕。叶簇生于茎顶，叶长 1.3～2m，羽状全裂，裂片线形或线状披针形，先端呈不规则分裂；柄呈三棱形，具长叶鞘。雌雄同株；花序多分枝，雌花较大而少，着生于总轴或分枝基部，雄花小而多，生于分枝上部；子房上位，1 室。坚果卵球形，橙红色，胚乳嚼烂状。种子入药，具有杀虫消积，降气，行气利水之功效。

·鉴别要点·

棕榈科木本稀藤本，叶大有裂纤维鞘，花小整齐性难分，雌蕊子房上位多 3 室，浆果核果长圆状。

5. 天南星科 Araceae

多年生草本，少数为藤本。常具块茎或根状茎；单叶或复叶，常基生，叶柄基部常具膜质鞘；网状脉，肉穗花序，具佛焰苞；花小，两性或单性，多为雌雄同株，两性花常有花被片，单性花缺花被。雄蕊 2～8，常愈合成雄蕊柱，或分离；两性花常具花被片 4～6，鳞片状，雄蕊与之同数且对生；雌蕊子房上位，由 1 至数心皮组成 1 至数室，每室具 1 至数枚胚珠，浆果，密集于花序轴上。

约 115 属，2000 种以上，主要分布于热带、亚热带地区。我国 35 属，210 余种。已知药用 22 属，106 种。

天南星 *Arisaema consanguineum* Schott（*A. erubescens*），（Wall.）Schott.

多年生草本（图 5-4-98），植株高 60～80cm；块茎近球形或扁球形，直径 1.5～4cm，常有侧生小球状块茎。叶片 1，裂片 9～19 枚，常为 13 枚，狭长圆形，长圆状倒卵形或倒披针形，长 7～22cm，宽 2～6cm，先端渐尖。全缘，基部楔形，中裂片最小，无柄或具短柄。花序轴常短于叶柄，佛焰苞绿色，下部筒状，长 3～8cm，宽 1～2.5cm，檐部卵形或卵状披针形，有时下弯呈盔状；花序轴先端具鼠尾状附属物，长 10～20cm，伸于佛焰苞外；花单性，雌雄同株或雄花异株，两性花序，雄花疏生，位于花序上部，雌花密生，位于下部。果序近圆锥状，浆果密集，红色。种子 1 枚，棒状，黄色。花期 4～5 月；果期 6～7 月。

半夏 *Pinellia* ternata（Thunb.）Breitenbach

多年生草本（图 5-4-99），高 15～30cm。幼苗常为单叶，卵状心形，2～3 年后生 3 小叶的复叶；叶柄长 10～25cm，基部有珠芽。花单性同株，花序柄长于叶柄，佛焰苞绿色，下部细管状；雌花生于花序基部，雄花生于上端，花序顶端附属器青紫色，伸于佛焰苞外呈鼠尾状。浆果卵状椭圆形，绿色。花期 5～7 月，果期 8～9 月。块茎入药，有毒，能燥湿化痰，降逆止呕。

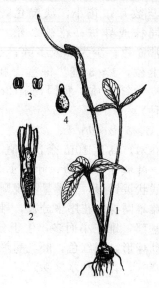

图 5-4-98　天南星

1—块茎；2—带花植株；

3—果序

图 5-4-99　半夏

1—植株；2—花序佛焰苞展开，示雄花（上），

雌花（下）；3—雄蕊；4—雌花纵切面

天南星科多年生草本，叶基生带鞘脉网状，肉穗花序具彩色佛焰苞。

6. 灯心草科 Juncaceae

一年生或多年生草本，常具根状茎。茎直立，通常不分枝。叶多基生成丛，线形或毛发状，基部具鞘。有时叶片退化仅存叶鞘；花序圆锥状、伞房状或头状；花常两性，辐射对称；花被 6 枚，2 轮，雄蕊 3 或 6；雌蕊 1 枚，子房上位，蒴果。

我国 6 属，60 多种；几乎全国分布。

灯心草 *Juncus effusus* Linn.

多年生草本（图 5-4-100）。具缩短的横生根状茎。茎直立丛生，圆柱形，淡绿色，具纵条纹，内有乳白色的髓。茎基部被有红褐色鳞状叶，先端具细芒状小刺。花序侧生，形状有变化，有的为紧密球形，有的具展开的分枝；花被片 6，线状披针形，绿色，二轮，外轮稍长；雄蕊通常 3，子房 3 室，柱头 3 裂。蒴果椭圆形；种子卵形，褐色。茎髓入药，具有清心火、利尿之功效。

图 5-4-100　灯心草

灯心草科多年生草本，横生根状茎短，直立茎内有白髓，披针形花被 6 片分二轮，雄蕊 3 柱头 3 裂，蒴果。

7. 百部科 Stemonaceae

多年生草本或半灌木，攀援或直立，通常具肉质块根，较少具横走根状茎。叶互生、对生或轮生，具柄或无柄。花序腋生或贴生于叶片中脉；花两性，辐射对称，通常花叶同期，罕有先花后叶者；花被片 4，花瓣状，排为 2 轮；雄蕊 4 枚，生于花被片基部，短于或几等长于花被片；子房上位或半下位，1 室，蒴果卵圆形，稍扁，熟时裂为 2。我国有 2 属，6 种，分布于秦岭以南各省区。

直立百部 *Stemona sessilifolia*（Miq.）Miq.

半灌木（图 5-4-101），块根纺锤状。茎直立，高 30～60cm，不分枝，具细纵棱。叶薄革质，通常每 3～4 枚轮生，卵状椭圆形或卵状披针形，顶端短尖或锐尖，基部楔形，具短柄或近无柄。花单朵腋生，通常出自茎下部鳞片腋内；鳞片披针形；花柄向外平展，长约 1cm，中上部具关节；花向上斜升或直立；花被片淡绿色；雄蕊紫红色；子房三角状卵形。蒴果有种子数粒。

百部 *Stemona japonica*（Bl.）Miq.

块根肉质，根成簇，长圆状纺锤形，茎长达 1m，常有少数分枝，下部直立，上部攀援状。叶 2～4（～5）枚轮生，纸质或薄革质，卵形，卵状披针形或卵状长圆形，顶端渐尖或锐尖，边缘微波状，基部圆形或截形，很少浅心形和楔形；花序柄贴生于叶片中脉上，花单生或数朵排成聚伞状花序，花被片淡绿色，披针形，雄蕊紫红色，短于或近等长于花被；蒴果卵形、扁的，赤褐色，熟果 2 开裂。种子椭圆形，稍扁平，深紫褐色。

图 5-4-101　直立百部
1—带花植株；2—根；3—外轮花被片；4—内轮花被片；
5—雄蕊；6—雄蕊侧面观，示花药及药隔附属物；
7—雄蕊正面观；8—雌蕊；9—果实

图 5-4-102　百合
1—植株上部，带花；2—雄蕊和雌蕊；
3—植株基部示鳞茎

以上两种药用植物均以块根入药，具有润肺止咳、驱虫灭虱等功效。

　　鉴 别 要 点

　　百部科草本多年生，肉质块根花两性，生于叶腋贴叶脉，被 4 雄 4 药隔长，子房上位结蒴果。

8. 百合科 Liliaceae

通常为具根状茎、块茎或鳞茎的多年生草本，少数为灌木。叶基生或茎生，茎生叶互生，稀对生、轮生或退化为鳞片状，茎扁化成叶状枝（如天门冬属）。花两性，稀单性，辐射对称，花序通常有伞形、总状、穗状、圆锥状等各种类型。花被片6，花瓣状，2轮排列，分离或合生；雄蕊6；子房上位，3心皮合生成3室，中轴胎座，胚珠常多数，蒴果或浆果。我国有60属，570种，分布南北各地，西南地区最丰富。已知药用46属，358种。

百合 *Lilium brownii* F. E. Brown var. *viridulum* Baker

多年生草本（图5-4-102）。鳞茎球形，淡白色，先端常开放如莲座状，由多数肉质肥厚、卵匙形的鳞叶聚合而成，下部着生须根。茎直立，圆柱形。叶互生，无柄，呈椭圆状披针形，全缘，叶脉弧形。花大、白色漏斗形，单生于茎顶。蒴果长卵圆形，具钝棱，种子多数。鳞叶入药，有养阴润肺、清心安神之功能。

黄精 *Polygonatum sibiricum* Delar. ex Redoute

多年生草本（图5-4-103）。根茎横走，由于结节膨大，因此"节间"一头粗、一头细，形似鸡头，故称鸡头黄精；茎直立，叶轮生，每轮4～6枚，条状披针形，先端卷曲成钩。花腋生，常2～4朵小花，下垂，花被筒状，白色至淡黄色，先端6浅裂，雄蕊6枚，浆果球形，成熟时黑色。根状茎入药，具有益气养阴、健脾、润肺、益肾之功效。

麦冬 *Ophiopogon japonicus* （L. f.）Ker-Gawl.

多年生草本，根较粗，中间或近末端常膨大成椭圆形或纺锤形的小块根；叶基生成丛，线形，边缘具细锯齿。花葶通常比叶短得多，总状花序；花梗关节位于中部以上或近中部；花被片常稍下垂而不展开，披针形，白色或淡紫色；种子球形。

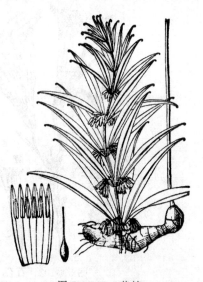

图 5-4-103　黄精

图 5-4-104　川贝母

川贝母 *Fritillaria cirrhosa* D. Don

多年生草本（图5-4-104）。高15～50cm。鳞茎由2枚鳞片组成，直径1～1.5cm。叶通常对生，少数在中部兼有散生或3～4枚轮生，条形至条状披针形，先端稍卷曲或不卷曲。花通常单朵，极少2～3朵，紫色至黄绿色，通常有小方格，少数仅具斑点或条纹；每花有3枚叶状苞片，苞片狭长，蒴果棱上有狭翅。

本科药用植物还有**浙贝母** *Fritillaria thunbergii* Miq.、**重楼** *Rhizoma Paridis*、**天门冬** *Asparagus cochinchinensis*（Lour.）Merr.、**土茯苓** *Smilax glabra* Roxb. 等。

9. 薯蓣科 Dioscoreaceae

多为缠绕性草质藤本。具根状茎或块茎。叶互生，少对生；单叶或掌状复叶，单叶常为心形或卵形、椭圆形，掌状复叶的小叶常为披针形或卵圆形，基出脉 3～9，侧脉网状；花小，雌雄异株，很少同株，花单生、簇生或排列成穗状、总状或圆锥花序；雄花花被片 6，2 轮排列，基部合生或离生；雄蕊 6，有时其中 3 枚退化；雌花花被与雄花相似，有退化雄蕊 3～6，子房下位，3 心皮合生，3 室。果实为蒴果、浆果或翅果，蒴果三棱形，每棱翅状，成熟后顶端开裂；种子有翅或无翅，有胚乳，胚细小。

我国只有薯蓣属 *Dioscorea* L. 约有 49 种。除穿龙薯蓣及薯蓣（山药）分布到长江以北外，其余均在长江以南。已知药用 37 种。

薯蓣 *Dioscorea opposita* Thunb.

缠绕草质藤本（图 5-4-105）。块茎长圆柱形，垂直生长，长可达 1m 多，断面干时白色。茎通常带紫红色，右旋。单叶，在茎下部的互生，中部以上的对生，很少 3 叶轮生；叶片变异大，卵状三角形至宽卵形或戟形，顶端渐尖，基部深心形、宽心形或近截形，边缘常 3 浅裂至 3 深裂，中裂片卵状椭圆形至披针形，侧裂片耳状，圆形、近方形至长圆形；幼苗时一般叶片为宽卵形或卵圆形，基部深心形。叶腋内常有珠芽。花单性异株，成穗状花序生于叶腋，偶尔呈圆锥状排列；蒴果三棱状扁圆形或三棱状圆形；种子四周有膜质翅。

分布于全国大部分地区，块茎入药，有补脾养胃，生津益肺，补肾涩精的功效；又能食用。

穿龙薯蓣 *Dioscorea nipponica* Makino.

缠绕草质藤本（图 5-4-106）。根状茎横生，圆柱形，多分枝，栓皮层显著剥离。茎左旋。单叶互生，叶片掌状心形，变化较大，边缘作不等大的三角状浅裂、中裂或深裂，顶端

图 5-4-105　薯蓣
1—块茎；2—雄枝；3—雄花序一部分；
4—雄蕊；5—雌花；6—果枝；
7—果实剖开示种子

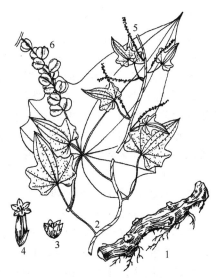

图 5-4-106　穿龙薯蓣
1—根茎；2—茎叶；3—雄花；
4—雌花；5—花枝；6—果枝

图 5-4-107　黄独

叶片小，近于全缘，花雌雄异株。穗状花序腋生，蒴果成熟后枯黄色，三棱形；种子四周有不等的薄膜状翅。根状茎入药，能祛风止痛、舒筋活络。

黄独 *Dioscorea bulbifera* L.

缠绕草质藤本（图 5-4-107）。块茎卵圆形或梨形，直径 4～10cm，通常单生，每年由去年的块茎顶端抽出，很少分枝，外皮棕黑色，表面密生须根。茎左旋，浅绿色稍带红紫色，光滑无毛。叶腋内有紫棕色、球形或卵圆形珠芽，表面有圆形斑点。单叶互生；叶片宽卵状心形或卵状心形，顶端尾状渐尖，边缘全缘或微波状，雄花序穗状，下垂，常数个丛生于叶腋，有时分枝呈圆锥状；花被片披针形，新鲜时紫色；雌花序与雄花序相似；蒴果反折下垂，三棱状长圆形，两端浑圆，成熟时草黄色，表面密被紫色小斑点；种子深褐色、扁卵形，通常两两着生于每室中轴顶部，种翅栗褐色，向种子基部延伸呈长圆形。

全国大部分地区均有分布。块茎入药（黄药子），有小毒，能解毒消肿，化痰散瘀，凉血止血。

● 鉴别要点 ●

薯蓣科缠绕多年生，块茎肉质常似根。叶常互生稀为对，基部心形掌脉明。叶柄关节常扭转，雌雄异株花单性。花被 6 片列两轮，雄蕊 6 枚或 3 退。子房下位有 3 室，蒴果 3 瓣有 3 翅。

10. 鸢尾科 Iridaceae

多年生草本。有根状茎、块茎或鳞茎。叶多基生，条形或剑形，基部有套叠叶鞘，互相套叠而排成 2 列。花序多种；花两性，辐射对称或两侧对称，花被片 6，2 轮排列，花瓣状，基部合生成管；雄蕊 3；子房下位，中轴胎座，3 室，每室胚珠多数。蒴果。

本科约 60 属，80 种，我国仅有射干属、鸢尾属，连引进栽培的 9 属共 11 属，约 71 种，已知药用的 8 属，39 种。

射干 *Belamcanda chinensis*（L.）DC.

多年生草本（图 5-4-108）。根状茎为不规则的块状，斜伸，黄色或黄褐色；茎高 1～1.5m，实心。叶互生，嵌叠状排列，剑形，基部鞘状抱茎。花序顶生，叉状分枝，每分枝的顶端聚生有数朵花；花橙红色，散生紫褐色的斑点；花被裂片 6，2 轮排列，外轮花被裂片倒卵形或长椭圆形，内轮较外轮花被裂片略短而狭；雄蕊 3，子房下位，倒卵形，3 室，中轴胎座，胚珠多数。蒴果倒卵形或长椭圆形，种子圆球形，黑紫色，有光泽。

分布于山坡、草地、林缘、沟边或栽培。主产湖北、河南、江苏、安徽。根状茎入药，具有清热解毒，消痰利咽之功效。

番红花 *Crocus sativus* L.

多年生草本（图 5-4-109）。球茎扁圆球形，直径约 3cm，外有黄褐色的膜质包被。叶基生，9～15 枚，条形，灰绿色，长 15～20cm，宽 2～3mm，边缘反卷；叶丛基部包有 4～5 片膜质的鞘状叶。花茎甚短，不伸出地面；花 1～2 朵，淡蓝色、红紫色或白色，有香味，直径 2.5～3cm；花被裂片 6，2 轮排列，内、外轮花被裂片皆为倒卵形，顶端钝，长 4～5cm；雄蕊直立，长 2.5cm，花药黄色，顶端尖，略弯曲；花柱橙红色，长约 4cm，上部 3 分枝，分枝弯曲而下垂，柱头略扁，顶端楔形，有浅齿，较雄蕊长，子房狭纺锤形。蒴果椭

图 5-4-108　射干
1—植株；2—雄蕊；3—雌蕊；4—果实

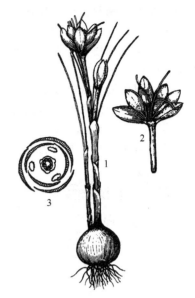

图 5-4-109　番红花
1—植株；2—花；3—花图式

圆形，长约 3cm。

我国各地常见栽培。花柱及柱头供药用，即藏红花。具有活血、化瘀、生新、镇痛、健胃、通经之功效。

● 鉴别要点 ●

鸢尾科多年草本茎多样，长叶基生套折状。两性对称两轮生，花被皆为花瓣相。胎座 3 室中轴长，蒴果背裂易种植，药用观赏皆为上。

11. 姜科 Zingiberaceae

多年生草本，通常具芳香气味。有块状或匍匐延长的根状茎。地上茎高大或很矮或无，基部通常具鞘。叶基生或茎生，通常 2 列，少数螺旋状排列，叶片较大，通常为披针形或椭圆形，有叶鞘、叶舌，叶片具羽状平行脉。花单生，或组成总状、穗状或圆锥花序；生于具叶的茎上或单独由根茎发出，而生于花葶上；花序具有苞片，每苞内有 1 至数花；花两性，两侧对称；花被片 6，外轮萼状，常合生成管，一侧开裂，顶端有 3 齿裂，内轮花冠状，上部 3 裂，通常位于后方的 1 片较两侧的大；退化雄蕊 2 或 4 枚，其中外轮的 2 枚为侧生退化雄蕊，常呈花瓣状、齿状或不存在，内轮的 2 枚连合成显著而美丽的唇瓣，子房下位，1～3 室，花柱丝状，沿能育雄蕊花丝的沟槽从药室间伸出。通常为蒴果，少为浆果状；种子有假种皮。

我国 21 属，约 200 种，分布于东南至西南。已知药用 15 属，约 100 种。

姜 *Zingiber officinale* Rose.

多年生草本（图 5-4-110）。根状茎肥大，呈不规则块状，灰白色或灰黄色，有清香和辛辣味。地上茎高 50～70cm，叶披针形，长 15～30cm，穗状花序卵形；苞片卵形，长约 2.5cm，淡绿色或边缘黄色；花冠黄绿色，裂片披针形，唇瓣紫色，散布白点。根状茎入药，具有散寒解表、温肺止咳等功效。

高良姜 *Alpinia officinarum* Hance

多年生草本（图 5-4-111）。高 40～110cm，根茎圆柱状，横走，棕红色或紫红色，有节，节处具环形膜质鳞片，节上生根。茎丛生，直立。叶 2 列；无柄；叶片狭线状披针形，长 15～30cm，宽 1.5～2cm，先端尖，基部渐狭，全缘或具不明显的疏钝齿，两面无毛；叶鞘开放，抱茎，边缘膜质，叶舌长可达 3cm，挺直，膜质，渐尖，棕色。圆锥形总状花序，顶生，长 5～15cm，花稠密；花两性，具短柄；萼筒状，长 7～14mm，3 浅圆裂，棕黄色，外面被短毛；花冠管漏斗状，长约 1cm，裂片 3 枚，长约 1.7cm，浅肉红色，外面被疏短柔毛；唇瓣矩卵形至矩状广卵形，浅肉红色，中部具紫红色条纹，长 2～2.5cm；侧生退化雄蕊锥状，雄蕊 1，花丝粗壮，药隔膨大，先端阔，2 裂呈叉形；子房下位，3 室，花柱细长，基部下方具 2 个合生的圆柱形蜜腺，长约 3mm，柱头 2 唇状。蒴果球形，熟时橘红色。

图 5-4-110　姜　　　　　　　　　　　图 5-4-111　高良姜
1—植株；2—花；3—唇瓣

产于广东、广西；野生于荒坡灌丛或疏林中，或栽培。根茎供入药，具有温中散寒、止痛消食之功效。

草豆蔻 *Alpinia katsumadai* Hayata

多年生草本，株高达 3m。叶 2 列，叶片线状披针形，长 50～60cm，顶端具短尖头，基部两边不对称，两面无毛或背面被疏毛，叶柄长 1.5～2cm；叶舌外被粗毛。春季开花，总状花序顶生、直立，长约 20cm，花序轴密生粗毛；花梗长 3～5mm；小苞片乳白色，包裹花蕾；花冠白色，裂片 3，唇瓣三角状卵形，长 3.5～4cm，黄色而具有从中央向边缘放射的紫色条纹；雄蕊 1 枚。蒴果球形，直径约 3cm，成熟时杏黄色；种子聚生成种子团。

分布广东、海南、福建、广西、云南等省区。种子入药具有温中散寒、行气止痛、燥湿健脾等功效。

◀ 鉴 别 要 点 ▶

　　姜科草本有芳香，根茎球茎单生茎。单叶有鞘叶舌在，两性花来左右称。花被 6 枚两轮生，雄蕊 1 育 2 退去。子房下位有 3 室，中轴胎座蒴果成。

12. 兰科 Orchidaceae

多年生草本。通常陆生或腐生，稀腐生。地下通常具有块根、块茎或根状茎，腐生种类具有气生根。茎直立、攀援或匍匐状。单叶互生，基部常具抱茎的叶鞘，有时退化呈鳞片状。花单生或排成总状、穗状或圆锥花序；花两性，两侧对称；花被片 6，2 轮，外轮 3 枚为萼片，中央 1 片称中萼片，中萼片有时凹陷与花瓣靠合成盔，两侧裂片略歪斜。内轮 3 枚为花瓣，中央 1 片特化为唇瓣，常有特殊的形态分化和艳丽的色彩，因子房呈 180°扭转而使唇瓣位于下方；雄蕊与雌蕊的花柱通常合生而称合蕊柱，位于唇瓣上方并与之相对；雌蕊通常 1 枚生于蕊柱顶端，稀具 2 枚生于蕊柱两侧，花药通常 2 室，药室中的花粉粒结合成花粉块；子房下位，3 心皮合生，侧膜胎座，1 室，胚珠微小，极多数，蒴果，种子微小，极多数，无胚乳。

我国 166 属，1000 余种，南北均产，而以云南、海南、台湾种类最丰富。已知药用 76 属，287 种。

天麻 *Gastrodia elata* Bl.

天麻植株（图 5-4-112）。高 30～150cm，地下块茎肉质肥厚，长椭圆形或卵状椭圆形，长约 10cm，粗 3～5cm，常平卧，具均匀的环节，节上轮生多数三角状广卵形的膜质鳞片。茎不分枝，直立，稍肉质，黄褐色。叶鳞片状棕褐色，膜质，互生，下部鞘状抱茎。总状花序顶生，花淡绿黄色、蓝绿色、橙红色或黄白色；唇瓣白色，先端 3 裂；子房倒卵形。蒴果长圆形或倒卵形。种子呈粉末状。

图 5-4-112 天麻
1—植株；2—花及苞片；3—花；
4—花被展开，示唇瓣和合蕊柱

生于湿润的林下，现多栽培。主产四川、云南、贵州、湖北、陕西。块茎入药具有平肝息风止痉之功效。

石斛 *Dendrobium nobile* Lindl.

石斛（图 5-4-113）茎直立，肉质状肥厚，稍扁的圆柱形，长 10～60cm，粗达 1.3cm，上部多少回折状弯曲，基部明显收狭，不分枝，具多节，节有时稍肿大；节间多少呈倒圆锥形，干后金黄色。叶革质，互生，长圆形，先端钝并且不等侧 2 裂，基部具抱茎的鞘。总状

图 5-4-113 石斛
1—植株；2—唇瓣；3—合蕊柱剖面；
4—合蕊柱背面；5—合蕊柱正面（示雄蕊）

图 5-4-114 白及
1—植株；2—果枝；3—花图式

花序具1～4朵花；花序柄基部被数枚筒状鞘；花大，白色带淡紫色先端，有时全体淡紫红色或除唇瓣上具1个紫红色斑块外，其余均为白色；合蕊柱绿色，基部稍扩大。茎称金钗石斛，具有滋阴清热，益胃生津的作用。

白及 *Bletilla striata* (Thunb. ex Murray) Rchb. F.

多年生草本（图5-4-114），高20～40cm。块茎扁球形，具2～3叉状分支，上面具荸荠似的环带，富黏性。叶4～6枚，狭长圆形或披针形，长8～29cm，宽1.5～4cm，先端渐尖，基部狭缩成鞘并抱茎。花序具3～10朵花，常不分枝或极罕分枝；花序轴或多或少呈"之"字状曲折；花大，紫红色或粉红色；唇瓣较萼片和花瓣稍短，倒卵状椭圆形，白色带紫红色，具紫色脉；合蕊柱柱状，具狭翅，稍弓曲。块茎入药，具有收敛止血、消肿生肌之功效。

鉴别要点

兰科植物是草本，内轮唇瓣好辨认，子房扭转合蕊柱，种子极多小如尘。

归 纳 总 结

表1　蕨类植物和裸子植物形态术语对照表

蕨类植物	大孢子叶球	小孢子叶球	大孢子叶	小孢子叶	大孢子囊	小孢子囊	大孢子	小孢子
裸子植物	雌球花	雄球花	珠鳞	雄蕊花丝	珠心	花粉囊	胚囊	花粉粒

表2　豆科三个亚科比较

特征	含羞草亚科	云实亚科	蝶形花亚科
花冠对称	辐射对称	两侧对称	两侧对称
花瓣排列	镊合状排列	上升覆瓦状排列	下降覆瓦状排列
雄蕊数目	雄蕊多数	雄蕊10个或少于10个，分离	雄蕊10个，二体雄蕊
果实类型	荚果具横隔	荚果无横隔	荚果无横隔

表3　菊科与桔梗科比较

鉴别项	菊　科	桔　梗　科
花序	头状花序	花单生或成各种花序
雄蕊	聚药雄蕊	雄蕊5枚，离生或合生
雌蕊	2心皮合生	3心皮合生
果实	连萼瘦果	蒴果，浆果

表4　管状花亚科与舌状花亚科比较

管状花亚科	舌状花亚科
植物体无乳汁	植物体具乳汁
头状花序全由管状花组成，或由舌状花兼有管状花组成	头状花序全由舌状花组成
花柱圆柱状，具附器	花柱分枝细长条形，无附器

表5　兰科与姜科比较

兰　科	姜　科
陆生、腐生或附生植物	附生植物
花被6,2轮，唇瓣由内轮1枚花被片变态形成	花被6,2轮，唇瓣由2枚退化雄蕊变态形成，其他退化雄蕊或完全退化，或花瓣状、钻状或条形
雄蕊1或2枚，花丝和花柱愈合形成合蕊柱，雄蕊的花药位于合蕊柱顶端或两侧，花粉粒黏结成花粉块	发育雄蕊1枚，花柱从花丝的沟槽穿过
蒴果，种子极小而多	蒴果，种子有假种皮

表6　百合科三个重点属比较

百 合 属	黄 精 属	贝 母 属
具无被鳞茎,肉质鳞叶较多	具横走根茎,具黏液	具无被鳞茎。肉质鳞叶较少
单叶互生	叶互生或轮生	单叶对生、轮生、互生,或呈混合叶序
花被片6,分离;花药丁字着生	花被下部合成管状,顶端6裂;裂片顶端具乳突	花钟状下垂,花被片6,分离,基部有腺窝,花药基生
蒴果	浆果	蒴果常有翅

复习与思考

一、名词解释

颈卵器;精子器;孢子叶;孢子同型;裸子植物;被子植物;单体雄蕊

二、判断正误

1. 苔藓植物一般没有维管组织,疏导能力很弱。

2. 苔藓植物是有胚植物。

3. 从蕨类植物开始才有了真正的根。

4. 蕨类植物的叶有单叶,也有复叶。

5. 裸子植物中无草本植物。

6. 裸子植物的颈卵器内有1个卵细胞和1个腹沟细胞,无颈沟细胞,比蕨类植物的颈卵器更为退化。

7. 苏铁的叶大,革质,多为一回羽状复叶,螺旋状排列于树干上部。

8. 桑科植物无花果的果实是穗状花序形成的聚花果。

9. 桑科植物常有白色乳汁,叶中常有碳酸钙结晶。

10. 何首乌的入药部位为其肥大直根。

11. 毛茛科植物花为两性花,果为聚合蓇葖果和聚合浆果。

12. 芍药的根入药称作"白芍"或"赤芍"。

13. 五味子为木质藤本,其果实是聚合蓇葖果。

14. 蔷薇科一般可分为四个亚科,分别是绣线菊亚科、蔷薇亚科和云实亚科、苹果亚科。

15. 苹果亚科的果实是假果。

16. 天南星科、毛茛科、豆科和葫芦科都具有边缘胎座。

17. 药材吴茱萸的原植物有吴茱萸、疏毛吴茱萸和石虎。

18. 白鲜的树皮入药称为白鲜皮。

19. 大戟科植物花单性,无花瓣或稀有花瓣。

20. 伞形科和五加科的共有特征有子房下位、心皮合生、每室1胚珠。

21. 蛇床的种子入药称蛇床子。

22. 重齿当归入药称独活。

23. 杠柳的根皮入药称香加皮。

24. 益母草属、鼠尾草属和黄芩属植物均为轮伞花序。

25. 紫草科和唇形科的主要区别是前者常被粗硬毛，花冠喉部常有附属物，二强雄蕊。

26. 枸杞和宁夏枸杞的根皮入药，药材名位地骨皮。

27. 爵床科和桑科植物常有钟乳体，二者均为草本，有白色乳汁。

28. 栝楼的块根入药，称天花粉。

29. 菊科和桔梗科植物均具白色乳汁，均为连萼瘦果。

30. 萝卜的新鲜根入药，药材名为地骷髅。

31. 豆科植物皂荚的不发育果实入药，药材名为猪牙皂。

32. 芍药科果实成熟时沿着腹缝线或背缝线两面裂开成为蓇葖果。

33. 具单性花的科是天南星科。

34. 姜科植物姜黄的根状茎入药，药材名为姜黄。

35. 禾本科的子房基部有退化的花被称内稃。

36. 具花粉块的科是兰科。

37. 植物石斛是寄生草本。

三、简答题

1. 苔藓植物为什么只能长在潮湿的地方？

2. 为什么说蕨类植物比苔藓植物更加高等和复杂？

3. 为什么说裸子植物既是颈卵器植物又是种子植物？

4. 简述被子植物的主要特征。

5. 双子叶植物纲和单子叶植物纲的主要区别是什么？

6. 果实类型为双悬果的植物是哪个科？该科的植物有什么特征？

7. 比较萝藦科与夹竹桃科的植物特征。

8. 比较茄科和旋花科的植物特征。列举常见药用植物。

9. 半夏为何科植物？该科有何主要特征和常用药用植物？

10. 麦冬为何科植物？该科有何主要特征和常用药用植物？

11. 白及为何科植物？该科有何主要特征和常用药用植物？

12. 射干为何科植物？该科有何主要特征和常用药用植物？

13. 高良姜为何科植物？该科有何主要特征和常用药用植物？

14. 香附为何科植物？该科有何主要特征和常用药用植物？

15. 泽泻为何科植物？该科有何主要特征和常用药用植物？

16. 直立百部为何科植物？该科有何主要特征和常用药用植物？

第六章

药用植物学实践技能训练

实践教学课堂规则

1. 爱护实验室一切仪器设备，执行勤俭的原则，尽量节约水、电及一切消耗物资（如纱布、揩镜头纸、滤纸、染料、试剂、盖玻片）和实验材料等。

2. 遵守实验室规则，保持实验室清洁整齐，一切实验用具用完后要擦洗干净，放回原处。每次实验完毕，轮流值日，搞好清洁卫生，最后离开实验室的同学应仔细检查水、电、门、窗是否关好，养成良好的实验习惯。

3. 实验课不得无故缺席、迟到和早退，如有特殊原因不能参加实验时，须提前向指导教师请假。

4. 实验期间保持肃静，不得随意走动、喧哗、打电话或接听电话。室内不准随地吐痰和乱扔纸屑、杂物。

5. 实验室均排好柜子号和显微镜（解剖镜）号，同学取放显微镜（解剖镜）时，不能随意变动。

6. 学生应提前5～10min进入实验室，做好实验前的准备工作。穿白大褂，带好实验指导书、实验报告、绘图工具等。实验前认真预习每次实验课内容，包括教材中相应章节理论知识、课堂笔记等，明确实验目的和要求，了解实验内容和步骤，以便实验顺利进行。

7. 实验时，学生应在实验教材指导下独立操作，仔细观察，随时做好记录。遇到问题，应积极思考，分析原因，排除障碍。对于经自己努力仍解决不了的问题，可与同学交流或请指导教师帮助。实验课的时间要充分利用，及时完成所要求的实验观察及作业。

8. 实验报告应独立完成，不得抄袭。

9. 实验态度，考勤情况和实验报告成绩记入该门课程总成绩的20%。

10. 实验课要求同学自备下列用品：绘图铅笔 HB 一支，橡皮，小刀，实验报告纸。

项目一　显微镜构造、使用与药用植物细胞后含物形态（淀粉粒）观察

一、实训目的

1. 了解显微镜构造及其维护，初步掌握显微镜的使用及保养方法。

2. 掌握不同药材粉末后含物（淀粉）的类型及构造。

3. 学习生物绘图方法。

二、实训材料与用品

材料：山药粉末，葛根粉末、藕粉、半夏粉末、大黄、鲜姜等。I-KI 溶液（稀释100 倍）。

用品：显微镜、植物粉碎机、载玻片、盖玻片、尖头镊子、吸水纸、擦镜纸、胶头滴管。

三、实训内容

1. 显微镜的构造

显微镜虽种类繁多，但都包括机械装置和光学系统两大部分，如图 6-1-1。

（1）机械部分　主要有镜座、镜臂、镜筒、载物台、物镜转换器和调焦装置六部分。

① 镜座　位于显微镜基部，用以支持镜体，使显微镜放置稳固。

② 镜臂　为取放镜体时手握的部位。

③ 载物台　方形或圆形，为放置标本的平台，中部有通光孔，台上有标本推进器或弹性压片夹一对，可以压定标本。显微镜载物台下装有移动手轮，可使玻片前后左右移动。

④ 镜筒　为显微镜上部圆形中空的长筒，标准长度一般为 160mm，上端插入目镜，下端连接物镜转换器。镜筒的作用是保护成像的光路和亮度。

⑤ 物镜转换器　连接于物镜上端的圆盘，可自由转动。旋转物镜转换器时，物镜即可固定在使用的位置上，保证物镜与目镜的光线合轴。

⑥ 调焦器　位于镜臂两侧，旋转时可使载物台或镜筒上下移动，大的叫粗调焦器，低倍物镜及粗调焦时应用；小的叫微动调焦器，用于高倍物镜观察时作细调焦使用。

（2）光学部分　由成像系统和照明系统组成。成像系统包括物镜和目镜，照明系统包括反光镜和聚光器。

① 物镜　是决定显微镜质量的最重要的部件，安装在物镜转换器上，接近被观察的物体。一般有三个放大倍数不同的物镜（表 6-1-1），即低倍镜（10倍以下）、高倍镜（40～65 倍）和油浸物镜（90～100 倍）。

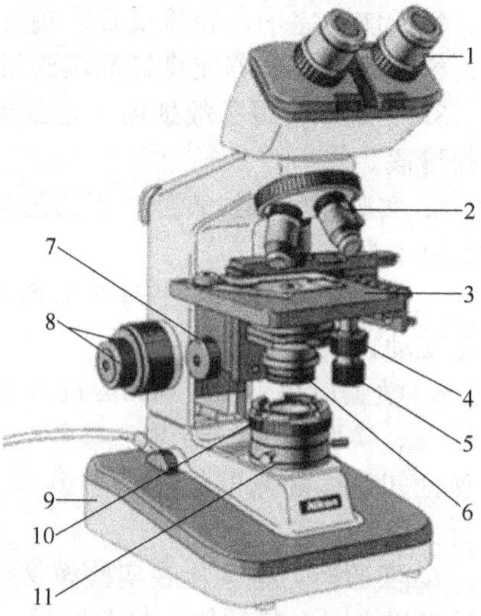

工作距离（表 6-1-1）是指物镜最下面透镜的表面与盖玻片（其厚度为 0.17～0.18mm）上表面之间的距离。物镜的放大倍数愈高，它的工作距离越小。一般油镜的工作距离仅为 0.2mm，所以使用时要倍加注意。

图 6-1-1　显微镜的构造

1—目镜；2—物镜；3—载物台；4—纵向移动手轮；5—横向移动手轮；6—聚光器；7—载物台移动手轮；8—粗细调焦器；9—镜座；10—滤光器；11—光源

表 6-1-1　物镜类型及其工作距离

类　　型	物镜倍数	工作距离/mm
低倍镜	10×	7.63
高倍镜	40×	0.53
油浸物镜	100×	0.198

② 目镜　安装在镜筒上端，是将物镜所成的像进一步放大，使之便于观察。其上刻有放大倍数，如 5×、10× 和 16× 等，可根据当时的需要选择使用。

③ 反光镜　是个圆形的两面镜。一面是平面镜，能反光；另一面是凹面镜，兼有反光和汇集光线的作用，可选择使用。反光镜可作各种方向的翻转，面向光源，能将光线反射在聚光器上。有些显微镜装有内置光源，可替代反光镜进行采光。

④ 聚光器　装在载物台下，由聚光镜（几个凸透镜）和虹彩光圈（可变光栏）等组成，可将平行的光线汇集成束，集中在一点，以增强被检物体的照明。聚光器可上下调节，如用高倍镜时，视野范围小，则需上升聚光器；用低倍物镜时，视野范围大，可下降聚光器。聚光器上还附有光圈，用以调节进入物镜的光线。

2. 普通光学显微镜的使用

① 取放　拿取显微镜时，应一只手握住镜臂，另一只手平托镜座。将显微镜放置在桌子左侧距桌边 5～10cm 处，以便腾出右侧位置进行观察记录或绘图。

② 对光　对光时，先将低倍镜对准通光孔，用左眼或双眼观察目镜。然后，调节反光镜或打开内置光源并调节光强，使镜下视野内的光线明亮、均匀又不刺眼。

③ 低倍镜使用　将玻片标本放置在载物台上固定好，使观察材料一定正对着通光孔中心。转动粗调焦轮下降物镜距玻片 5mm 处，接着用左眼（或双眼）注视镜筒，再慢慢用粗调焦轮上升物镜，直到看见清晰的物像为止。

④ 高倍镜使用　由于高倍镜视野范围更小，所以使用前应在低倍镜下选好欲观察的目标，并将其移至视野中央，然后转高倍镜至工作位置。高倍镜下视野变暗且物像不清晰时，可调节光亮度和细调焦轮，不得使用粗调。由于高倍镜使用时与玻片之间距离很近，因此，操作时要特别小心，以防镜头碰击玻片。

⑤ 油镜使用　在高倍镜下将要观察的部分移至视野中央，上升镜筒约 1.5cm，然后转油镜至工作位置。在盖玻片要观察的位置上滴一滴香柏油，慢慢下降镜筒，使之与油滴接触，然后慢慢调节细调焦轮上升镜筒到物像清晰。若发现香柏油液滴与物镜分离，应重新下降镜筒至与油滴接触，然后细调。油镜工作距离非常小（约为 0.2mm），所以这步操作要特别小心，防止压碎玻片。

⑥ 调换玻片　观察时如需调换玻片，要将高倍镜换成低倍镜，取下原玻片，换上新玻片，重新从低倍镜开始观察。

⑦ 使用后整理　观察完毕后，上升镜筒，取下玻片，将物镜转离通光孔呈非工作状态，放上擦镜布，按原样收好显微镜。

3. 普通显微镜的维护及注意事项

① 显微镜应放在干燥的地方，避免强烈的日光照射。

② 拿取显微镜时，应右手握镜臂，左手托住底座，使镜身直立，切勿左右摇晃，以免碰伤或目镜滑出。

③ 保持显微镜的清洁，用擦镜纸擦拭镜头，不可用手或毛布擦物镜和目镜；用绸布或纱布擦机械部分。

④ 显微镜的总放大率是用目镜与物镜放大率的乘积来表示。

⑤ 机械部分上的灰尘，应随时用纱布擦拭。擦拭目镜、物镜、聚光镜和反光镜时，必须用特制的擦镜纸擦拭，严禁用手指接触透镜。万一有油污，可用擦镜纸蘸取乙醚-酒精混合液或二甲苯擦拭，再用干擦镜纸擦拭。

⑥ 使用时不可随意拆卸显微镜的任何部分，如遇故障，必须报告指导教师解决。

【知识链接】

显微镜常见故障的处理

第一类　电器部分的问题

症　状	原　因	对　策
开关接通时灯泡不亮	无电源	检查电路的连接
	灯泡未插入	检查灯泡的插入情况
	灯泡已经损坏	更换一个适当的好灯泡
灯泡突然烧坏了	使用了非指定的灯泡	用指定的专用灯泡替换
	电压太高,或者电压不稳定	检查电压,仍未解决找维修部
照明亮度不够	使用了非指定的灯泡	使用指定的专用灯泡
	电压不稳或者太低	检查电压情况,调整正常
灯泡闪烁或亮度不稳定	灯泡快要坏了	更换一个新的灯泡
	灯泡的插入不正确,接触不好	检查并稳固的插入灯泡

第二类　光学部分的问题

症　状	原　因	对　策
边缘黑暗或视场明暗	转换器不在定位位置上	转到定位的位置
	灯丝像不在中心	调整使对中心
视场里有脏物	透镜上沾有脏物	擦干净(软布)
	透镜上有脏物	擦干净(软布)
	玻片上有脏物	擦干净(软布)
像质很差(分辨率低,对比度差)	聚光镜位置太低	校正位置
	切片上没有盖玻片,或切片放反了	使用标准的0.17mm盖玻片
	盖玻片过厚或太薄	使用标准的0.17mm盖玻片
	干物镜上有浸油,40×更易有	擦干净
	透镜上有脏物	擦干净
	油浸物镜没有浸油或浸油有气泡	使用浸油,清除气泡
	用了非指定的浸油	使用专用浸油
	孔径光栏开得过大(过小)	调整光栏大小至正常
	双目镜筒的入射透镜上有脏物	擦干净
	聚光镜位置太低	校正位置
图像某一侧发暗	聚光镜不在视场中心聚光镜偏斜	重新安装,仔细调节中心螺钉
	转换器不在定位处	转到定位的位置
	标本处于浮动状态	可靠地加固
调焦时图像移动	标本浮在载物台表面	稳固的安放
	转换器不在定位处	转动使之到位
图像略带黄色	未用蓝色滤色镜	使用蓝色滤色镜

续表

症　状	原　因	对　策
照明亮度不够	孔径光栏开得太小	重新调整
	聚光镜位置太低	纠正其位置
	透镜上有脏物	擦干净

第三类　机械部分的问题

症　状	原　因	对　策
用高倍镜图像不能聚焦	玻片放反了	翻转玻片
	盖玻片太厚	用标准厚度的盖玻片(0.17mm)
当物镜从低倍向高倍转换时接触到玻片	玻片放反了	翻转玻片
	盖玻片太厚	用标准厚度的盖玻片(0.17mm)
标本移动不流畅	玻片夹持器未可靠地紧固	确认紧固
双目图像不重合	瞳距没有调节正确	重新调节
眼睛过度疲劳	没有进行视度的调节	正确调节视度
	照明亮度不合适	调整照明电压

图 6-1-2　各种
淀粉粒
1—单粒；2—复粒；
3—半复粒

4. 药用植物细胞后含物（淀粉粒）基本形态观察

单粒淀粉——只有一个脐点，有无数层纹，如山药、姜（扇贝形）、何首乌（圆形）、太子参、高良姜（棒槌形）（图 6-1-2）。

复粒淀粉——有两个或多个脐点，各有层纹，无共同层纹，如半夏、大黄（脐点星状）。

半复粒淀粉——有两个或多个脐点，每个脐点各有少量层纹，有许多共同层纹，如马铃薯。

鉴别方法：加碘液显蓝紫色。

（1）方法步骤：

① 擦净载玻片，在载玻片的中央滴 1~2 滴 I-KI 溶液。

② 镊子尖端蘸取少量水液，用蘸有水液的镊子尖端轻轻蘸取少量的山药粉末，放在载玻片的水液当中，并搅拌均匀。

③ 用镊子夹住盖玻片的一边，使盖玻片的对边接触水滴的边缘，轻轻放下盖玻片。

④ 用吸水纸条吸去盖玻片周围溢出的水。

⑤ 先在低倍镜下找到淀粉粒，再调至高倍镜观察淀粉粒的类型和层纹结构。

（2）注意事项　制片时产生的气泡会影响观察效果，当气泡多时可取下盖玻片重新盖，气泡少时可将载玻片稍倾斜，用镊子的另一头在气泡下面轻轻敲打载玻片，气泡便从高的地方逸出。

5. 生物绘图的方法与要求

生物绘图是重要的实验报告形式，比文字记录生动具体，可帮助我们理解植物的结构和特征，是学习植物学时必须掌握的技能技巧。在后续课程《中药鉴定学》及以后工作的科研报告中，经常要运用形态结构图来表达所观察的内容，因此，开始时一定要从严要求自己。

（1）用具　铅笔（中华绘图铅笔 2H）、橡皮、小刀、直尺。

（2）要求　植物绘图与美术绘图不同，具体要求如下。

① 首先要注意科学性和准确性　必须认真观察要画的对象（标本或切片等），正确理解各部特征。选出正常的典型材料，才能在绘图时，保证形态结构的准确性。

② 合理布局　绘图之前，应根据要求绘图的数量和内容，在图纸上，首先安排好各图的位置比例，并留出书写图题和图注的地方。

③ 先绘草图　即用削尖的 2H 铅笔轻轻地在图纸上勾出图形的轮廓，以便于修改。勾画草图时，注意比例，对照所观察的实物与所画轮廓大小是否相符。

④ 正式绘图时要用 2H 绘图硬铅笔，按顺手的方向运笔，描出与物体相吻合的线条。线条要一笔勾出、粗细均匀，光滑清晰，接头处无分叉和痕迹（切忌重复描绘）。

⑤ 植物图一般用圆点衬阴，表示明暗和颜色的深浅，给予立体感。点要圆而整齐，大小均匀，根据需要灵活掌握疏密变化，不能用涂抹阴影的方法代替圆点。

⑥ 图纸要保持整洁，图注一律用正楷书写（尽量学写仿宋体），应尽量详细，并要求用平行线引出，最好在图的右侧，必须整齐一致。

⑦ 绘图及注字一律用铅笔，不能用钢笔、有色水笔或圆珠笔。

⑧ 实验题目写在绘图报告纸的上方，图题和所用的植物材料名称和部位写在图的下方，可能时注明放大倍数。

⑨ 平时多进行点、线的训练，做到点圆而匀，线均匀光滑。

⑩ 实验报告是根据实验材料认真观察而绘制的，切忌抄录书上或其他资料上的图形。

四、作业

采用生物绘图方法绘出你所观察到的 1～2 个淀粉粒的类型、形态，示脐点、层纹。

项目二　药用植物细胞主要后含物（晶体）形态鉴别

一、实训目的

1. 识别针晶、方晶、簇晶、钟乳体等晶体的形态特征。
2. 掌握临时制片法和组织粉末透化法实验技能。
3. 理解后含物在生药鉴定中的意义。

二、实训材料与用品

材料：半夏粉末、大黄粉末、黄柏粉末、射干粉末、印度橡胶树表皮（或无花果叶表皮、秋海棠叶片表皮）。

用品：显微镜、植物粉碎机、载玻片、盖玻片、解剖针、镊子、吸水纸、酒精灯、水合氯醛液（配小滴管）、稀甘油（配小滴管）。

三、实训内容

鉴别方法：组织透化法

取以下粉末各少许，置载玻片中央，滴 1～2 滴水合氯醛液于粉末上。用解剖针将粉末和水合氯醛液大致混匀。置酒精灯上小火微微加热，勿使其沸腾（否则产生气泡，妨碍观察），载玻片在火上来回移动，以防加热不匀而使载玻片爆裂。加热到刚一冒出气泡时，立刻将载玻片移离火焰，可随时补加水合氯醛液，反复几次，直至透化清晰，加稀甘油 1～2 滴封藏，然后盖上盖玻片，用吸水纸吸去盖玻片周围多余的试液。置低倍镜下

图 6-2-1　大黄簇晶

寻找晶体。

稀甘油是防止水合氯醛结晶析出，并可防止切片失水变干及增加透明度。

（1）簇晶的形态及鉴别　取大黄粉末制临时装片，在低倍镜下观察簇晶形态：似一个小小的重瓣花（图 6-2-1）；整个晶体因折光复杂而常呈浅灰色。其他如人参、何首乌、太子参也含有簇晶。

（2）针晶的形态及鉴别　取半夏粉末制临时装片，置显微镜下寻找针晶束（略似被剪下的一撮深灰色头发）（图 6-2-2），有时因细胞破了而流出到细胞之外，成束或散在，散在的针晶呈无色透明状，有较强的折光性。其他如麦冬、商陆、黄精等也含有针晶。

（3）方晶的形态及鉴别　方晶又称单晶或块晶：呈正方形、长方形、八角体、三棱形等，常单独存在，如甘草根、根茎、黄檗皮、秋海棠叶柄、合欢树皮。取黄柏粉末少许，加水合氯醛透化，镜检，可见在细长的成束的纤维周围的薄壁细胞内，含有方形或长方形的草酸钙晶体，这种结构称为晶鞘纤维（图 6-2-3）或晶纤维。

图 6-2-2　半夏针晶

（4）柱晶的形态及鉴别　取射干粉末，水合氯醛透化后观察，可见长短不一的柱晶。另外在紫鸭跖草的叶表皮细胞中亦可见到。

（5）砂晶　呈细小的三角形、箭头状或不规则形，常大量集于细胞腔中，使细胞腔呈暗灰色而易与其他细胞相区别，如地骨皮、牛膝、颠茄等药材粉末中。

（6）钟乳体的形态及鉴别：撕取印度橡胶树、无花果叶或秋海棠叶片表皮，制临时装片，透化。观察表皮细胞中的钟乳体。

图 6-2-3　黄柏晶鞘纤维

四、作业

绘制出所观察到的任两种晶体形态。

项目三　药用植物体主要成熟组织的鉴别

一、实训目的

观察植物分生组织、输导组织、机械组织、保护组织等的基本构造及细胞特征，以便进一步了解它们的生活机能。

二、实训材料与用品

材料：丁香叶、薄荷叶、南瓜茎、鲜姜、薄荷茎、楮树、接骨木和锦葵幼茎或叶柄、蒲公英、橘子皮、肉桂粉末、黄柏粉末。

用品：显微镜、载玻片、盖玻片、解剖刀、镊子、刀片、小滴管、吸水纸、水合氯醛液（配小滴管）、1mol/L 盐酸、1/5000 钌红液、5％间苯三酚酒精溶液、1％番红水溶液、氯化锌碘液、蒸馏水。

三、实训内容

1. 保护组织

观察表皮及其附属物：滴一滴蒸馏水于洁净载玻片的中央，用刀片刮去丁香、薄荷叶子的上表皮、叶肉组织和叶脉，最后留下下表皮。在显微镜下观察表皮细胞、气孔器、表皮毛、腺毛或腺鳞。表皮细胞为形状不规则的扁平细胞，侧壁不齐，彼此互相嵌合，相连紧密，保卫细胞及其间的空（气孔）称为气孔器。保卫细胞是两个肾形并含有叶绿体的细胞，其核常被叶绿体覆盖，保卫细胞靠近气孔的一侧壁厚，靠近表皮细胞的一侧壁薄。

2. 机械组织

（1）厚角组织　取薄荷茎，用徒手切片法进行横切，将极薄片置于载玻片的水滴中，加盖玻片观察厚角细胞的细胞壁。然后取下盖玻片，吸去水分，加一滴氯化锌碘液，数分钟后用水冲洗干净，加盖玻片，在镜下观察，此时厚角细胞的壁变成了蓝色，植物细胞壁的主要成分是纤维素，纤维素遇氯化锌碘呈蓝色反应。在细胞中，纤维素的成分越多，其他的成分（如果胶质、半纤维素等）越少，则蓝色越明显。有时所取材料的细胞壁内半纤维素的成分较多或材料较老，发生木质化，而影响了染色效果。

取新鲜的楮树、接骨木和锦葵幼茎或叶柄做徒手横切片，制成临时水装片，在显微镜下观察厚角组织所在的部位。注意其纤维素堆积在细胞棱角部分的内侧，具有贝壳的光泽（即折光性很强，较明亮），然后用 1/5000 钌红液把果胶质的中层（亦称胞间层）染成红色，呈明显的红线，把相邻细胞的细胞壁加厚部分分隔开来，十分清晰。注意区别三种材料的厚角组织类型。

（2）厚壁组织

① 纤维　取黄柏粉末少许，用水合氯醛透化后，制成甘油装片，镜检，可见纤维及晶鞘纤维大多成束，多碎断。纤维甚长，有的边缘凹凸，壁极厚，胞腔线形。晶鞘纤维含草酸钙方晶。

取肉桂粉末少许，如（1）制成临时装片，能否见到纤维（能）？它和黄柏的纤维有何不同（断裂为短的棍棒状）？

② 石细胞　石细胞在不同药材粉末中形状变化较大，有椭圆形、圆形、正方形、长方形、星形等多种形态，如图 6-3-1。

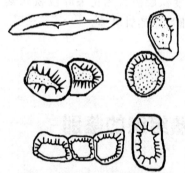

图 6-3-1　石细胞的不同形态

取肉桂粉末少许，置载玻片上，用水合氯醛透化后，先加一滴 1mol/L 盐酸进行离析，过 3～5min 后用吸水纸吸去多余液体，再加一滴 5% 间苯三酚酒精溶液，盖上盖玻片，放显微镜下观察。石细胞的厚壁（木质素）呈紫红色或樱桃红色。证明石细胞的壁中含有木质素（木质化的细胞壁，经间苯三酚和盐酸处理后，呈红色反应），增强了细胞壁的硬度。加盖玻片后镜检，注意其中纤维和石细胞变为何种颜色。

在显微镜下观察肉桂粉末临时制片，分别找出其中的石细胞，注意肉桂的石细胞呈类方形、类圆形，有的三边厚、一边较薄，孔沟明显，胞腔较大。

3. 输导组织

取南瓜茎，用解剖刀切成小段进行徒手切片（纵切）。将切片移到盛水的培养皿中，选理想的切片放在载玻片上的水滴中，加盖玻片进行观察。区分木质部和韧皮部，找到木质部后观察导管的类型，并比较导管分子和筛管分子在细胞结构上的异同，为了观察清楚，可用1‰番红水溶液处理切片，再用吸水纸吸去多余液体后，在显微镜下观察。可看到红色的导管，主要有环纹导管和螺纹导管。

4. 分泌组织

（1）分泌细胞　取鲜姜，做徒手切片，观察薄壁细胞之间夹杂着的类圆形油细胞，即为分泌细胞。

（2）分泌腔　取橘子皮做徒手横切片，观察近表皮的分泌腔。

（3）乳汁管　蒲公英：乳汁管由许多细胞连接而成，细胞分枝或不分枝，连接处的壁溶化贯通，成为多核巨大的管道系统，为连接乳管。

四、作业

1. 厚角组织和厚壁组织在形态和结构上有何异同？

2. 绘肉桂粉末石细胞的结构图。

3. 机械组织的共同特征是什么？哪一类机械组织在器官形成过程中出现较早，为什么？

项目四　根的构造鉴别

一、实训目的

1. 掌握单子叶植物和双子叶植物根初生结构的特征，鉴别表皮、皮层、维管柱三部分。

2. 掌握双子叶植物根的次生结构，识别木栓层、皮层、韧皮部、形成层、木质部、射线等次生结构。

3. 鉴别根的异常结构。

二、实训材料与用品

材料：决明子的幼苗（或黄芩幼苗）、鸢尾根横切片、向日葵幼根、向日葵老根（或桑老根）、怀牛膝根横切片、何首乌根横切片等。

用品：显微镜、载玻片、盖玻片、解剖刀、吸水纸、番红溶液、碘-碘化钾溶液。

三、实训内容

1. 识别根尖的各个分区

（1）提前1周培育出决明子的幼苗或黄芩的幼苗，用刀片截取根尖部分（带部分根毛）。用放大镜先观察根的外部形态，根毛发生在什么部位？根毛呈什么形态？

（2）将截取的根尖放在载玻片上，滴一滴碘-碘化钾溶液进行染色，0.5～1min后盖上盖玻片，在低倍物镜下观察根尖的分区。可以看到根的最前端的帽状部分细胞内有染成深蓝色的颗粒物，此部分即是根冠区（想一想这些深蓝色颗粒是什么？），根冠区后面细胞密集，细胞质浓厚，细胞核大的部分是分生区；再向后细胞逐渐伸长的部分是伸长区；表皮细胞向外突出形成根毛的部分是成熟区。

2. 鉴别单子叶植物根的初生构造

鸢尾是单子叶植物，只有初生结构，取鸢尾根永久制片，在显微镜下观察。

（1）表皮　位于初生结构的最外层，细胞壁薄，近似长方形，排列整齐，无细胞间隙。在永久制片上可看到有些表皮细胞向外突出形成根毛。根的表皮在光学显微镜下看不到有角质层存在，它是吸收水分和无机盐的吸收组织。

（2）皮层　表皮以内维管柱以外是皮层，占有较大的比例，它代表了一般根的初生结构的特点。皮层由多层大而薄壁的细胞组成，细胞排列疏松，具较大的细胞间隙。皮层的最外一层紧靠表皮的细胞排列整齐，无细胞间隙，称外皮层。皮层的最内一层细胞较小，排列紧密，称内皮层，在老根的内皮层细胞壁上形成了五面加厚，并木质化和栓质化，在横切面上内皮层细胞呈现出特殊的"马蹄"形，在内壁和两侧壁上具有明显可见的有层次的厚壁，只有外壁较薄。这就是凯氏带。

（3）维管柱　皮层以内的中央部分为维管柱。它由中柱鞘、初生木质部和初生韧皮部组成，木质部为多原型。

思考：在显微镜下仔细观察鸢尾根上述的内皮层的结构。注意内皮层细胞是否全部呈现"马蹄"形的加厚？有没有一些细胞的壁不加厚？这些壁不加厚的细胞处于什么位置？它有什么特殊意义？我们称它为什么细胞？

3. 鉴别双子叶植物根的构造

（1）双子叶植物根的初生构造　取向日葵幼根永久制片，由外至内观察以下各部分。

① 表皮　由排列紧密的薄壁细胞构成，能否看到根毛？注意根毛与表皮细胞关系如何？表皮上有无气孔器？为什么？

② 皮层　由多数薄壁细胞组成，具明显的胞间隙，又可分为外皮层（一层细胞）、皮层薄壁细胞（多层细胞）、内皮层（一层细胞）三部分。内皮层细胞排列整齐，其径向壁和横向壁局部增厚并栓质化环绕成圈，称凯氏带，但在横切面上仅能见其径向壁上有很小的被番红染成红色的点，称为凯氏点。

③ 中柱　即维管柱，是皮层以内的全部组织，由中柱鞘、初生木质部、初生韧皮部及薄壁细胞所组成。

a. 中柱鞘　紧挨内皮层，通常由1～2层排列紧密的薄壁细胞组成。

b. 初生木质部　靠近中柱鞘部分的木质部分化最早，为原生木质部；近轴的管腔较大的为后生木质部，注意你所观察的木质部为几原型？

c. 初生韧皮部　位于木质部放射棱之间，与木质部相间排列，在高倍镜下能否区分出筛管和伴胞？有时可见韧皮部中常分化出一束厚壁细胞，称韧皮纤维。

d. 薄壁细胞　位于初生木质部与初生韧皮部之间的细胞，通常仅1～2层，其中一层细胞可以恢复分裂能力，成为形成层的一部分。

（2）双子叶植物根的次生构造　取向日葵老根或桑老根永久制片，注意观察周皮、维管形成层、次生木质部、次生韧皮部、维管射线。

① 形成层　在显微镜下看到位于木质部与韧皮部之间的一些径向排列很整齐、形状扁平的薄壁细胞，看上去好似垛叠整齐的砖块，就是形成层。

② 次生结构　形成层细胞分裂产生的细胞，向外分化形成次生韧皮部；向内分化形成次生木质部，中间始终保持一层具分裂能力的形成层细胞。在次生木质部和次生韧皮部中常有一些薄壁细胞排列成径向的行列，它们贯穿于次生结构之中，这就是维管射线。

4. 鉴别根的异常构造

（1）同心圆型　取怀牛膝根横切片，在显微镜下观察并绘1/4简图表示怀牛膝根构造。

（2）非同心圆型　取何首乌根横切片，在显微镜下观察并绘1/4简图表示何首乌块根构造。

四、作业

1. 比较单子叶植物、双子叶植物的根的构造异同？
2. 说明双子叶植物根的初生结构与次生结构有何异同？

项目五　茎的构造鉴别

一、实训目的

1. 掌握双子叶植物茎的初生结构，鉴别表皮、皮层、维管束、髓、髓射线等结构。
2. 掌握单子叶植物茎的初生结构。
3. 掌握双子叶植物茎的次生结构，鉴别木栓层、形成层、次生木质部、年轮、射线、早材、晚材等构造。
4. 训练徒手切片技术。

二、实训材料与用品

材料：椴树3年生茎横切片、向日葵横切片、玉米茎横切面永存片，新鲜的薄荷茎或枸杞茎或金银花的茎。

用品：显微镜、载玻片、盖玻片、镊子、剃刀、培养皿、吸水纸、擦镜纸、毛笔等。

三、实训内容

1. 双子叶植物木质茎的构造鉴别

（1）初生结构　取向日葵幼茎横切片，在显微镜下观察，可看到幼茎的横切面分为表皮、皮层和维管柱三部分。

① 表皮　为一层排列紧密、形状规则、细胞外壁可见染成红色的角质层，表皮上可见表皮毛和气孔。

② 皮层　由多层细胞组成，具有细胞间隙，靠近表皮的几层细胞较小，且常分化为成束的厚角组织，可增强幼茎的支持能力。

③ 维管柱　由维管束、髓和髓射线组成。维管束在皮层的内侧分散地排列成一圈，它的外部是初生韧皮部，内部是初生木质部。束中形成层位于木质部和韧皮部之间，细胞扁平，壁薄。髓位于茎的中央，多为大型薄壁细胞组成，具细胞间隙。在相邻的维管束之间的薄壁组织是髓射线，它连接了皮层和髓，使薄壁组织成为互相联系的系统。

（2）次生构造　观察椴树3年生茎横切片，识别周皮、年轮、维管形成层、次生木质部、次生韧皮部、木射线、韧皮射线、早材、晚材。

① 周皮　位于茎的外侧，多层细胞，包括木栓层、木栓形成层、栓内层。

② 皮层　多层薄壁细胞，皮层有无要看次生生长的程度。

③ 维管柱　包括维管束、维管射线等。在显微镜下看到在木质部与韧皮部之间有几层径向排列很整齐、形状扁平的细胞即为形成层。形成层进行细胞分裂，向内产生次生木质部，向外产生次生韧皮部。

a. 韧皮部　在形成层以外，排列呈梯形，由韧皮纤维（厚壁并被染成红色、有机械支持作用）、韧皮薄壁细胞、筛管（细胞的直径比较大，细胞壁薄被染成绿色）、伴胞（紧邻筛管的细胞质浓厚而较小的细胞）构成。

b. 木质部　在形成层以内，所占比例较大。由导管、管胞、木纤维和木薄壁细胞构成。注意木质部中染成红色的、直径较大的厚壁的细胞是导管或管胞；一些直径较小、呈多边形的厚壁细胞是木纤维。在三年生的椴树茎中可以明显看到三个年轮。注意观察年轮及早材和晚材。试想年轮是如何形成的？

c. 维管射线　夹在韧皮部之间的横向排列细胞称为韧皮射线，韧皮射线在韧皮部变宽成喇叭形。夹在木质部之间的横向排列的细胞称为木射线。射线在木质部为1~2列细胞。

d. 髓 位于茎的中心，由薄壁细胞组成，占横切面的很少部分。有些植物髓细胞含草酸钙簇晶或由石细胞组成。

2. 双子叶植物草质茎的构造鉴别

取新鲜薄荷嫩茎，进行徒手切片，在显微镜下观察。

(1) 表皮 一层细胞，部分细胞红色，排列紧密，上有多细胞、无色的线状毛。

(2) 皮层 为多层薄壁细胞，四角处为厚角组织，有明显内皮层。

(3) 维管形成层 四方形，多细胞，排列紧密，在四棱处发生少量的次生组织加厚，向内产生次生木质部，向外产生次生韧皮部。

(4) 髓部发达 有大量的薄壁细胞。

3. 单子叶植物茎的构造鉴别

取玉米茎横切面永存片，观察表皮、基本组织和维管束。

(1) 表皮 是茎的最外一层细胞，排列整齐，外壁增厚，外有角质层。表皮下方，往往有数层厚壁细胞分布，以增强支持作用。单子叶植物茎通常不产生周皮。

(2) 基本组织 在成熟的茎中，靠近表皮处，有1~3层细胞排列紧密，形状较小，是厚壁细胞（红色）组成的外皮层。它们排列成一保护环，内部为薄壁的基本组织细胞，细胞较大，排列疏松，并有细胞间隙。越靠茎的中央，细胞直径越大。

(3) 维管束 在基本组织中，有许多散生的维管束。维管束在茎的边缘分布多，每个维管束较小，在茎的中央部分分布少，但每个维管束较大。

4. 徒手切片技术

徒手切片的方法是我们从事教学、科研及生产技术工作中常用的最简便的观察植物内部构造的方法，不需要任何机械设备，只需要一把锋利的刀片，又能随时迅速地观察到植物的生活细胞及各器官内部组织结构和天然的色彩，实用价值很大。

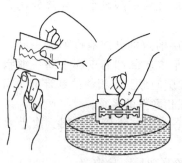

图 6-5-1 徒手切片方法

(1) 材料的选择 一般选用软硬适度的植物根、茎或叶等，材料不宜太硬也不宜太软。切太软的材料时，可用马铃薯块茎、胡萝卜根将材料夹住，欲切之材料，应先截成2~3cm长的小段，削平切面。

(2) 徒手切片的方法和步骤

① 切片前，在培养皿中盛以清水，准备好毛笔、刀片等用具。

② 切片时，用左手大拇指、食指和中指捏住材料，拇指略低于中指，使材料突出于手指之上，这样以免损伤手指。右手平稳地拿住刀片（图6-5-1），将刀片平放在左手的食指之上，刀刃向内，且与材料断面平行，然后以均匀的力量，从左前方向右后方拉，注意要用整个手臂向后拉（手腕不必用力）。切片时动作要敏捷，材料要一次切下，切忌切片中途停顿或前后作"拉锯"式切割。切片时为了避免材料枯干，应使材料的切面及刀刃上保持有水，呈湿润状态。薄的切片应该是透明的，切片可留在刀刃上继续切，一连切几个切片，然后用蘸水的毛笔把切片取下，放入盛有水的培养皿中，或直接选薄的放在滴有水滴的载玻片上，制成临时装片进行观察。双面刀片每次用后必须擦净，注意保护，以免生锈。

四、作业

1. 说明双子叶植物茎的次生维管组织结构，并与初生结构进行比较，分析二者异同。

2．简述禾本科植物茎的结构特点。

3．绘向日葵茎次生结构横切面轮廓图。

项目六　叶的构造鉴别

一、实训目的

1．掌握单、双子叶植物叶片的内部构造。

2．掌握不同植物叶的组成、表皮细胞的形态和表皮的特征。

3．熟悉叶类材料徒手切片法。

二、实训材料与用品

材料：玉米叶、迎春叶横切面的永存片、番泻叶横切片的永存片、薄荷、丁香、麦冬等新鲜植物叶片、胡萝卜（支持物）、无色指甲油。

用品：显微镜、载玻片、盖玻片、镊子、剃刀、培养皿、吸水纸、1％番红染液等。

三、实训内容

1．识别单子叶植物叶的组成和表皮细胞结构

取薏苡等单子叶植物新鲜叶片置洁净的载玻片中，一手握住材料，另一手轻刮上表皮、叶肉组织和叶脉，最后将下表皮置载玻片上，滴一滴1％番红染液进行染色，可观察表皮细胞、气孔器等形态结构。

2．不同植物叶表皮特征的鉴别

将丁香（双子叶植物）叶和麦冬（单子叶植物）叶用清水洗干净，并用吸水纸吸去多余水分，再用无色指甲油分别涂布叶片的背腹两面，形成一薄层，待干后轻撕油膜，将油膜制成临时装片置于显微镜下进行观察。可见叶片表面的形态特征被复制于油膜的拓膜中，表皮细胞的形态、气孔的开闭、腺毛、腺鳞的形态等清晰可见。

3．单子叶植物叶的构造鉴别

取玉米叶横切面的永存片，在镜下观察：上表皮细胞壁角质化，表皮细胞大小不一，排列在不同的水平面上，相隔几个普通表皮细胞便有数个大的细胞，呈扇形排列。这些大细胞含水多，称泡状细胞。下表皮上具有多数的气孔器。叶肉无栅栏组织和海绵组织之分，基本上由相同形状的细胞组成。细胞间隙较小，维管束与茎中的相同。

4．双子叶植物叶的构造鉴别

（1）观察永存片　取迎春叶横切面的永存片，观察其上表皮、栅栏组织（有几层、细胞形态、绿色深浅）、海绵组织（细胞形态、绿色深浅）、下表皮、叶脉维管束（导管排列成扇形、区分木质部和韧皮部及二者所在位置）等结构。

（2）进行徒手切片　把丁香叶从主脉处切下一长宽各为0.5cm的小块夹在胡萝卜支持物中作横切面的徒手切片，观察下列各部分。

① 表皮　横切面上表皮细胞呈长方形，排列紧密，细胞壁角质化，并形成角质层，气孔分布在下表皮上，在气孔器的下方，有较大的细胞间隙，称气孔下室。

② 叶肉　栅栏组织紧接上表皮，有2～3层细胞。细胞长圆柱形。内含叶绿体丰富，细胞排列整齐，有较少的细胞间隙，海绵组织紧接下表皮，由不规则形状的薄壁细胞组成，内含叶绿体少，细胞间隙大。

③ 叶脉　主脉维管束的木质部，由导管、管胞和射线薄壁细胞组成。韧皮部由筛管、

伴胞和薄壁细胞组成，二者之间为形成层（只产生少量的次生构造）。机械组织分布在维管束上、下表皮内，为厚角细胞，厚角组织与维管束之间为基本组织的薄壁细胞，叶脉构造简单，组成木质部和韧皮部的分子数目少。维管束埋在叶肉组织中，维管束外面有一层薄壁细胞的维管束鞘，使之不暴露在细胞间隙中。

四、作业

1. 比较双子叶植物叶和单子叶植物叶的结构异同点。
2. 绘玉米茎中一个维管束结构图，并标明各部分名称。

项目七 花的形态解剖

一、实训目的

1. 了解被子植物花的组成及形态特征，认识花的类型。
2. 掌握花的解剖程序，了解花药、子房、花柱、胎座的详细结构。
3. 掌握有关花的形态术语，为学习药用植物分类知识打下良好基础。
4. 进一步练习徒手切片技术。

二、实训材料与用品

材料：板蓝根、瞿麦、连翘、月季、桔梗、百合（未开放带花蕾）、牵牛或其他植物的花。

用品：显微镜，三角套瓶（乙醇乙醚混合物），载玻片，盖玻片，镊子，剃刀，培养皿，吸水纸。

三、实训内容

1. 识别花的组成

百合花：观察解剖一朵花时，必须依照下列顺序和要点进行。

（1）花梗（花柄） 支持部分，常呈绿色。

（2）花托 花梗顶端膨大部分，其形态随植物种的不同而异。

（3）花萼 位于花最外轮，为所有萼片的总称，常绿色。注意萼片数目、是否连合。

（4）花冠 将花萼去掉，位于花萼内侧，为所有花瓣的总称，常具鲜艳的颜色，形成一定的形状，观察花冠由几片花瓣组成？是分离还是连合？属于哪种类型的花冠？

（5）雄蕊 将花冠去掉，可见雄蕊，注意观察雄蕊有几枚？识别雄蕊的花药和花丝；花药由药隔、药室组成，药室中有花粉粒。

（6）雌蕊 将雄蕊去掉，中心部分为雌蕊，观察雌蕊的柱头、花柱和子房。

① 桩头 位于花柱顶端，常膨大成各种形状。

② 花柱 子房顶端的细长部分。

③ 子房 雌蕊下部膨大成椭圆形或卵形或长柱形，着生于花托上，子房内部为子房室，室内着生胚珠。

2. 鉴别花的内部结构

（1）用徒手切片法 横切百合花药，观察药隔、药隔维管束、花粉囊壁、花粉粒（上有粗糙纹饰）、绒毡层等结构（图 6-7-1）。

（2）徒手切片法 横切百合花柱，观察花柱结构（注意空心或实心）。

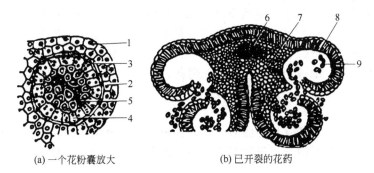

(a) 一个花粉囊放大　　　　　　　　(b) 已开裂的花药

图 6-7-1　花药横切面结构

1—表皮；2—纤维层；3—中层；4—绒毡层；5—花粉母细胞；

6—药隔维管束；7—药隔基本组织；8—纤维层；9—花粉

（3）徒手横切百合子房，观察心皮数、子房室数和胎座类型。

四、作业

描述百合花和连翘的各部分（花萼、花瓣、雄蕊、雌蕊，柱头干湿、花柱空实、子房位置、胎座类型）的特征及相应的数目。

项目八　花的形态花序和果实主要类型的鉴别

一、实训目的

1. 掌握花序的类型。

2. 了解果实的结构，识别果实的主要类型。

3. 掌握关于花和花序、果实的主要形态学术语。

二、实训材料与用品

材料：花、花序和果实的新鲜材料和腊叶标本。学生自己采摘各种花序，如菘蓝、地黄、大戟、牛膝、薄荷、白芷、蒲公英、无花果、石楠、乌蔹莓等植物花序。实验室准备的枸杞、柑橘、黄瓜、山楂、桃、合欢果、八角茴香、海桐、向日葵、板栗、薏苡、草莓、桑葚、白蜡树翅果、曼陀罗、桔梗、无花果、青葙、枣、苦楝、女贞子、连翘等植物的果实。

用品：显微镜、扩大镜、载玻片、盖玻片、镊子、刀片、吸管等。

三、实训内容

1. 花的类型和组成部分

（1）花冠的类型　十字形花冠、蝶形花冠、漏斗状花冠、钟状花冠、唇形花冠、管状花冠、舌状花冠、蔷薇形花冠等。

（2）雄蕊的类型　四强雄蕊、单体雄蕊、二体雄蕊、聚药雄蕊、二强雄蕊。

（3）子房位置　上位子房（下位花）、上位子房（周位花）、半下位子房、下位子房。

（4）胎座的类型　边缘胎座、中轴胎座、侧膜胎座、特立中央胎座。

2. 花序类型

根据花在花轴上的排列方式及其开放的顺序不同，可分为无限花序（总状类花序）和有限花序（聚伞类花序）两大类。

（1）无限花序　总状花序、穗状花序、肉穗花序、葇荑花序、伞房花序、伞形花序、头状花序、隐头花序、圆锥花序、复伞形花序、复伞房花序、复穗状花序。

（2）有限花序（聚伞类花序）　单歧聚伞花序、二歧聚伞花序、多歧聚伞花序。

观察并确定菘蓝、地黄、大戟、牛膝、薄荷、白芷、蒲公英、无花果、石楠、乌蔹莓等花序的类型。

3. 果实的类型

了解果实的分类，包括真果与假果，单果、聚合果和聚花果。取实验室所提供的成熟果实进行横切、纵切或用其他方法解剖观察，识别果实各部分的来源和结构特点，识别主要果实类型的特点。

四、作业

完成下面表格中的内容。

植物种类	果实类型		主要特征	真果或假果	主要食用部分
	肉质果	干果			

项目九　利用检索表鉴定药用植物所属科种

一、实训目的

1. 掌握植物分类检索表的编制原则。
2. 能使用植物分类检索表鉴定植物所属科、属、种。

二、实训材料与用品

材料：待鉴定植物。

用品：植物分类检索表、中国高等植物图鉴、各省（地区）植物志等鉴定工具书。

三、实训内容

1. 植物分类检索表的编制原则

检索表的编制是采取"由一般到特殊"和"由特殊到一般"的二歧归类原则编制。首先必须将所采到的植物标本进行有关习性、形态上的记载，将根、茎、叶、花、果实和种子的各种特征进行汇同辨异，找出互相矛盾和互相显著对立的主要特征，依主、次特征进行排列，将全部植物分成不同的门、纲、目、科、属、种等分类单位的检索表。其中主要是分科、分属、分种三种检索。

2. 检索表的式样

（1）定距检索表　将每一对互相矛盾的特征分开间隔在一定的距离处，注明同样号码，如1——1，2——2，3——3等依次检索到所要鉴定的对象（科、属、种）。

（2）平行检索表　将每一对互相矛盾的特征紧紧并列，在相邻的两行中也给予一个号码，而每一项条文之后还注明下一步依次查阅的号码或所需要查到的对象。

3. 植物检索表的编制

在编制植物检索表时，首先应对所要编制在检索表中的植物，进行全面细致研究，尤其是花的构造进行仔细的解剖和观察，然后在对其各种形态特征的分析比较中，找出各部形态特征的相对性状，注意一定要选择醒目特征，再根据所拟采用的检索表形式，按先后顺序，分清主次，逐项排列起来加以叙述，并在各项文字描述之前用数字编排好。最后在检索出某一等级的名称时，写出该名称的中名和拉丁名。要注意所采用的植物分类术语的准确性，使用文字要力求简短明确。

4. 应用

利用工具书上的检索表，如《中国植物志》、各省（区）的植物志、《中国高等植物科属检索表》等，先确定未知植物是哪个门、纲、目的，再继续查其分科、分属以及分种的检索表。

（1）鉴定植物的关键，是检索者必须有良好的植物学形态术语方面的基础知识。对所鉴定的标本，除根、茎、叶外，对花、果，尤其是花的特征，要从整体到局部，从外到内，做认真的解剖观察，如子房的位置、心皮和胚珠的数目等都要了解清楚。

（2）根据掌握的形态特征，再使用植物志或中国高等植物图鉴中的检索表，从高级别的检索表向低级别的检索表顺序查找，一般先查分科检索表，确定了科以后，再查该科的分属检索表。同样，再查分种检索表。如果分种检索表缺乏时，可查出属名后直接到植物图鉴中查对，最后定种名。

（3）对已知中文名或拉丁名的植物，利用中国高等植物图鉴或植物志后面所附的中名或拉丁名索引，查出该种出现的页码，进而对照科、属、种的特征描述，判断该名称是否正确。

5. 鉴定植物时的注意事项

为了保证鉴定结果的正确性，一定要防止先入为主、主观臆测，不能倒查检索表；同时要遵照以下要求。

（1）标本一定要完整。除营养体外，要有花和（或）果实。有的植物，如异叶茴芹，基生叶为单叶，茎生叶为三出复叶，采集标本时要注意别漏掉基生叶；另外，仔细挖掘、观察地下部分，它们对有些种类的鉴定相当重要，如玉竹与黄精，玉竹的根状茎呈扁圆柱形，而黄精的根状茎通常结节状，膨大部分大多呈鸡头状，一端粗，一端渐细，故又称鸡头黄精。

（2）要全面、仔细地观察标本，特别花和果实的特征，写出要待鉴定植物的花程式，最好能画出花图式。

（3）鉴定时，要根据观察到的特征，从检索表的起始处按顺序逐项往下查，不能跳查。检索表的结构都是以两个相对的特征进行编写的，相对的两项特征具有相同的号码和相对称的位置；所要鉴定植物的特征到底符合哪一项，要仔细核对，每查一项，必须对相应的另一项也要审查，否则容易发生错误，然后顺着符合的顺序依次往下查，直到查出为止。查检索表的过程，是环环相扣、步步相连，假如其中一步错了，将不可能得到正确结果。

（4）在查检索表的过程中，通常会遇到如子房位置、复叶、雄蕊、胎座、果实类型等植物学术语，如果没有很好掌握，对相应的概念没有真正理解，就会查不下去，那么需要马上去补习。因此，查检索表的过程就是检验你对基本理论知识是否掌握的过程，如果能顺利完成检索，则说明已基本掌握。查分科、分属、分种检索表的方法和过程是基本一致的。

（5）在检索表中常常会在不同的地方出现相同的分类等级，如《浙江植物志（第一卷）》所附"被子植物门分科检索表"中蔷薇科出现 6 次、虎耳草科出现 10 次，另外毛茛科、十字花科、罂粟科、旋花科等科也出现多次。但对具体一种植物而言，检索步骤一般是唯一的。

（6）为了证明鉴定结果是否正确，应该找有关的专著或资料进行核对，检查是否完全符合该科、该属、该种的特征，植物标本上的形态特征是否和书上的文字、图片一致。如果基本符合，就可证明鉴定结果是正确、可靠的，比较谨慎的说法是，根据现有的资料，该标本可能是该分类群，或说与该分类群接近。应该说不符合的情况是经常发生的，这时要努力去寻找原因。常见的原因有：一是差错；二是所用的检索表没有包含标本所属的分类群（科、属、种等），无论是哪种原因，都必须仔细观察或解剖标本，再去认真检索一次，对于判断不准的相对 2 项，可两条分别检索，再用植物志、图鉴进行核对。如仍不符合，还要搞清楚在哪几条特征上不符合，不符合的程度如何，是否是地区或生境不同造成的差异（区分是否是变异是比较复杂的），然后才能得出所用的检索表没有包含标本所属的分类群的结论，此时应找别的检索表和文献资料查对。至于新分类群，只有在查阅了大量的文献资料，特别是最近的和专门研究的资料后才可能下结论，同时往往还需要请教有关的专家。

在使用检索表的过程中，常常会出现的情况是，在检索表中所用的特征在标本上缺失，如检索表上用的是花的特征，而标本上只有果或检索表上用的是果的特征，而标本上只有花而无果，这时可另找检索表检索，若仍然无济于事，则只能根据标本现有的特征去分析、推断看不见的特征。例如根据花去推断果的形态，或根据果去推断花的特征等；或者是按前面所说的，将检索表的相对 2 项同时检索，然后用文献资料核对，最后也许能解决问题。

四、作业

叙述你的鉴定过程？并写出鉴定结果。

项目十　被子植物分类鉴别

一、实训目的

1. 掌握木兰科、毛茛科、五加科、伞形科、茜草科、葫芦科、茄科、桔梗科、菊科、天南星科、百合科、鸢尾科等 50 多个科的主要鉴别特征。

2. 熟悉木兰科、毛茛科、五加科、伞形科、茜草科、葫芦科、茄科、桔梗科、菊科、天南星科、百合科、鸢尾科等 50 多个科中主要药用植物的形态特征。

二、实训材料与用品

腊叶标本、浸制标本、多媒体课件、彩色相片等。

三、实训内容

对实训用标本，参照下述特征进行鉴别。

1. 茜草科、葫芦科、茄科、桔梗科、菊科等双子叶植物纲主要科的鉴别特征

（1）茜草科　木本或草本，有时攀援状。单叶对生或轮生，常全缘或有锯齿；具各式托叶，位于叶柄间或叶柄内或变为叶状、连合成鞘，宿存或脱落。二歧聚伞花序排成圆锥状或头状，有时单生；花通常两性，辐射对称；花萼筒与子房合生，先端平截或 4～5 裂；花冠合瓣，4 裂或 5 裂，稀 6 裂；雄蕊与花冠裂片同数，且互生，均着生于花冠筒内；花盘形状各式；子房下位，通常 2 心皮，合生常为 2 室，每室 1 至多数胚珠。蒴果、浆果或核果。

（2）葫芦科　草质藤本，茎常有纵沟纹，具卷须。叶互生；常为单叶，掌状分裂，有时为鸟趾状复叶。花单性，同株或异株，辐射对称，单生、簇生或集合成各种花序；花萼及花冠裂片 5；雄花：雄蕊 3 或 5 枚，分离或合生，花药通直或折曲。雌花：萼管与子房合生，上部5裂，花瓣合生，5裂；由3心皮组成，子房下位，1室，侧膜胎座，常在中间相遇，少为3室。花柱1，柱头膨大，3裂。多为瓠果，少为蒴果。种子多数，长扁平，无胚乳。

（3）茄科 草本或木本，具双韧维管束。单叶互生，或在近开花枝上大小叶双生，无托叶。花两性，辐射对称，单生或为各式聚伞花序，常由于花轴与茎合生而使花序生于叶腋之外；花萼通常5裂，宿存，果时常增大；花冠合瓣成辐射状、漏斗状、高脚碟状或钟状，5裂；雄蕊5，着生花冠筒上，与花冠裂片同数而互生；子房上位，2心皮合生，2室，有时由于假隔膜而形成不完全4室，或胎座延伸成假多室，中轴胎座，胚珠多数。蒴果或浆果。种子圆盘形或肾形，具胚乳。

（4）桔梗科 草本，少灌木，或呈攀援状，常具乳汁。单叶互生，少为对生或轮生，无托叶。花单生或成各种花序；花两性，辐射对称或两侧对称；花萼常5裂，宿存；花冠常钟状、管状、辐射状或二唇形，先端5裂，裂片镊合状或覆瓦状排列；雄蕊5，与花冠裂片同数而互生；花丝分离，花药通常聚合成管状或分离；心皮2～5，合生，子房通常下位或半下位，中轴胎座，2～5室，胚珠多数；花柱圆柱形，柱头2～5裂。蒴果，稀浆果。种子扁平，胚乳丰富。

（5）菊科 草本、灌水或藤本。有的具乳汁或树脂道。叶互生，稀对生或轮生，无托叶；花两性或单性，极少单性异株，少数或多数聚集成头状花序，总苞片1或多层。

花序托是短缩的花序轴，每朵花的基部具苞片1片，称托片，或成毛状称托毛，或缺，花序托凸、扁或圆柱状。头状花序单生或数个至多数排成总状、聚伞状、伞房状或圆锥状；头状花序中的花有同型的，即全部为管状花或舌状花，或为异型的，即外围为舌状花，中央为管状花，或具多型的；萼片变态为冠毛状、刺状或鳞片状；花冠合瓣、管状、舌状、二唇形、假舌状或漏斗状，4或5裂；雄蕊4～5，着生于花冠上，花药合生成筒状（聚药雄蕊），花丝分离；子房下位，2心皮合生，1室，具1倒生胚珠，花柱顶端2裂。连萼瘦果（萼筒参与果实形成），或称菊果。种子无胚乳。

2. 百合科、天南星科、鸢尾科等单子叶植物纲主要科的鉴别特征

（1）天南星科 多年生草本，块茎扁球形。叶1～3枚，叶片辐射状全裂，具10～24裂，裂片披针形。叶柄长，呈圆柱形。佛焰苞绿白色，管部圆柱形，喉部戟形不闭合；肉穗花序附属体棒状；花单性异株，总花梗短于叶柄；雄花具雄蕊4～6，花丝愈合，花药顶孔裂；雌花密集，每花具1雌蕊。浆果红色，聚合成穗状，果序下垂。

（2）百合科 常为多年生草本，少数为灌木，具鳞茎或根状茎；单叶，互生或基生，少数对生或轮生，极少数退化成鳞片状，茎扁化成叶状枝（如天门冬属、假叶树属）；花单生或排成总状、穗状、伞形花序；花常两性，辐射对称；花被片6，花瓣状，2轮排列，分离或合生；雄蕊6；子房上位，少半下位，3心皮合生成3室，中轴胎座，稀一室而为侧膜胎座，胚珠常多数。蒴果或浆果。种子多数，有丰富的胚乳，胚小。

（3）鸢尾科 多年生草本，有根状茎、块茎或鳞茎。叶多生于茎基，条形或剑形，基部重叠互相抱茎而成套叠叶鞘，排成2列。花序多种；花两性，辐射对称或两侧对称；花常常大而艳丽，花被片6，2轮排列，呈花瓣状，通常基部合生成管状；雄蕊3；子房下位，通常3室，中轴胎座，每室胚珠多数，花柱上部常3裂，有时花瓣状。蒴果。

3. 栀子、栝蒌、枸杞、党参、紫菀、半夏、黄精、射干等代表药用植物

观察栀子、茜草、栝蒌、枸杞、桔梗、党参、紫菀、红花、蒲公英、天南星、半夏、百合、黄精、射干等代表药用植物，熟悉各科植物的鉴别要点。

四、作业

写出各科的鉴别特征和至少20种药用植物的鉴别特征。

项目十一 徒手切片制成永存片

一、实训目的

学习并掌握徒手切片制成永存片的方法。

二、实训材料与用品

1%番红溶液，固绿溶液，各级酒精，加拿大树胶。

三、实训内容

1. 材料的准备和修剪

2. 徒手切片的方法和步骤

3. 染色与保存

(1) 染色　将选好的切片置载玻片的中央，加一滴1%番红溶液，染色2～3min，倒掉染液，再用蒸馏水洗去浮色。(番红为碱性染料，适用于染木化、角化、栓化的细胞壁)

(2) 脱水　依次用30%～50%～70%～80%～95%等各级酒精各2～5min进行脱水。

(3) 复染　固绿酸性染料，能将细胞质、纤维素细胞壁染成鲜艳绿色，着色很快，注意掌握着色时间（20～30s即可）。

(4) 脱水透明　使材料清净透明。无水酒精（两次）、1/2无水酒精+1/2二甲苯、二甲苯，各5～10min。

(5) 封藏　用加拿大树胶滴一滴于脱水透明材料上，盖上盖玻片。

(6) 将标本置30～35℃烘箱中烘干。

注意：①材料面向上；②每次换液时动作要轻快，勿使材料漂掉。

四、作业

简述植物制片的一般原则和方法。

项目十二 绿色植物标本保存方法

一、实训目的

学习并掌握绿色植物标本保存的方法。

二、实训材料与用品

量筒、烧杯、玻棒、电磁炉、瓷缸（或不锈钢锅）、温度计、标本缸、玻璃条、电子天平、标签、细线、注射器（带针头）、长镊子、剪刀、毛笔、乳胶手套、各种颜色的新鲜植物（学生采集，尤其家在道地性产区者；或利用实践课采集）。

冰醋酸、硫酸铜、石蜡、苯甲酸、乙醇、甘油、甲醛、亚硫酸等试剂。

三、实训内容

1. 水煮法

优点：可以把转绿时间缩短、较好的控制绿色。

绝大多数植物都可用此法保色，但叶子太薄、太幼嫩的植物在保色过程中因加热易煮软，不宜采用；另外一些革质叶如女贞、海桐、桂花、构骨、枇杷等保色效果不理想；还有紫薇、天门冬、银杏、水杉等经保色后，叶易脱落，也不宜采用此法。

（1）杀生固定 在50ml水里加入50ml冰醋酸，配成100ml体积分数为50％的冰醋酸溶液，将此溶液按照1份溶液4份水的比例进行稀释，再在稀释液（500ml）中逐渐放8～12g硫酸铜碎块，不断搅拌，使之完全溶解。随后进行加热，当加热到80～85℃（或沸腾）的时候，把绿色标本投入溶液中，轻轻翻动。在加热过程中，当绿色标本逐渐由绿色变黄、变褐，最后又变成绿色时即可停止加热（30～90min）。取出标本，用清水洗干净。

（2）放入保存液 将制作好的植物标本装入大小不同的标本缸中，固定好位置，使标本的形态利于观察，倒入保存液。

（3）封口 标本放入保存液后，为防止保存液挥发以及标本发霉变质，要对瓶口进行密封。

（4）贴标签 标签上应注明植物的种类、制作时间、保存液种类等。

2. 浸渍法

有些植物叶薄而嫩，较易软烂，或果实较大不适用于水煮的植物，可选用浸渍法。嫩的枝、叶、花、果一般3～4天，老的、直径在8cm以上的块根（地黄、山药等）、果实需要15天左右。夏天温度高时时间可适当缩短，冬天气温低时时间可适当延长，以杀生固定完全为好。

① 先将采集好的植物标本洗净，稍稍晾干，放入保绿液（即固定液）。

② 放入保存液中保存。

四、实训注意事项

（1）标本在保绿液中会有两次颜色的变化，先由绿转黄，再由黄转绿。这个变色过程可能不太明显，在制作过程中需要及时观察，否则浸渍时间过长，植物标本颜色就会变成深绿色，甚至黑色。

（2）制备过程中需佩戴眼睛、口罩和手套等防护用品，同时保持室内通风等。

（3）要得到保色效果理想的标本，采集时间应多选在春季，采集部位应选幼嫩或刚刚长出的新叶，且枝叶生长正常、完好，无破损或锈斑点，能代表本科植物的典型特征。

（4）植物体为果实八九成熟时采集，修剪后洗净，若体积较大的植物体块根、块茎、果实，固定前需用竹针在果柄、节部隐蔽处打孔，多方位穿刺。

（5）带有嫩枝、叶、花、果的新鲜植物体浸泡3～7天，老的、直径大于5cm以上的块根、块茎、果实浸泡20～30天。

（6）标本经过整形后，置于保存液中保存，应将瓶口密封，在溶化石蜡时，切忌用火直接在瓶口加热以免发生火灾。

（7）置入保存液，制成标本植物体后，立即缓缓置入保存液中浸没，调整位置放好以易于观看，加盖，溶蜡密封，贴签，避光保存温度为5～15℃。

（8）更换保存液，浸渍标本制好后不可能永远保持不变，当发现保存液变色或混浊时，用细胶管虹吸出保存液，再沿瓶壁徐徐注入新鲜保存液。

五、作业

简述绿色植物标本保存的一般原则和方法。

项目十三 药用植物野外实习

任务一 实习前的准备工作

药用植物鉴别技术是中药相关的一门专业基础课，同时也是一门实践性较强的学科。根据教学大纲的要求，药用植物鉴别技术课程包括理论教学和实践教学两部分内容，在实践教学中包括了实验课教学和野外实习教学。野外实习不仅能巩固和深化学生在课堂所学的理论知识，丰富其知识范围，培养学生的独立工作能力，而且通过接触自然环境中的生活植物，可使课堂所学分类鉴别知识具体化，从而大大提高学生对植物所属的科、属、种的实际鉴别能力。对培养学生掌握中药材品种来源、药用植物的辨识、中药的采集、中药标本的制作、中药产地加工和中药资源分布等知识技能具有至关重要的作用。

一、野外实习的目的

（1）复习巩固和验证课堂上讲授的理论，把理论和实际密切结合起来。

（2）扩大和丰富药用植物分类学的知识范围，多认识一些药用植物种类。

（3）通过野外实习，带队老师现场采集药用植物，说明其药用部位及药用价值，讲解药用植物的科名、种名并说出识别该药用植物的关键特征，使学生掌握具有重大药用价值的科的识别特征，了解一些药用植物的性味功效、药用部位及初加工知识。

（4）通过实习，要求学生了解分类检索表的编排方法，能正确应用检索表、中国高等植物图鉴或植物志等工具书鉴定常见的药用植物。

（5）了解药用植物标本的采集、压制和保存方法。进行野外教学实习，从识别药用植物形态特征到学会药用植物标本的采集、压制，在全过程中手把手地教学生，使学生系统地学习、实践和巩固药用植物鉴别知识。培养学生严谨的科学态度，理论联系实际的工作作风和分析解决问题的能力。

对每个同学来说植物学实习是一次宝贵而又终生难忘的学习机会，要在短短的1周内取得最大的效果，必须明确目的，做好准备工作。

二、实习安全纪律要求

（1）学生在实习期间的一切行动必须听从指导老师和实习组长的指挥，强化安全意识，确保不发生任何安全事故。

（2）实习期间学生不得请假外出。

（3）任何人不得擅自单独行动，有事必须请假，实习期间以小组为行动单位。

（4）野外学习、采集植物时注意安全，不得擅自攀缘或到危险的地方。

（5）爱护实习地点的一草一木，在没有得到老师的同意时不得滥采标本。

（6）讲文明有礼貌，注重大学生的风范，不得做有损国格人格的事，特殊事件立即向老师报告。

（7）尊敬师长，关心同学，团结协作，艰苦朴素，学习认真刻苦，勤于思考。

（8）干部同学要以身作则，积极配合老师搞好实习中的各项工作。

（9）有违反纪律者，实习领导小组有权给予纪律处分，并将其遣送回校，实习成绩零分计。

三、实习用品的准备与发放

实习所用工具配齐后分发给实习小组长，由该小组成员携带并保管，实习结束后由每组的小组长交还中草药实验室，缺少一样工具由该组人员共同承担。

1. 实验室准备的物品

标本夹，标本纸，尼龙绳，采集袋（可用塑料袋代替），枝剪，丁字镐，放大镜，小刀，镊子，定名签（号牌），手电筒，照相机和望远镜，台纸、胶水、针线或过塑机，及一般常用药品（风油精、感冒药、创可贴、止泻药等）。

（1）标本夹　用板条钉成的两块夹板。

（2）吸水纸　易于吸水的草纸或旧报纸。

（3）采集袋　鱼皮袋或塑料袋。

（4）丁字镐　用来挖掘草本植物的根，以保证采到完整的标本。

（5）枝剪　用于剪枝条。

（6）定名签（标签）　在采集标本时，编好采集号，系在标本基部，并与记录本上的编号完全一致。

（7）放大镜　观察植物的显微特征。

（8）照相机和望远镜　拍摄植物的全形、生态等照片，以补充野外记录的不足；观察远处的植物或高大树木顶端的特征。

2. 个人准备的物品

教材、中国高等植物图鉴（1～5册，补编1～2册）、植物志、分科检索表、药用植物彩色图谱、野外实习守则、药用植物学野外实习手册、笔记本、铅笔、帽子、球鞋、水壶及其他生活必需品。

四、实习方式

野外实习在教师指导下有计划进行。由指导教师和有关部门预先联系安排实习的地点、交通、住宿等，宣布实习计划和具体日程。

任务二　野外辨认药用植物及初步鉴定

鉴定一种植物的科属和种类，需要细致观察植物的各种形态特征，尤其花、果的特征在形态上稳定而成为分类的主要依据，还要查对有关资料等。但在野外工作中，有一些经验方法可以帮助我们辨别科属甚至种类。同学们不仅应该学习吸收这些经验，而且在野外实习过程中细心观察，摸索积累类似经验方法，这将给今后的实际工作带来极大的方便。

一、外形比较

通过观察植物的茎、叶、根、花、果上特征形态或变态情况区别辨认出植物所属的科。

1. 茎

（1）茎的外形　茎的外形通常是近于圆柱形，木质或草质。但有些科较特别，如莎草科茎多为三棱形，仙人掌科茎肉质呈球状或扁平状（且生刺），景天科、马齿苋科茎常肉质。

有些科茎四棱叶对生。其中草本的有：唇形科、玄参科、爵床科及龙胆科；

草本木本兼有的马鞭草科、野牡丹科；

木本的有桃金娘科、千屈菜科（幼茎）等。

这些科之间又可根据气味等区别开。

（2）茎节膨大　草本的有爵床科、苋科（具宿存干膜质花萼）、金粟兰科（叶对生而无香气）、胡桃科；木本的有藤黄科、红树科竹节树属，裸子植物买麻藤科（木质藤本且单叶对生）。

（3）茎上生有刺（多为木本植物）　如：芸香科、蔷薇亚科、五加科（楤木属）、大风子科（如柞木）、含羞草科（部分）、苏木科（部分）、小檗科（木本种类）、茄科（皮刺）、白花菜科（托叶刺）、桑科、拓属、鼠李科（少数，如马甲子其托叶刺）、大戟科（部分种类，如铁海棠）、茜草科（少数种类具对生刺）、棕榈科（部分种类，如省藤具针刺）。

（4）茎上生有卷须　葫芦科（卷须生于叶腋）、葡萄科（卷须与叶对生）、西番莲科（卷须腋生但叶有腺体）、菝葜科（托叶卷须一对），此外，毛茛科铁线莲属常见的卷须状攀援物实为极度延伸的复叶叶轴。

2. 叶

（1）具有盾形着生叶　整体的植物不多，主要是防己科植物（藤本），外来少数种类散于莲科（水生），小檗科八角莲属（仅具 2 枚茎生叶的草本）。

（2）植物叶轴具翅　如盐肤木、盐霜柏（漆树科）、竹叶椒（芸香科）。

（3）具单叶且叶基偏斜　如胡椒科、榆科（如山黄麻属）、秋海棠（肉质草本）、八角枫科（叶掌状浅裂木本）、荨麻科（部分属）。

（4）叶有腺体　如大戟科（叶基或叶柄顶端具 1 对）、西番莲科（藤本叶柄顶端具 1 对）、含羞草科（叶轴上 1 至多个）、蔷薇科李亚科（叶基具一对），此外，有些叶上具腺体的种类散见萝藦科（叶柄）、大风子科（叶基）、锦葵科（叶背）、山矾科（叶柄）等。有的种类极相似，如地桃花（锦葵科）与刺蒴麻（椴树科）可有腺体区别之，前者叶背中脉有一明显腺体而后者无。

有些科的植物，取其叶片对亮光透视可发现有许多腺点。如芸香科（透明油腺）、桃金娘科（透明油腺）、唇形科（透明小腺点）、金丝桃科（黑色小黑点，叶对生）、天料木科（透明斑点或线条）、紫金牛科（黑色斑点，往往可直接看到，叶互生）、报春花科（黑斑点，具托叶）。马鞭草科紫珠属许多种类叶背具小腺点、细观有助于分种，如尖尾枫、广东紫珠、白棠子树、杜虹花、枇杷叶紫珠均有黄色腺点，华紫珠、珍珠枫则为红色腺点，全缘叶紫珠、大叶紫珠、裸花紫珠的腺点不甚明显。

（5）有些科的植物，叶上生特殊的毛　如胡颓子科叶背多披锈色鳞毛（呈点状），安息香科等科茎叶上有星状毛。毛的不同对辨认、区别种类也很有帮助，如山白芷（菊科）叶片两面有白色棉毛；白胶木（樟科）叶背有金色绢毛密被；大叶紫珠与裸花紫珠区别为前者叶背具灰白色茸毛而后者为灰褐色茸毛（呈脏污状）；金银花（忍冬科）与有毒植物胡蔓藤（马钱科）区别为前者叶有柔毛而后者株光滑无毛。

（6）有没有托叶及托叶的形态　具特殊托叶的科有：蓼科（膜质托叶鞘、草本叶互生）、茜草科（柄间托叶成鞘状，叶对生）、蔷薇科蔷薇属（叶柄与托叶连生，多皮刺），木兰科、桑科榕属及茜草科均可见到托叶环痕。此外，具托叶的科常见的还有：大戟科、豆科、锦葵科、荨麻科、五加科、报春花科、红树科及壳斗科等。

（7）其他　一般来说，互生叶的植物种类更为普遍，对生叶（及轮生叶）的较少，常见的对生叶的科（四方茎对生者见前述）　茜草科、夹竹桃科、萝藦科、藤黄科、苋科、金粟兰科、石竹科、卫矛科、木樨科、忍冬科、金丝桃科、紫葳科、省沽油科、马钱科、瑞香科、槭树科、石榴科等，另外有些科也具较多的对生叶种类，如菊科、毛茛科（铁线莲属）、木通科、柳叶菜科、红树科、马桑科、景天科、山茱萸科。

3. 花果

（1）具头状花序的科　菊科（花序具总苞）、含羞草科、续断科及谷精草科（单子叶植物，花序呈一灰白圆珠状）。茄科植物常见其聚伞科花序腋外生。

（2）干果许多呈翅果状的科　如：薯蓣科（3 翅蒴果）、榆科、榆亚科（翅果）、杜仲科（翅果具 2 边翅）、槭树科（坚果双翼展开，叶掌裂）、胡桃科（坚果具宿存苞片）、蓼科（瘦果具宿存花被，呈 3 翅状）、败酱科（瘦果带翅状苞片）、木樨科白蜡树属（果单翅）、秋海棠科（蒴果具 3 枚不等大"翅"）、苦木科（如臭椿翅果具单翅），此外还有桦木科（坚果具 2 翅）、龙脑香科（坚果具花萼扩大的翅，产于热带）。

二、揉、摸、闻味

在野外常可用手折断、触摸、揉捻生活植物的茎叶及根来辨别植物。

1. 嗅闻气味

（1）揉捻其叶子可嗅有香气味的木本科

木兰科、八角科、樟科、桃金娘科、芸香科、番荔枝科、橄榄科。

草本木本兼有的马鞭草科（具臭气）、金粟兰科。

草本科有唇形科、伞科、胡椒科、姜科、菊科部分（如蒿属等）、败酱科（根特异臭气）。

（2）其他　此外尚有一些芳香的植物散见于其他科如石菖蒲（天南星科）、毛麝香（玄参科）、土细辛（马兜铃科）、蒜（百合科）。上述各科的芳香气味常有不同，宜在实践中把握其特异特征，如薄荷（唇形科）具清凉薄荷气味而与艾纳香（菊科）之冰片味不同，石南藤（胡椒科）有辛辣叶，大叶桉（桃金娘科）有桉油味。同科植物的香气也常有差异，如伞形科的盆上芫荽有芹菜味而同科的金鸡爪具柠檬味，樟科的阴香、乌药有樟脑味，而同科的山苍子具豆豉与姜的混合气味，芸香科的降真香、两面针带柑橘味，而同科的吴茱萸则具刺鼻气味，马鞭草科的臭茉莉叶很臭，而同属的桢桐叶臭味不同。

有些植物的根也有气味。如黑老虎（五味子科）的根皮揉碎可闻得番石榴气味可与同属植物风沙藤区别。此外，地榆（蔷薇科）鲜叶具生黄瓜味。这些都有助于辨认植物。

2. 乳汁

有些科的植物，把嫩枝、叶柄折断可见有汁液流出。

（1）木本科　桑科（白色乳汁）、夹竹桃（白色乳汁、藤本）、山榄科（白色或黄色乳汁）、藤黄科（黄色胶汁）、漆树科（树脂状）、橄榄科（芳香树脂）、番木瓜科（白色乳汁，栽培种）。

（2）木本草本兼有的科　大戟科（白色乳汁）、萝藦科（无色或白色水液）、罂粟科（黄、红、白、无色乳汁）。

（3）草本科　桔梗科（淡色乳汁）、菊科舌状花亚科（白色乳汁），以及其他科的少数种类如华千金藤（防己科）。

（4）其他　蝶形花科的鸡血藤（密花豆）与山鸡血藤（香花崖豆藤）的藤茎切断均有红色汁液流出，但鸡血藤的整个断面上多层流"血"，而后者仅皮下有少量流"血"。

有些植物根的断面有特殊血点，如朱砂根（紫金牛科），根肉质，淡红，切面有许多小"血点"，故名；龙须藤（苏木科）根切面像梅花心并有小"血点"，故又称"五花血藤"。

3. 其他

（1）有些科的茎皮纤维丰富，茎枝不易折断，如锦葵科、桑科（及大麻科）、瑞香科（尤其荛花属）、荨麻科、椴树科（木本，单叶具三出脉）、榆科（多具芽鳞）。

（2）有些植物叶面粗糙，如榆科许多种类；有的植物叶子揉捻后有黄色水液可把手指染色，如溪黄草（唇形科）；有的则变黑如墨莲草（菊科），黑老虎（五味子科）；潺槁树（樟科）叶子揉后有黏性；山蓝（爵床科）的叶撕烂后放在水中一泡，有一丝红色水液渗出，故又名"红丝线"。杜仲科（单种）撕开叶子（及其他部分）有十分细密具弹性的胶丝相连，冬青科叶子撕开也有较短的细胶丝，此外卫矛科等也有少数种类具此类特征。

三、尝味

少数中草药植物种类，外形较相似，气味也不易区分，有时可用口尝来识别。尝味也有利于对中草药的"五味"有一印象。但要特别小心，防止中毒。可把叶子（或其他部分）揉碎放少量于舌尖，一会儿，如无特别的麻、苦等不适反应，再咀嚼之（量也要少）。天南星科、马钱科、马桑科、夹竹桃科多有毒植物，忌尝。

小檗科、苦木科植物各部分都有苦味，防己科植物的根亦常有苦味。毛茛科铁连莲属植物小木通与同属甘木通十分相似，甘木通叶子嚼之有些甘味，而小木通只有辛辣味；茜草科耳草属的牛白藤与同属耳草相似，而前者叶嚼之有甜味，后者则有苦味。这都是口尝鉴别的例子。冰糖草（玄参科）的叶、玉叶金花（茜草科）的根有甜味，岗梅（冬青科）的根先苦后甜，均可作凉茶煮饮。两面针（芸香科）根皮苦而麻舌，岗稔（桃金娘科）根涩，酢浆草（酢浆草科）、酸藤子（紫金牛科）的叶酸，盐霜柏的叶咸等，可作为辨认中草药植物辅助。

任务三　药用植物标本的采集与制作

我国有药用的植物、动物和矿物共计 12807 种，其中药用植物约有 11146 种，占全部中药总数的 87%。也就是说，中药及天然药物的绝大部分来源于植物。同时植物标本的采集与制作是开展其他科技活动的基础，有助于我们识别药用植物种类，学习植物分类知识和方法。没有植物标本的采集和制作就没有分类学，而只有亲身到野外采集和制作，才能真正地认识各种药用植物。

一、标本的采集

（1）采集时间：植物标本最好是在植物的开花期采摘，采集过程中，不管好看的还是不好看的，常见的还是罕见的，大型的还是小型的，都要采集，做到仔细观察，尽量采集。

（2）采集标本的大小　常取决于台纸的大小。

（3）标本要有代表性　即生长正常、形态完整且无病虫为害的植物，并注意采集其药用部位。

① 草本植物　采全株（特别注意要有花、果），地下部分如根茎、块茎、鳞茎、块根也要一起采（尤其在百合科、天南星科、薯蓣科、兰科等）。

② 对高大的草本要注意是否有不同叶形，基生叶、茎生叶都要采（如伞形科、菊科）。有些科因鉴定上需要，要特别注意，如兰科要有花，伞形科、十字花科要有果。

③ 木本植物：采有花、果的带叶枝条。且要注意以下几点。

第一，雌雄异株的植物（如防己科、桑科）应在附近搜寻不同性别者，分别采，而雌雄同株异花的也要注意采全。

第二，遇大型的羽状复叶（或羽状裂叶）可选取有代表性部分，但至少要保留顶端，其他部分另作记录或照片补充。

第三，有些植物（如悬钩子属、槠属）幼枝和老枝叶形不同，要采全。

第四，应注意采特殊的部位，如棘刺、卷须等。此外，若因需要采集种子或幼苗标本，应与成年带花、果标本配合。

二、编号、观察与记录

采好的标本一定要编号，编号的方法是在号牌（标签）上写号码，然后将号牌拴在标本的下部，号码要用铅笔写，以免遇水褪色。野外记录是一项非常重要的工作，因为日后对一份标本进行研究时，它已经脱离了原本的环境，失去了生活时的新鲜状态，特别是木本植物标本，仅仅是整株植物体上极小的一部分，如果采集时不做记录，植物标本就会丧失科学价值，成为一段毫无意义的枯枝。因此，必须对标本本身无法表达的植物特征进行记录，记录越详细越准确，标本的科学价值就越大。记录的项目主要有以下几个。

（1）号数　跟标本号牌上的号码相同。同号的标本至少应采 2 份以上，多则视需要而定。雌雄异株植物应分别编号并注明两号的关系。

（2）产地　各高校野外实习基地。

（3）环境　指植物生长的场所，如林下、灌丛、水边、路旁、水中、平地、丘陵、山坡、山顶、山谷等。

（4）生活型　指乔木、灌木、草本等。

（5）树皮　树皮颜色及开裂状态。

（6）茎　茎的习性（指直立茎、缠绕茎、匍匐茎、攀援茎等类型）、茎的颜色、茎的形状、空心或实心、是否有乳汁及乳汁的颜色（切茎或叶进行观察）、皮孔的颜色和形状、茎上是否有刺、有卷须（卷须的类型）、是否有毛。

（7）叶　主要记叶的形状、叶缘、叶基、叶裂、叶序、叶色、毛的类型及有无，有无特殊气味，叶面是否有白粉，叶的长、宽等。

（8）花　主要记载花冠的颜色、形状、气味；花萼、花瓣、雌蕊、雄蕊的数目和类型、胎座的类型、子房室数、子房位置等。

（9）果实　主要记载颜色、大小、形状和类型。

（10）名称　记录科名及种名，鉴定后可以后补记。

这些资料对将来鉴定标本、引种栽培都有重要参考价值。同时通过观察、解剖能使我们对植物的科、属、种类进行初步判断。地方名、药用价值、有毒情况等可向当地群众及老药农学习了解后填上。

植物标本编号记录以后，将根部和其他部分的泥土去掉，放入采集袋（塑料袋）中，到达休息地点时，压入标本夹的吸水纸层间，临时装压，对于体形较大的草本，先将标本折成V形、N形或W形，然后再放入标本夹内。全株植物采下后，先将花瓣整理齐压放在草纸上，然后将茎、叶整理好，每片叶要展平。不能因为叶多把叶子摘掉，有一部分叶要反放，这样压好的标本叶的正反面均有。压在标本夹内的标本每天要翻倒数次，每次换用干燥的吸水纸，用过的纸在太阳下晒干以备下次翻倒时使用，标本夹压标本主要是靠吸水纸将植物的水分吸干。压好的标本，花、茎、叶的颜色不变。

三、腊叶标本的制作

1. 修剪标本

把标本上多余无用或密叠的枝叶疏剪去一部分，以免遮盖花果。留下有代表性的部分以适应草纸面积的规格。

2. 放置标本

先在一块标本夹上放 3～5 张硬质的吸水纸，然后放上叶、花、果及根茎都已整理好的植物标本，再放上 2～3 张吸水纸，然后再放上植物标本，使标本和吸水纸相间隔。如此间隔放置标本、吸水纸，最后再加上另一块标本夹，用绳捆紧置干燥通风处。需注意的是：

（1）每层标本的首尾位置交替放，才能使夹内的标本和草纸平坦而不倾倒；

（2）40cm 以下草本连根整株压，很小的可几株放在一张标本纸上；

（3）高大草本（长 40cm 以上）可将其茎适度折叠成"V"形、"N"形后或更多折叠后放置（但不可直折，需将折口略微扭转后再折），也可先其形态上有代表性的剪成上、中、下三段分别放置，但要挂上同一编号的号牌。对叶片巨大者，也可剪去叶的一半或剪去羽状复叶（或羽状裂叶）的叶轴（或中脉）之一侧，但保留顶端，务使标本的任何一部分都不留在草纸外。

3. 捆扎标本夹

轻压标本夹板一端，用底板上粗绳先缚一端，缚时略加压力，同时在标本夹的另一端以同等压力顺势下压，使内容物前后端高低一致，接着用一脚踏住已绑的前端，用手绑好对角线另一端，最后在盖板上方打好活结。

4. 换纸

标本压入以后，要勤换纸，换纸不及时，标本会发霉、变黑，初压的标本吸水纸通常每天要换 2～3 次。3 天后每天换 1 次，7～8 天就可以完全干燥。判断标本干燥与否主要依靠经验，一般检查枝与果是否干燥可知大概。若标本举起时各部分坚挺，小枝变脆易折断则表明已干，可抽出。未干标本继续换纸至全干。

注意换出的湿纸可晒干（或烤干、烘干、晾干）重复使用，最好乘纸热时换标本，干得快有利保色。换纸后把标本夹捆紧，可让阳光直射或近微火烘烤促其速干，但切忌直接烘干或晒干标本以免标本卷缩。

换纸过程也是一个重要的学习机会。植物压干后动态往往有所变化，注意观察植物标本从湿至干的变化过程，可积累观察辨识干标本的经验，例如，威灵仙的叶压干后变为黑色。

四、消毒

腊叶标本作为教学、科研资料而需长期保存，但从野外采回的植物往往带有虫和虫卵及霉菌，在保存过程中标本易受破坏，因此在装订之前，要进行消毒处理。常用的消毒方法如下。

（1）升汞消毒法　用 95% 酒精（也可用工业酒精代替）溶解升汞（$HgCl_2$），配成 2%～5% 的溶液，将溶液盛于搪瓷盘中，把已干燥的腊叶标本浸入其中数分钟取出，摊于草纸上，让酒精挥发晾干即可（最好选择晴天，空气湿度小为佳）。若已装订好的标本发现有生虫等现象，也可用升汞酒精溶液外涂。升汞对人有剧毒，操作过程中要严防误入口中，接触标本后要洗手。

（2）二硫化碳和四氯化碳　二者以 3：2 的比例配成 500 毫升的混合液，装入容器中，放在消毒柜中较高的位置，将标本放入，让其自行挥发。密封 2～3 昼夜后，即可。

（3）敌敌畏、溴气或氰化钾等熏杀法。

（4）干燥法　根据害虫及霉菌生活均需一定的湿度，因此有的单位采用定期将标本放入干燥箱中干燥一段时间后，取出，即可防虫防霉。

五、装订

1. 材料

（1）台纸　一般用的是白色台纸，多为白板纸或卡片纸，8 开，每格约 39cm×27cm。

（2）针线　线要柔软结实，白色。

（3）刀片　以单面刀片为好。

（4）纸条　一般用白色较坚韧的纸切成宽 0.3～0.5cm 的窄条。

（5）糨糊（或用白乳胶或其他黏合剂）。

2. 方法

（1）线装订法　较牢固，对草本植物尤为适宜，但台纸背面留下线痕易损坏其他标本。

（2）纸条装订法　较好，但草本植物装订不太方便，以木本植物较方便。

（3）透明胶布粘贴法　虽然方便，但不耐久，时间长后会自动脱落。

3. 步骤

（1）摆好位置　将消毒过的腊叶标本，根据其形态、大小，摆在台纸上适当的位置，使其美观。在台纸上要留出左上角和右下角，分别用以贴野外记录签和定名签。

（2）针线装订法　沿着标本较硬的枝干或叶柄、花柄处装订，尽量使标本在台纸上较牢固，如有较大的圆形果实种子或大型的地下圆球形根类，则需用线在其上十字交叉装订。

（3）纸条装订法　用单面刀片在已放上标本的台纸上沿着标本的适当位置切数个小纵

口，再用具韧性的白纸条，由纵口穿入，从背面拉紧，并用胶水在背面贴牢。

（4）标本的一些尚未固定的地方，适当地用胶水粘贴，以免标本损坏，但花等生殖器官不要全部粘牢，因在鉴定时往往要研究花的构造。

（5）贴上野外记录签即可分类鉴定。

4. 注意事项

（1）在装订过程中，如有破碎或脱落的花、果实、种子或叶等器官，可装入备用的小纸袋，或用白纸折叠成一种临时用的袋子，然后贴在台纸上的适当位置，待以后研究。

（2）植物的叶子背面往往是鉴定的重要参考部分，尤其是蕨类植物，袍子囊群多数分布在叶背，在装订时应注意使部分叶背朝上，便于研究。

（3）腊叶标本的采集、压制是一项艰苦的劳动，干燥后质脆易碎，希望同学们珍惜别人和自己的劳动，装订时要格外细心。

（4）针线装订法和纸条装订法各有优缺点，同学们可自己通过实践去体会，也可思考有无更好的装订方法。

六、野外实习考核

学生对采集到的植物，能根据药用植物的形态描述、分类等基本知识，准确的写出其种名和科名（占 70%）。对采集到的植物标本，能按药用植物腊叶标本制作过程，每人制作出 10 份合格的腊叶标本并正确鉴定（占 30%）。野外实习该课按 10% 计入总评成绩。

附录一 植物界分类检索表及种子植物分科检索表

植物界分类检索表

1. 植物体无根、茎、叶的分化；雌性生殖器官由单细胞构成。
  2. 无叶绿素
    3. 细胞中无细胞核的分化 ………………………………………………………………… 细菌
    3. 细胞中有细胞核的分化 ………………………………………………………………… 真菌
  2. 有叶绿素 ……………………………………………………………………………… 藻类植物
1. 植物体有根、茎、叶分化（苔藓除外）；雌性生殖器官由多细胞构成。
  4. 无维管束 ……………………………………………………………………………… 苔藓植物
  4. 有维管束
    5. 无种子 ……………………………………………………………………………… 蕨类植物
    5. 有种子
      6. 种子外面无子房包被 ………………………………………………………………… 裸子植物
      6. 种子外面有子房包被 ………………………………………………………………… 被子植物

种子植物分科检索表

1. 胚珠裸露，不包于子房内；种子裸露，不包于果实内……………………… 裸子植物 Gymnospermae
  2. 花无假花被，胚珠无细长的珠被管。
    3. 叶羽状深裂，集生于常不分枝的树干顶部或块状茎上 ……………………… 苏铁科 Cycadaceae
    3. 叶不为羽状深裂，树干多分枝。
      4. 叶扇形，具多数 2 叉状细脉，叶柄长 …………………………………… 银杏科 Ginkgoaceae
      4. 叶不为扇形，无柄或有短柄。
        5. 雌球花发育成球果；种子无肉质假种皮。
          6. 雌雄异株，稀同株，雄蕊具 4～20 个悬垂的花药，
            苞鳞腹面仅 1 粒种子 ……………………………………… 南洋杉科 Araucariaceae
          6. 雌雄同株，稀异株；雄蕊具 2～9 个背腹面排列的花药，种鳞腹面有 1 至多粒种子。
            7. 球果的种鳞与苞鳞离生，每种鳞具 2 粒种子 …………………… 松科 Pinaceae
            7. 球果的种鳞与苞鳞半合生或完全合生；每种鳞具 1 至多粒种子。
              8. 种鳞与叶均为螺旋状排列，稀交互对生（水杉属），每种鳞有 2～9 粒种子
                ……………………………………………………………………… 杉科 Taxodiaceae
              8. 种鳞与叶均为交互对生或轮生；每种鳞有 1 至多粒
                种子 ……………………………………………………………… 柏科 Cupressaceae
        5. 雌球花不发育为球果；种子有肉质假种皮。
          9. 雄蕊有 2 花药；胚珠倒生或半倒生 ……………………… 罗汉松科 Podocarpaceae
          9. 雄蕊有 3～8 个花药；胚珠直生。
            10. 雌球花具长梗，种子核果状 …………………………… 三尖杉科 Cephalotaxaceae
            10. 雌球花无梗或具短梗，种子坚果状或核果状……………… 红豆杉科 Taxaceae
  2. 花具假花被；胚珠珠被顶端伸长成细长的珠被管 ……………………………………… 被子植物

被子植物门分科检索表

1. 子叶 2 个，极稀可分为 1 个或较多；茎具中央髓部；在多年生的木本植物且有年轮；叶片常具网状脉；
  花常为 5 出或 4 出数 ………………………………………………………… 双子叶植物纲 Dicotyledoneae
  2. 花无真正的花冠（花被片逐渐变化，呈覆瓦状排列成 2 至数层的，也可在此检查）；有或无花萼，有
    时且可类似花冠。
    3. 花单性，雌雄同株或异株，其中雄花，或雌花和雄花均可成荑荑花序或类似荑荑状的花序。
      4. 无花萼，或在雄花中存在。

    5. 雌花以花梗着生于椭圆形膜质苞片的中脉上；心皮 1 ················· 漆树科 Anacardiaceae

             （九子不离母属 *Dobinea*）

  5. 雌花情形非如上述；心皮 2 或更多数。

    6. 多为木质藤本；叶为全缘单叶，具掌状脉；果实为浆果   胡椒科 Piperaceae

    6. 乔木或灌木，叶可呈各种形式，但常为羽状脉；果实不为浆果。

      7. 旱生性植物，有具节的分枝和极退化的叶片，后者在每节上连合成为具齿的鞘状物

··· 木麻黄科 Casuarinaceae

            （木麻黄属 *Casuarina*）

      7. 植物体为其他情形者。

        8. 果实为具多数种子的蒴果；种子有丝状毛茸 ············· 杨柳科 Salicaceae

        8. 果实为仅具 1 种子的小坚果、核果或核果状的坚果。

          9. 叶为羽状复叶；雄花有花被 ············· 胡桃科 Juglandaceae

          9. 叶为单叶（有时在杨梅科中可为羽状分裂）。

            10. 果实为肉质核果，雄花无花被 ············· 杨梅科 Myricaceae

            10. 果实为小坚果，雄花有花被 ············· 桦木科 Betulaceae

4. 有花萼，或在雄花中不存在。

  11. 子房下位。

    12. 叶对生，叶柄基部互相连合 ············· 金粟兰科 Chloranthaceae

    12. 叶互生。

      13. 叶为羽状复叶 ································ 胡桃科 Juglandaceae

      13. 叶为单叶。

        14. 果实为蒴果 ························ 金缕梅科 hamamelidaceae

        14. 果实为坚果。

          15. 坚果封藏于一变大呈叶状的总苞中 ············· 桦木科 Betulaceae

          15. 坚果有一壳斗下托，或封藏在一多刺的果壳中 ········· 壳斗科 fagaceae

  11. 子房上位。

    16. 植物体中具白色乳汁

      17. 子房 1 室；桑椹果 ······························· 桑科 Moraceae

      17. 子房 2～3 室；蒴果 ························ 大戟科 Euphorbiaceae

    16. 植物体中无乳汁，或在大戟科的重阳木属 *Bischofia* 中具红色汁液。

      18. 子房为单心皮所成；雄蕊的花丝在花蕾中向内屈曲 ············· 荨麻科 Urticaceae

      18. 子房为 2 枚以上的连合心皮所组成；雄蕊的花丝在花蕾中常直立（在大戟科的重阳木

      属 *Bischofia* 及巴豆属 *Croton* 中则向前屈曲）。

        19. 果实为 3 个（稀可 2～4 个）离果瓣所成的蒴果；雄蕊 10 至多数，有时少于 10

··· 大戟科 Euphorbiaceae

        19. 果实为其他情形；雄蕊少数至数个（大戟科的黄桐树属 *Endospermum* 为 6～10），或

        和花萼片同数成对生。

          20. 雌雄同株的乔木或灌木。

            21. 子房 2 室；蒴果 ············· 金缕梅科 Hamamelidaceae

            21. 子房 1 室；坚果或核果 ············· 榆科 Ulmaceae

          20. 雌雄异株的植物。

            22. 草本或草质藤本；叶为掌状分裂或为掌状复叶 ············· 桑科 Moraceae

            22. 乔木或灌木；叶全缘，或在重阳木属为 3 小叶所成的

              复叶 ··························· 大戟科 Euphorbiaceae

3. 两性或单性，但并不成为荑黄花序。

  23. 子房或子房室内有数个至多数胚珠。

    24. 寄生性草本，绿色叶片 ······························· 大花草科 Rafflesiaceae

24. 非寄生性植物，有正常绿叶，或叶退化而以绿色茎代行叶的功用。
　　25. 子房下位或部分下位。
　　　　26. 雌雄同株或异株，为两性花时，成肉质穗状花序。
　　　　　　27. 草本。
　　　　　　　　28. 植物体含多量液汁；单叶常不对称 ……………………… 秋海棠科 Begoniaceae
　　　　　　　　　　（秋海棠属 *Begonia*）
　　　　　　　　28. 植物体不含多量液汁；羽状复叶 …………………… 四数木科 Datiscaceae
　　　　　　　　　　（野麻属 *Datisca*）
　　　　　　27. 木本。
　　　　　　　　29. 花两性，成肉质穗状花序；叶全缘 ……………………… 金缕梅科 Hamamelidaceae
　　　　　　　　　　（假马蹄荷属 *Chunia*）
　　　　　　　　29. 花单性，为穗状、总状或头状花序；叶缘有锯齿或具裂片。
　　　　　　　　　　30. 花为穗状或总状花序；子房1室 …………………… 四数木科 Datiscaceae
　　　　　　　　　　　　（四数木属 *Tetrameles*）
　　　　　　　　　　30. 花呈头状花序；子房2室 …………………… 金缕梅科 Hamamelidaceae
　　　　　　　　　　　　（枫香树亚科 Liquidambaroideae）
　　　　26. 花两性，但不成肉质穗状花序。
　　　　　　31. 子房1室。
　　　　　　　　32. 无花被；雄蕊着生在子房上 …………………………… 三白草科 Saururaceae
　　　　　　　　32. 有花被；雄蕊着生在花被上。
　　　　　　　　　　33. 茎肥厚，绿色，常具棘针；叶常退化；花被片和雄蕊都多数；浆果
　　　　　　　　　　　　……………………………………………………… 仙人掌科 Cactaceae
　　　　　　　　　　33. 茎不成上述形状；叶正常；花被片和雄蕊皆为五出或四出数。或雄蕊数为前者的2
　　　　　　　　　　　　倍；蒴果 ………………………………………… 虎耳草科 Saxifragaceae
　　　　　　31. 子房4室或更多室。
　　　　　　　　34. 乔木；雄蕊为不定数 ……………………………… 海桑科 Sonneratiaceae
　　　　　　　　34. 草本或灌木。
　　　　　　　　　　35. 雄蕊4 ………………………………………………… 柳叶菜科 Onagraceae
　　　　　　　　　　　　（丁香蓼属 *Ludwigia*）
　　　　　　　　　　35. 雄蕊6或12 ………………………………… 马兜铃科 Aristolochiaceae
　　25. 子房上位。
　　36. 雌蕊或子房2个，或更多数。
　　　　37. 草本。
　　　　　　38. 复叶或多少有些分裂，稀可为单叶（如驴蹄草属 *Caltha*），全缘或具齿裂；心皮多数至
　　　　　　　　少数 ………………………………………………………… 毛茛科 Ranunculaceae
　　　　　　38. 单叶，叶缘有锯齿；心皮和花萼裂片同数 ……………… 虎耳草科 Saxifragaceae
　　　　　　　　（扯根菜属 *Penthorum*）
　　　　37. 木本。
　　　　　　39. 花的各部为整齐的三出数 ……………………………… 木通科 Lardizabalaceae
　　　　　　39. 花为其他情形。
　　　　　　　　40. 雄蕊数个至多数，连合成单体 …………………… 梧桐科 Sterculiaceae
　　　　　　　　　　（苹婆族 *Sterculieae*）
　　　　　　　　40. 雄蕊多数，离生。
　　　　　　　　　　41. 花两性；无花被 …………………………… 昆栏树科 Trochodendraceae
　　　　　　　　　　　　（昆栏树属 *Trochodendron*）
　　　　　　　　　　41. 花雌雄异株，具4个小型萼片 …………… 连香树科 Cercidiphyllaceae
　　　　　　　　　　　　（连香树属 *Cercidiphyllum*）

36. 雌蕊或子房单独 1 个。
 42. 雄蕊周位，即着生于萼筒或杯状花托上。
  43. 有不育雄蕊，且和 8～12 能育雄蕊互生 ·························· 大风子科 Flacourtiaceae
                 （山羊角树属 *Casearia*）
  43. 无不育雄蕊。
   44. 多汁草本植物；花萼裂片呈覆瓦状排列，成花瓣状，宿存；蒴果盖裂
    ··· 番杏科 Aizoaceae
                 （海马齿属 *Sesuvium*）
   44. 植物体为其他情形，花萼裂片不成花瓣状。
    45. 叶为双数羽状复叶，互生，花萼裂片呈覆瓦状排列；果实为荚果；常绿乔木
     ·· 豆科 Leguminosae
              （云实亚科 Caesalpinioideae）
    45. 叶为对生或轮生单叶；花萼裂片呈镊合状排列；非荚果。
     46. 雄蕊为不定数；子房 10 室或更多室；果实浆果状 ········· 海桑科 Sonneratiaceae
     46. 雄蕊 4～12（不超过花萼裂片的 2 倍）；子房 1 室至数室；果实蒴果状。
      47. 花杂性或雌雄异株，微小，成穗状花序，再成总状或圆锥状
       排列 ··· 隐翼科 Crypteroniaceae
                （隐翼属 *Crypteronia*）
      47. 花两性，中型，单生至排列成圆锥花序 ····················· 千屈菜科 Lythraceae
 42. 雄蕊下位，即着生于扁平或凸起的花托上。
  48. 木本；叶为单叶。
   49. 乔木或灌木；雄蕊常多数，离生；胚珠生于侧膜胎座或隔膜上
    ·· 大风子科 Flacourtiaceae
   49. 木质藤本；雄蕊 4 或 5，基部连合成杯状或环状；胚珠基生（即位于子房室的基底）
    ·· 苋科 Amaranthaceae
               （浆果苋属 *Deeringia*）
  48. 草本或亚灌木。
   50. 植物体沉没水中，常为一具背腹面呈原叶体状的构造，像苔藓
    ··· 河苔草科 Podostemaceae
   50. 植物体非如上述情形。
    51. 子房 3～5 室。
     52. 食虫植物；叶互生；雌雄异株 ·················· 猪笼草科 Nepenthaceae
                （猪笼草属 *Nepenthes*）
     52. 非食虫植物；叶对生或轮生；花两性 ···················· 番杏科 Aizoaceae
                （粟米草属 *Mollugo*）
    51. 子房 1～2 室。
     53. 叶为复叶或多少有些分裂 ························· 毛茛科 Ranunculaceae
     53. 叶为单叶。
      54. 侧膜胎座。
       55. 花无花被···································· 三白草科 Saururaceae
       55. 花具 4 离生萼片 ···························· 十字花科 Cruciferae
      54. 特立中央胎座。
       56. 花序呈穗状、头状或圆锥状；萼片多少为干膜质 ····· 苋科 Amaranthaceae
       56. 花序呈聚伞状；萼片草质 ················ 石竹科 Caryophyllaceae
23. 子房或其子房室内仅有 1 至数个胚珠。
 57. 叶片中常有透明微点。
  58. 叶为羽状复叶 ··· 芸香科 Rutaccae

58. 叶为单叶，全缘或有锯齿。

 59. 草本植物或有时在金粟兰科为木本植物；花无花被，常成简单或复合的穗状花序，但在胡椒科齐头绒属 *Zippelia* 则成疏松总状花序。

  60. 子房下位，仅 1 室有 1 胚珠；叶对生，叶柄在基部连合 ……… 金粟兰科 Chloranthaceae

  60. 子房上位；叶如为对生时，叶柄也不在基部连合。

   61. 雌蕊由 3～6 近于离生心皮组成，每心皮各有 2～4 胚珠………… 三白草科 Saururaceae
      （三白草属 *Saururus*）

   61. 雌蕊由 1～4 合生心皮组成，仅 1 室，有 1 胚珠……………………… 胡椒科 Piperaceae
     （齐头绒属 *Zippelia*，豆瓣绿属 *Peperomia*）

 59. 乔木或灌木；花具一层花被；花序有各种类型，但不为穗状。

  62. 花萼裂片常 3 片，呈镊合状排列；子房为 1 心皮所成，成熟时肉质，常以 2 瓣裂开；雌雄异株 ………………………………………………………………… 肉豆蔻科 Myristicaceae

  62. 花萼裂片 4～6 片，呈覆瓦状排列；子房为 2～4 合生心皮所成。

   63. 花两性；果实仅 1 室，蒴果状，2～3 瓣裂开 ……… 大风子科 Flacourtiaceae
      （山羊角树属 *Casearia*）

   63. 花单性，雌雄异株；果实 2～4 室，肉质或革质，很晚才裂开 … 大戟科 Euphorbiaceae
      （白树属 *Gelonium*）

57. 叶片中无透明微点。

 64. 雄蕊连为单体，通常在雄花中有这现象，花丝互相连合成筒状或成一中柱。

  65. 肉质寄生草本植物，具退化呈鳞片状的叶片，无叶绿素 ………… 蛇菰科 Balanophoraceae

  65. 植物体非为寄生性，有绿叶。

   66. 雌雄同株，雄花成球形头状花序，雌花以 2 个同生于 1 个有 2 室而具钩状芒刺的果壳中
   …………………………………………………………………… 菊科 Compositae
      （苍耳属 *Xanthium*）

   66. 花两性，如为单性时，雄花及雌花也无上述情形。

    67. 草本植物；花两性。

     68. 叶互生 …………………………………………………… 藜科 Chenopodiaceae

     68. 叶对生。

      69. 花显著，有连合成花萼状的总苞 ………………… 紫茉莉科 Nyctaginaceae

      69. 花微小，无上述情形的总苞 ……………………… 苋科 Amaranthaceae

    67. 乔木或灌木，稀可为草本，花单性或杂性；叶互生。

     70. 萼片呈覆瓦状排列，至少在雄花中如此 ………… 大戟科 Euphorbiaceae

     70. 萼片呈镊合状排列。

      71. 雌雄异株；花萼常具 3 裂片；雌蕊为 1 心皮所成，成熟时肉质，且常以 2 瓣裂开
      …………………………………………………… 肉豆蔻科 Myristicaceae

      71. 花单性或雄花和两性花同株；花萼具 4～5 裂片或裂齿；雌蕊为 3～6 近于离生的心皮所成，各心皮于成熟时为革质或木质，呈蓇葖果状而不裂开
      …………………………………………………… 梧桐科 Sterculiaceae
      （苹婆族 *Sterculieae*）

 64. 雄蕊各自分离，有时仅为 1 个，或花丝成分枝的簇丛（如大戟科的蓖麻属 *Ricinus*）。

  72. 每花有雌蕊 2 个至多数，近于或完全离生；或花的界限不明显时，则雌蕊多数，成 1 球形头状花序。

   73. 花托下陷，呈杯状或坛状。

    74. 灌木；叶对生，花被片在坛状花托的外侧排列成数层 ……… 蜡梅科 Calycanthaceae

    74. 草本或灌木；叶互生；花被片在杯状或坛状花托的边缘排列成一轮
    …………………………………………………………………… 蔷薇科 Rosaceae

   73. 花托扁平或隆起，有时可延长。

75. 乔木、灌木或木质藤本。

  76. 花有花被 ·· 木兰科 Magnoliaceae

  76. 花无花被。

    77. 落叶灌木或小乔木；叶卵形，具羽状脉和锯齿缘；无托叶，花两性或杂性，在叶
腋中丛生；翅果无毛，有柄 ····························· 昆栏树科 Nrochodendraceae

      （领春木属 *Euptelea*）

    77. 落叶乔木；叶广阔，掌状分裂，叶缘有缺刻或大锯齿；有托叶围茎成鞘，易脱落；
花单性，雌雄同株，分别聚成球形头状花序；小坚果，围以长柔毛而无柄
·· 悬铃木科 Platanaceae

      （悬铃木属 *Platanus*）

75. 草本稀为亚灌木，有时为攀援性。

  78. 胚珠倒生或直生。

    79. 叶片多少有些分裂或为复叶；无托叶或极微小；有花被（花萼）；胚珠倒生；花单
生或成各种类型的花序 ································· 毛茛科 Ranunculaceae

    79. 叶为全缘单叶；有托叶；无花被；胚珠直生；花成穗形总状花序
·· 三白草科 Saururaceae

  78. 胚珠常弯生；叶为全缘单叶。

    80. 直立草本；叶互生，非肉质 ····················· 商陆科 Phytolaccaceae

    80. 平卧草本，叶对生或近轮生，肉质 ··············· 番杏科 Aizoaceae

      （针晶粟草属 *Gisekia*）

72. 每花仅有 1 个复合或单雌蕊，心皮有时于成熟后各自分离。

 81. 子房下位或半下位。

  82. 草本。

    83. 水生或小形沼泽植物。

      84. 花柱 2 个或更多；叶片（尤其沉没水中的）常成羽状细裂或为复叶
·· 小二仙草科 Haloragaceae

      84. 花柱 1 个；叶为线形全缘单叶 ············· 杉叶藻科 Hippriidaceae

    83. 陆生草本。

      85. 寄生性肉质草本，无绿叶。

        86. 花单性，雌花常无花被；无珠被及种皮 ············· 蛇菰科 Balanophoraceae

        86. 花杂性，有一层花被，两性花有 1 雄蕊；有珠被及种皮
·· 锁阳科 Cynomoriaceae

          （锁阳属 *Cynomorium*）

      85. 非寄生性植物，百蕊草属 *Thesium* 为半寄生性，但均有绿叶。

        87. 叶对生，其形宽广而有锯齿缘 ················· 金粟兰科 Chloranthaceae

        87. 叶互生。

          88. 平铺草本（限于我国植物），叶片宽，三角形，多少有些肉质
·· 番杏科 Aizoaceae

            （番杏属 *Tetragonia*）

          88. 直立草本，叶片窄而细长 ················· 檀香科 Santalaceae

            （百蕊草属 *Thesium*）

  82. 灌木或乔木。

    89. 子房 3～10 室。

      90. 坚果 1～2 个，同生在一个木质且可裂为 4 瓣的壳斗里 ········· 壳斗科 Fagaceae

        （水青冈属 *Fagus*）

      90. 核果，并不生在壳斗里。

        91. 雌雄异株，成顶生的圆锥花序，后者并不为叶状苞片所托

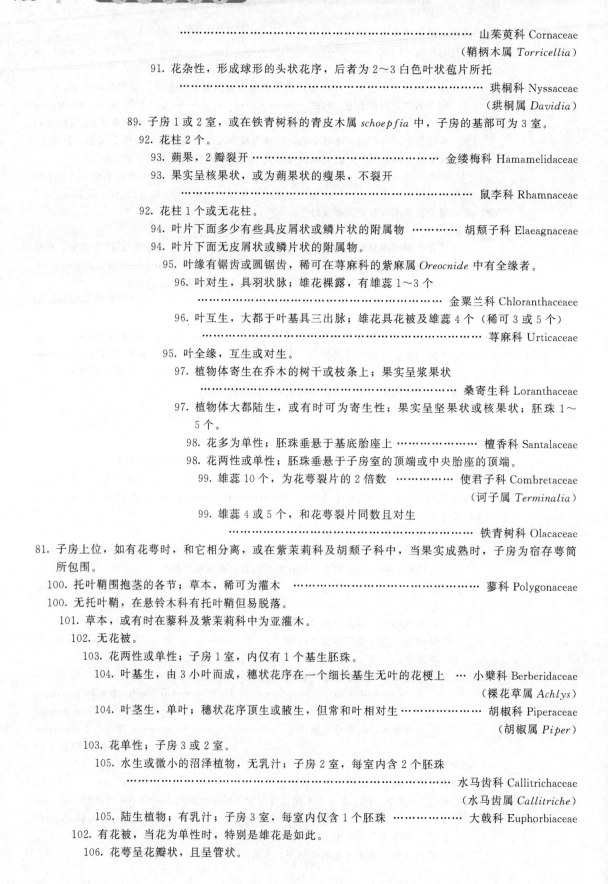

·· 山茱萸科 Cornaceae

（鞘柄木属 *Torricellia*）

91. 花杂性，形成球形的头状花序，后者为 2～3 白色叶状苞片所托

··· 珙桐科 Nyssaceae

（珙桐属 *Davidia*）

89. 子房 1 或 2 室，或在铁青树科的青皮木属 *schoepfia* 中，子房的基部可为 3 室。

92. 花柱 2 个。

93. 蒴果，2 瓣裂开 ···················· 金缕梅科 Hamamelidaceae

93. 果实呈核果状，或为蒴果状的瘦果，不裂开

···································· 鼠李科 Rhamnaceae

92. 花柱 1 个或无花柱。

94. 叶片下面多少有些具皮屑状或鳞片状的附属物 ·········· 胡颓子科 Elaeagnaceae

94. 叶片下面无皮屑状或鳞片状的附属物。

95. 叶缘有锯齿或圆锯齿，稀可在荨麻科的紫麻属 *Oreocnide* 中有全缘者。

96. 叶对生，具羽状脉；雄花裸露，有雄蕊 1～3 个

··································· 金粟兰科 Chloranthaceae

96. 叶互生，大都于叶基具三出脉；雄花具花被及雄蕊 4 个（稀可 3 或 5 个）

··································· 荨麻科 Urticaceae

95. 叶全缘，互生或对生。

97. 植物体寄生在乔木的树干或枝条上；果实呈浆果状

··································· 桑寄生科 Loranthaceae

97. 植物体大都陆生，或有时可为寄生性；果实呈坚果状或核果状；胚珠 1～5 个。

98. 花多为单性；胚珠垂悬于基底胎座上 ·············· 檀香科 Santalaceae

98. 花两性或单性；胚珠垂悬于子房室的顶端或中央胎座的顶端。

99. 雄蕊 10 个，为花萼裂片的 2 倍数 ·········· 使君子科 Combretaceae

（诃子属 *Terminalia*）

99. 雄蕊 4 或 5 个，和花萼裂片同数且对生

··································· 铁青树科 Olacaceae

81. 子房上位，如有花萼时，和它相分离，或在紫茉莉科及胡颓子科中，当果实成熟时，子房为宿存萼筒所包围。

100. 托叶鞘围抱茎的各节；草本，稀可为灌木 ··············· 蓼科 Polygonaceae

100. 无托叶鞘，在悬铃木科有托叶鞘但易脱落。

101. 草本，或有时在藜科及紫茉莉科中为亚灌木。

102. 无花被。

103. 花两性或单性；子房 1 室，内仅有 1 个基生胚珠。

104. 叶基生，由 3 小叶而成，穗状花序在一个细长基生无叶的花梗上 ··· 小檗科 Berberidaceae

（裸花草属 *Achlys*）

104. 叶茎生，单叶；穗状花序顶生或腋生，但常和叶相对生 ·············· 胡椒科 Piperaceae

（胡椒属 *Piper*）

103. 花单性；子房 3 或 2 室。

105. 水生或微小的沼泽植物，无乳汁；子房 2 室，每室内含 2 个胚珠

··································· 水马齿科 Callitrichaceae

（水马齿属 *Callitriche*）

105. 陆生植物；有乳汁；子房 3 室，每室内仅含 1 个胚珠 ·············· 大戟科 Euphorbiaceae

102. 有花被，当花为单性时，特别是雄花是如此。

106. 花萼呈花瓣状，且呈管状。

107. 花有总苞，有时总苞类似花萼 ·· 紫茉莉科 Nyctaginaceae
107. 花无总苞。
 108. 胚珠 1 个，在子房的近顶端处 ·· 瑞香科 Thymelaeaceae
 108. 胚珠多数，生在特立中央胎座上 ····································· 报春花科 Primulaceae
                              （海乳草属 *Glaux*）

106. 花萼非如上述情形。
 109. 雄蕊周位，即位于花被上。
  110. 叶互生，羽状复叶而有草质的托叶，花无膜质苞片；瘦果 ············· 蔷薇科 Rosaceae
                          （地榆族 *Sanguisorbieae*）
  110. 叶对生，或在蓼科的冰岛蓼属 *Koenigia* 为互生，单叶无草质托叶；花有膜质苞片。
   111. 花被片和雄蕊各为 5 或 4 个，对生；囊果，托叶膜质 ········· 石竹科 Caryophyllaceae
   111. 花被片和雄蕊各为 3 个，互生；坚果；无托叶 ·················· 蓼科 Polygonaceae
                         （冰岛蓼属 *Koenigia*）
 109. 雄蕊下位，即位于子房下。
  112. 花柱或其分枝为 2 个或数个，内侧常为柱头面。
   113. 子房常为数个至多数心皮连合而成 ····························· 商陆科 Phytolaccaceae
   113. 子房常为 2 或 3（或 5）心皮连合而成。
    114. 子房 3 室，稀可 2 或 4 室 ··································· 大戟科 Euphorbiaceae
    114. 子房 1 或 2 室。
     115. 叶为掌状复叶或具掌状脉而有宿存托叶 ····················· 桑科 Moraceae
                    （大麻亚科 Cannaboideae）
     115. 叶具羽状脉，或稀可为掌状脉而无托叶，也可在藜科中叶退化成鳞片或为肉质而
       形如圆筒。
      116. 花有草质而带绿色或灰绿色的花被及苞片 ············· 藜科 Chenopodiaceae
      116. 花有干膜质且常有色泽的花被及苞片 ·············· 苋科 Amaranthaceae
  112. 花柱 1 个，常顶端有柱头，也可无花柱。
   117. 花两性。
    118. 雌蕊为单心皮；花萼由 2 膜质且宿存的萼片组成；雄蕊 2 个
      ·· 毛茛科 Ranunculaceae
                     （星叶草属 *Circaeaster*）
    118. 雌蕊由 2 合生心皮而成。
     119. 萼片 2 片；雄蕊多数 ······································· 罂粟科 Papaveraceae
                    （博落回属 *Macleaya*）
     119. 萼片 4 片；雄蕊 2 或 4 ······························ 十字花科 Cruciferae
                    （独行菜属 *Lepidium*）
   117. 花单性。
120. 沉没于淡水中的水生植物；叶细裂成丝状 ···················· 金鱼藻科 Ceratophyllaceae
                    （金鱼藻属 *Ceratophyllum*）
120. 陆生植物；叶为其他情形。
 121. 叶含多量水分；托叶连接叶柄的基部；雄花的花被 2 片；雄蕊多数
   ·· 假牛繁缕科 Theligonaceae
                   （假牛繁缕属 *Theligonum*）
 121. 叶不含多量水分；如有托叶时，也不连接叶柄的基部；雄花的花被片和雄蕊均各为 4 或 5
   个，两者相对生 ·· 荨麻科 Urticaceae
101. 木本植物或亚灌木。
 122. 耐寒旱性灌木，或在藜科的琐属 *Haloxylon* 为乔木；叶微小，细长或呈鳞片状，有时（如藜科）为
   肉质而成圆筒形或半圆筒形。

123. 雌雄异株或花杂性；花萼为三出数，萼片微呈花瓣状，和雄蕊同数且互生；花柱 1，极短，常有 6～9 放射状且有齿裂的柱头；核果，胚体劲直；常绿而基部偃卧的灌木；叶互生，无托叶 ·· 岩高兰科 Empetraceae
（岩高兰属 *Empetrum*）

123. 花两性或单性，花萼为五出数，稀可三出或四出数，萼片或花萼裂片草质或革质，和雄蕊同数且对生，或在藜科中雄蕊由于退化而数较少，甚或 1 个；花柱或花柱分枝 2 或 3 个，内侧常为柱头面，胞果或坚果；胚体弯曲如环或弯曲成螺旋形。

124. 花无膜质苞片，雄蕊下位；叶互生或对生；无托叶，枝条常具关节 ········ 藜科 Chenopodiaceae

124. 花有膜质苞片；雄蕊周位；叶对生，基部常互相连合；有膜质托叶；枝条不具关节 ·· 石竹科 Caryophyllaceae

122. 不是上述的植物；叶片矩圆形或披针形，或宽广至圆形。

125. 果实及子房均为 2 至数室，或在大风子科中为不完全的 2 至数室。

126. 花常为两性。

127. 萼片 4 或 5 片，稀可 3 片，呈覆瓦状排列。

128. 雄蕊 4 个；4 室的蒴果 ·· 木兰科 Magnoliaceae
（水青树属 *Tetracentron*）

128. 雄蕊多数；浆果状的核果 ·· 大风子科 Flacourtiaceae

127. 萼片多 5 片，呈镊合状排列。

129. 雄蕊为不定数；具刺的蒴果 ·· 杜英科 Elaeocarpaceae
（猴欢喜属 *Sloanea*）

129. 雄蕊和萼片同数，核果或坚果。

130. 雄蕊和萼片对生，各为 3～6 ·· 铁青树科 Olacaceae

130. 雄蕊和萼片互生，各为 4 或 5 ·· 鼠李科 Rhamnaceae

126. 花单性（雌雄同株或异株）或杂性。

131. 果实各种；种子无胚乳或有少量胚乳。

132. 雄蕊常 8 个；果实坚果状或为有翅的蒴果；羽状复叶或单叶 ········· 无患子科 Sapindaceae

132. 雄蕊 5 或 4 个，且和萼片互生；核果有 2～4 个小核；单叶 ········· 鼠李科 Rhamnaceae
（鼠李属 *Rhamnus*）

131. 果实多呈蒴果状，无翅；种子常有胚乳。

133. 果实为具 2 室的蒴果，有木质或革质的外种皮及角质的内果皮 ·· 金缕梅科 Hamamelidaceae

133. 果实纵为蒴果时，也不像上述情形。

134. 胚珠具腹脊；果实有各种类型，但多为胞间裂开的蒴果 ·· 大戟科 Euphorbiaceae

134. 胚珠具背脊，果实为胞背裂开的蒴果，或有时呈核果状 ············· 黄杨科 Buxaceae

125. 果实及子房均为 1 或 2 室，稀可在无患子科的荔枝属 *Litchi* 及韶子属 *Nephelium* 中为 3 室，或在卫矛科的十齿花属 *Dipentodon* 及铁青树科的铁青树属 *Olax* 中，子房的下部为 3 室，而上部为 1 室。

135. 花萼具显著的萼筒，且常呈花瓣状。

136. 叶无毛或下面有柔毛；萼筒整个脱落 ·· 瑞香科 Thymelaeaceae

136. 叶下面具银白或棕色的鳞片；萼筒或其下部永久宿存，当果实成熟时，变为肉质而紧密包着子房 ·· 胡颓子科 Elaeagnaceae

135. 花萼不是像上述情形，或无花被。

137. 花药以 2 或 4 舌瓣裂开 ·· 樟科 Lauraceae

137. 花药不以舌瓣裂开。

138. 叶对生。

139. 果实为有双翅或呈圆形的翅果 ·· 槭树科 Aceraceae

139. 果实为有单翅而呈细长形兼矩圆形的翅果 ·················· 木樨科 Oleaceae
138. 叶互生。
　140. 叶为羽状复叶。
　　141. 叶为二回羽状复叶，或退化仅具叶状柄（特称为叶状叶柄）········ 豆科 Leguminosae
　　　　　　　　　　　　　　　　　　　　　　　　　　　（金合欢属 *Acacia*）
　　141. 叶为一回羽状复叶。
　　　142. 小叶边缘有锯齿；果实有翅 ·················· 马尾树科 Rhoipteleaceae
　　　　　　　　　　　　　　　　　　　　　　　　　　（马尾树属 *Rhoiptelea*）
　　　142. 小叶全缘；果实无翅。
　　　　143. 花两性或杂性 ························· 无患子科 Sapindaceae
　　　　143. 雌雄异株 ···························· 漆树科 Anacardiaceae
　　　　　　　　　　　　　　　　　　　　　　　　　　　（黄连木属 *Pistacia*）
　140. 叶为单叶。
　　144. 花均无花被。
　　　145. 多为木质藤本；叶全缘；花两性或杂性，成紧密的穗状花序 ····· 胡椒科 Piperaceae
　　　　　　　　　　　　　　　　　　　　　　　　　　　（胡椒属 *Piper*）
　　　145. 乔木；叶缘有锯齿或缺刻；花单性。
　　　　146. 叶宽广，具掌状脉及掌状分裂，叶缘具缺刻或大锯齿；有托叶，围茎成鞘，但易脱落；雌雄同株，雌花和雄花分别成球形的头状花序；雌蕊为单心皮而成；小坚果为倒圆锥形而有棱角，无翅也无梗，但围以长柔毛
　　　　　　　·· 悬铃木科 Platanaceae
　　　　　　　　　　　　　　　　　　　　　　　　　　　（悬铃木属 *Platanus*）
　　　　146. 叶椭圆形至卵形，具羽状脉及锯齿缘；无托叶；雌雄异株，雄花聚成疏松有苞片的簇丛，雌花单生于苞片的腋内；雌蕊为 2 心皮而成；小坚果扁平，具翅且有柄，但无毛 ·································· 杜仲科 Eucommiaceae
　　　　　　　　　　　　　　　　　　　　　　　　　　　（杜仲属 *Eucommia*）
　　144. 花常有花萼，尤其在雄花。
　　　147. 植物体内有乳汁 ···························· 桑科 Moraceae
　　　147. 植物体内无乳汁。
　　　　148. 花柱或其分枝 2 或数个，但在大戟科的核实树属 *Drypetes* 中则柱头几无柄，呈盾状或肾脏形。
　　　　　149. 雌雄异株或有时为同株；叶全缘或具波状齿。
　　　　　　150. 矮小灌木或亚灌木；果实干燥，包藏于具有长柔毛而互相连合成双角状的 2 苞片中，胚体弯曲如环 ·················· 藜科 Chenopodiaceae
　　　　　　　　　　　　　　　　　　　　　　　　　　　（优若藜属 *Eurotia*）
　　　　　　150. 乔木或灌木；果实呈核果状，常为 1 室含 1 种子，不包藏于苞片内；胚体劲直
　　　　　　　　·· 大戟科 Euphorbiaceae
　　　　　149. 花两性或单性；叶缘多有锯齿或具齿裂，稀可全缘。
　　　　　　151. 雄蕊多数 ·························· 大风子科 Flacourtiaceae
　　　　　　151. 雄蕊 10 个或较少。
　　　　　　　152. 子房 2 室，每室有 1 个至数个胚珠；果实为木质蒴果
　　　　　　　　　·· 金缕梅科 Hamamelidaceae
　　　　　　　152. 子房 1 室，仅含 1 胚珠；果实不是木质蒴果 ·········· 榆科 Ulmaceae
　　　　148. 花柱 1 个，也可有时（如荨麻属）不存，而柱头呈画笔状。
　　　　　153. 叶缘有锯齿；子房为 1 心皮而成。
　　　　　　154. 花两性 ·························· 山龙眼科 Proteaceac

154. 雌雄异株或同株。

  155. 花生于当年新枝上；雄蕊多数 ………………………… 蔷薇科 Rosaceae

    （假桐李属 *Maddenia*）

  155. 花生于老枝上；雄蕊和萼片同数 ………………………… 荨麻科 Urticaceae

 153. 叶全缘或边缘有锯齿；子房为 2 个以上连合心皮所成。

  156. 果实呈核果状或坚果状，内有 1 种子；无托叶。

   157. 子房具 1 或 3 个胚珠；果实于成熟后由萼筒包围 …… 铁青树科 Olacaceae

   157. 子房仅具 1 个胚珠；果实和花萼相分离，或仅果实基部由花萼衬托

    ………………………………………………… 山柚子科 Opiliaceae

  156. 果实呈蒴果状或浆果状，内含 1 至数个种子。

   158. 花下位，雌雄异株，稀可杂性，雄蕊多数；果实呈浆果状；无托叶

    ……………………………………………… 大风子科 Flacourtiaceae

    （柞木属 *Xylosma*）

   158. 花周位，两性；雄蕊 5～12 个；果实呈蒴果状；有托叶，但易脱落。

    159. 花为腋生的簇丛或头状花序；萼片 4～6 片 …… 大风子科 Flacourtiaceae

    （山羊角树属 *Casearia*）

    159. 花为腋生的伞形花序；萼片 10～14 片 ………… 卫矛科 Celastraceae

    （十齿花属 *Dipentodon*）

2. 花具花萼也具花冠，或有两层以上的花被片，有时花冠可为蜜腺叶所代替。

 160. 花冠常为离生的花瓣所组成。

  161. 成熟雄蕊（或单体雄蕊的花药）多在 10 个以上，通常多数，或其数超过花瓣的 2 倍。

   162. 花萼和 1 个或更多的雌蕊多少有些互相愈合，即子房下位或半下位。

    163. 水生草本植物；子房多室 ………………………………… 睡莲科 Nymphaeaceae

    163. 陆生植物；子房 1 至数室，心皮为 1 至数个，或在海桑科中为多室。

     164. 植物体具肥厚的肉质茎，多有刺，常无真正叶片 ……… 仙人掌科 Cactaceae

     164. 植物体为普通形态，不是仙人掌状，有真正的叶片。

      165. 草本植物或稀可为亚灌木。

       166. 花单性。

        167. 雌雄同株；花鲜艳，多成腋生聚伞花序；子房 2～4 室 …… 秋海棠科 Begoniaceae

        （秋海棠属 *Begonia*）

        167. 雌雄异株；花小而不显著，成腋生穗状或总状花序 ………… 四数木科 Datiscaceae

       166. 花常两性。

        168. 叶基生或茎生，呈心形，或在阿柏麻属 Apama 为长形，不为肉质；花为二出数

        ………………………………………… 马兜铃科 Aristolochiaceae

        （细辛族 *Asareae*）

        168. 叶茎生，不呈心形，多少有些肉质，或为圆柱形；花不是三出数。

         169. 花萼裂片常为 5，叶状；蒴果 5 室或更多室，在顶端呈放射状裂开

         ………………………………………… 番杏科 Aizoaceae

         169. 花萼裂片 2；蒴果 1 室，盖裂 ……………… 马齿苋科 Portulacaceae

         （马齿苋属 *Portulaca*）

      165. 乔木或灌木（但在虎耳草科的银梅草属 *Deinanthe* 及草绣球属 *Cardiandra* 为亚灌木，黄山梅属 *Kirengeshoma* 为多年生高大草本），有时长出气生根而攀援。

      170. 叶通常对生（虎耳草科的草绣球属 *Cardiandra* 为例外），或在石榴科的石榴属 *Punica* 中有时可互生。

       171. 叶缘常有锯齿或全缘；花序（除山梅花属 *Philadelpheae* 外）常有不孕的边缘花

       ………………………………………………… 虎耳草科 Saxifragaceae

      171. 叶全缘；花序无不孕花。

172. 叶为脱落性；花萼呈朱红色 ···················· 石榴科 Punicaceae

(石榴属 *Punica*)

172. 叶为常绿性；花萼不呈朱红色。

173. 叶片中有腺体微点；胚珠常多数 ·················· 桃金娘科 Myrtaceae

173. 叶片中无微点。

174. 胚珠在每子房室中为多数 ················· 海桑科 Sonneratiaceae

174. 胚珠在每子房室中仅 2 个，稀可较多 ········· 红树科 Rhizophoraceae

170. 叶互生。

175. 花瓣为细长形兼长方形，最后向外翻转 ············· 八角枫科 Alangiaceae

(八角枫属 *Alangium*)

175. 花瓣不成细长形，或纵为细长形时，也不向外翻转。

176. 叶无托叶。

177. 叶全缘；果实肉质或木质 ···················· 玉蕊科 Lecythidaceae

(玉蕊属 *Barringtonia*)

177. 叶缘多少有些锯齿或齿裂；果实呈核果状，其形歪斜 ············· 山矾科 Symplocaceae

(山矾属 *Symplocos*)

176. 叶有托叶。

178. 花瓣呈旋转状排列，花药隔向上延伸；花萼裂片中 2 个或更多个在果实上变大而呈翅状

···················· 龙脑香科 Dipterocarpaceae

178. 花瓣呈覆瓦状或旋转状排列（如蔷薇科的火棘属 *Pyracantha*）；花药隔并不向上延伸；花萼裂片也无上述变大情形。

179. 子房 1 室，内具 2～6 侧膜胎座，各有 1 个至多数胚珠；果实为革质蒴果，自顶端以 2～6 片裂开 ················· 大风子科 Flacourtiaceae

(天料木属 *Homalium*)

179. 子房 2～5 室，内具中轴胎座，或其心皮在腹面互相分离而具边缘胎座。

180. 花成伞房、圆锥、伞形或总状等花序，稀可单生；子房 2～10 室，或心皮 2～5 个，下位，每室或每心皮有胚珠 1～2 个，稀为 3～10 个或为多数；果实为肉质或木质假果；种子无翅 ··················· 蔷薇科 Rosaceae

(梨亚科 *Pomoideae*)

180. 花成头状或肉穗花序；子房 2 室，半下位，每室有胚珠 2～6 个；果为木质蒴果；种子有或无翅 ················· 金缕梅科 Hamamelidaceae

(马蹄荷亚科 *Bucklandioideae*)

162. 花萼和 1 个或更多的雌蕊互相分离，即子房上位。

181. 花为周位花。

182. 萼片和花瓣相似，覆瓦状排列成数层，着生于坛状花托的外侧 ·········· 蜡梅科 Calycanthaceae

(洋蜡梅属 *Calycanthus*)

182. 萼片和花瓣有分化，在萼筒或花托的边缘排列成 2 层。

183. 叶对生或轮生，有时上部者可互生，但均为全缘单叶，花瓣常于蕾中呈皱褶状。

184. 花瓣无爪，形小，或细长；浆果 ··············· 海桑科 Sonneratiaceae

184. 花瓣有细爪，边缘具腐蚀状的波纹或具流苏；蒴果 ········· 千屈菜科 Lythraceae

183. 叶互生，单叶或复叶，花瓣不呈皱褶状。

185. 花瓣宿存；雄蕊的下部连成一管 ················· 亚麻科 Linaceae

(粘木属 *Ixonanthes*)

185. 花瓣脱落性；雄蕊互相分离。

186. 草本植物，具二出数的花朵；萼片 2 片，早落性，花瓣 4 个 ········· 罂粟科 Papaveraceae

(花菱草属 *Eschscholzia*)

186. 木本或草本植物，具五出或四出数的花朵。

187. 花瓣镊合状排列；果实为荚果；叶多为二回羽状复叶，有时叶片退化，而叶柄发育为叶
　　　状柄；心皮1个 ·· 豆科 Leguminosae
　　　　　　　　　　　　　　　　　　　　　　　　　　　　　　　（含羞草亚科 Mimosoideae）

187. 花瓣覆瓦状排列；果实为核果、蓇葖果或瘦果，叶为单叶或复叶；心皮1个至多数
　　　 ··· 蔷薇科 Rosaceae

181. 花为下位花，或至少在果实时花托扁平或隆起。

188. 雌蕊少数至多数，互相分离或微有连合。

189. 水生植物。

190. 叶片呈盾状，全缘 ······································ 睡莲科 Nymphaeaceae

190. 叶片不呈盾状，多少有些分裂或为复叶 ················ 毛茛科 Ranunculaceae

189. 陆生植物。

191. 茎为攀援性。

192. 草质藤本。

193. 花显著，为两性花 ································· 毛茛科 Ranunculaceae

193. 花小型，为单性，雌雄异株 ················ 防己科 Menispermaceae

192. 木质藤本或为蔓生灌木。

194. 叶对生，复叶由3小叶组成，或顶端小叶形成卷须 ··········· 毛茛科 Ranunculaceae
　　　　　　　　　　　　　　　　　　　　　　　　　　　　（锡兰莲属 Naravelia）

194. 叶互生，单叶。

195. 花单性。

196. 心皮多数，结果时聚生成一球状的肉质体或着生于延长的花托上 ··· 木兰科 Magnoliaceae
　　　　　　　　　　　　　　　　　　　　　　　　　　　（五味子亚科 Schisandroideae）

196. 心皮3～6，果为核果或核果状 ················ 防己科 Menispermaceae

195. 花两性或杂性；心皮数个，果为蓇葖果 ·············· 五桠果科 Dilleniaceae
　　　　　　　　　　　　　　　　　　　　　　　　　　　（锡叶藤属 Tetracera）

191. 茎直立，不为攀援性。

197. 雄蕊的花丝连成单体 ···································· 锦葵科 Malvaceae

197. 雄蕊的花丝互相分离。

198. 草本植物，稀可为亚灌木；叶片多少有些分裂或为复叶。

199. 叶无托叶；种子有胚乳 ······················· 毛茛科 Ranunculaceae

199. 叶多有托叶；种子无胚乳 ······················· 蔷薇科 Rosaceae

198. 木本植物，叶片全缘或边缘有锯齿，也稀有分裂者。

200. 萼片及花瓣均为镊合状排列；胚乳具嚼痕 ··············· 番荔枝科 Annonaceae

200. 萼片及花瓣均为覆瓦状排列；胚乳无嚼痕。

201. 萼片及花瓣相同，三出数，排列成3层或多层，均可脱落 ··· 木兰科 Magnoliaceae

201. 萼片及花瓣甚有分化，多为五出数，排列成2层，萼片宿存。

202. 心皮3个至多数；花柱互相分离；胚珠为不定数 ········· 五桠果科 Dilleniaceae

202. 心皮3～10个；花柱完全合生；胚珠单生 ·············· 金莲木科 Ochnaceae
　　　　　　　　　　　　　　　　　　　　　　　　　　　（金莲木属 Ochna）

188. 雌蕊1个，但花柱或柱头为1至多数。

203. 叶片中具透明微点。

204. 叶互生，羽状复叶或退化为仅有1顶生小叶 ·············· 芸香科 Rutaceae

204. 叶对生，单叶 ······································ 藤黄科 Guttiferae

203. 叶片中无透明微点。

205. 子房单纯，具1子房室。

206. 乔木或灌木；花瓣呈镊合状排列；果实为荚果 ·············· 豆科 Leguminosae
　　　　　　　　　　　　　　　　　　　　　　　　　　　（含羞草亚科 Mimosoideae）

206. 草本植物；花瓣呈覆瓦状排列；果实不是荚果。

  207. 花为五出数；蓇葖果 ·························· 毛茛科 Ranunculaceae

  207. 花为三出数；浆果 ························· 小檗科 Berberidaceae

205. 子房为复合性。

 208. 子房1室，或在马齿苋科的土人参属 *Talinum* 中子房基部为3室。

  209. 特立中央胎座。

   210. 草本；叶互生或对生；子房的基部3室，有多数胚珠 ········ 马齿苋科 Portulacaceae

     （土人参属 *Talinum*）

   210. 灌木；叶对生；子房1室，内有成为3对的6个胚珠·········· 红树科 Rhizophoraceae

     （秋茄树属 *Kandelia*）

  209. 侧膜胎座。

   211. 灌木或小乔木（在半日花科中常为亚灌木或草本植物），子房柄不存在或极短；果实为蒴果或浆果。

    212. 叶对生；萼片不相等，外面2片较小，或有时退化，内面3片呈旋转状排列 ·································· 半日花科 Cistaceae

     （半日花属 *Helianthemum*）

    212. 叶常互生，萼片相等，呈覆瓦状或镊合状排列。

     213. 植物体内含有色泽的汁液；叶具掌状脉，全缘；萼片5片，互相分离，基部有腺体；种皮肉质，红色 ·························· 红木科 Bixaceae

      （红木属 *Bixa*）

     213. 植物体内不含有色泽的汁液；叶具羽状脉或掌状脉；叶缘有锯齿或全缘；萼片3~8片，离生或合生，种皮坚硬，干燥 ········ 大风子科 Flacourtiaceae

   211. 草本植物，如为木本植物时，则具有显著的子房柄；果实为浆果或核果。

    214. 植物体内含有乳汁；萼片2~3 ·················· 罂粟科 Papaveraceae

    214. 植物体内不含乳汁；萼片4~8。

     215. 叶为单叶或掌状复叶；花瓣完整；长角果 ·········· 白花菜科 Capparidaceae

     215. 叶为单叶，或为羽状复叶或分裂；花瓣具缺刻或细裂；蒴果仅于顶端裂开 ·································· 木樨草科 Resedaceae

208. 子房2室至多室，或为不完全的2至多室。

 216. 草本植物，具多少有些呈花瓣状的萼片。

  217. 水生植物；花瓣为多数雄蕊或鳞片状的蜜腺叶所代替 ·········· 睡莲科 Nymphaeaceae

    （萍蓬草属 *Nuphar*）

  217. 陆生植物；花瓣不为蜜腺叶所代替。

   218. 一年生草本植物；叶呈羽状细裂；花两性 ·········· 毛茛科 Ranunculaceae

    （黑种草属 *Nigella*）

   218. 多年生草本植物；叶全缘而呈掌状分裂；雌雄同株 ········· 大戟科 Euphorbiaceae

    （麻疯树属 *Jatropha*）

 216. 木本植物，或陆生草本植物，常不具呈花瓣状的萼片。

  219. 萼片于蕾内呈镊合状排列。

   220. 雄蕊互相分离或连成数束。

    221. 花药1室或数室；叶为掌状复叶或单叶，全缘，具羽状脉 ·································· 木棉科 Bombacaceae

    221. 花药2室；叶为单叶，叶缘有锯齿或全缘。

     222. 花药以顶端2孔裂开 ·············· 杜英科 Elaeocarpaceae

     222. 花药纵长裂开 ··················· 椴树科 Tiliaceae

   220. 雄蕊连为单体，至少内层者如此，并且多少有些连成管状。

    223. 花单性，萼片2或3片 ··············· 大戟科 Euphorbiaceae

（油桐属 Aleurites）

223. 花常两性；萼片多 5 片，稀可较少。

   224. 花药 2 室或更多室。

      225. 无副萼；多有不育雄蕊；花药 2 室；叶为单叶或掌状分裂

          …………………………………………………………… 梧桐科 Sterculiaceae

      225. 有副萼；无不育雄蕊；花药数室；叶为单叶，全缘且具羽状脉

          …………………………………………………………… 木棉科 Bombacaceae

          （榴莲属 Durio）

   224. 花药 1 室。

      226. 花粉粒表面平滑；叶为掌状复叶………………… 木棉科 Bombacaceae

          （木棉属 Gossampinus）

      226. 花粉粒表面有刺；叶有各种情形 ………………… 锦葵科 Malvaceae

219. 萼片于蕾内呈覆瓦状或旋转状排列，或有时（如大戟科的巴豆属 Croton）近于呈镊合状排列。

227. 雌雄同株或稀可异株；果实为蒴果，由 2～4 个各自裂为 2 片的离果所成…… 大戟科 Euphorbiaceae

227. 花常两性，或在猕猴桃科的猕猴桃属 Actinidia 中为杂性或雌雄异株；果实为其他情形。

   228. 萼片在结果实时增大且成翅状；雄蕊具伸长的花药隔 ………………… 龙脑香科 Dipterocarpaceae

   228. 萼片及雄蕊不为上述情形。

      229. 雄蕊排列成两层，外层 10 个和花瓣对生，内层 5 个和萼片对生 ……… 蒺藜科 Zygophyllaceae

          （骆驼蓬属 Peganum）

   229. 雄蕊的排列为其他情形。

      230. 食虫的草本植物；叶基生，呈管状，其上再具有小叶片 ………… 瓶子草科 Sarraceniaceae

      230. 不是食虫植物；叶茎生或基生，但不呈管状。

         231. 植物体呈耐寒旱状；叶为全缘单叶。

            232. 叶对生或上部者互生；萼片 5 片，互不相等，外面 2 片较小或有时退化，内面 3 片较大，成旋转状排列，宿存；花瓣早落 ……………………… 半日花科 Cistaceae

            232. 叶互生；萼片 5 片，大小相等；花瓣宿存；在内侧基部各有 2 舌状物

            ………………………………………………………… 柽柳科 Tamaricaceae

            （琵琶柴属 Reaumuria）

         231. 植物体不是耐寒旱状；叶常互生；萼片 2～5 片，彼此相等；呈覆瓦状或稀可呈镊合状排列。

            233. 草本或木本植物，花为四出数，或其萼片多为 2 片且早落。

               234. 植物体内含乳汁；无或有极短子房柄；种子有丰富胚乳………… 罂粟科 Papaveraceae

               234. 植物体内不含乳汁；有细长的子房柄；种子无或有少量胚乳

               ………………………………………………………… 白花菜科 Capparidaceae

             233. 木本植物；花常为五出数，萼片宿存或脱落。

               235. 果实为具 5 个棱角的蒴果，分成 5 个骨质各含 1 或 2 种子的心皮后，再各沿其缝线 2 瓣裂开 ……………………………………………………… 蔷薇科 Rosaceae

               （白鹃梅属 Exochorda）

             235. 果实不为蒴果，如为蒴果时则为胞背裂开。

               236. 蔓生或攀援的灌木；雄蕊互相分离；子房 5 室或更多室；浆果，常可食

               ………………………………………………………… 猕猴桃科 Actinidiaceae

               236. 直立乔木或灌木，雄蕊至少在外层者连为单体，或连成 3～5 束而着生于花瓣的基部，子房 5～3 室。

                  237. 花药能转动，以顶端孔裂开；浆果；胚乳颇丰富………… 猕猴桃科 Actinidiaceae

                  （水东哥属 Saurauia）

                  237. 花药能或不能转动，常纵长裂开；果实有各种情形；胚乳通常量微小

                  ………………………………………………………… 山茶科 Theaceae

161. 成熟雄蕊 10 个或较少，如多于 10 个时，其数并不超过花瓣的 2 倍。

238. 成熟雄蕊和花瓣同数，且和它对生。

239. 雌蕊 3 个至多数，离生。

240. 直立草本或亚灌木；花两性，五出数 ·································· 蔷薇科 Rosaceae

(地蔷薇属 *Chamaerhodos*)

240. 本质或草质藤本；花单性，常为三出数。

241. 叶常为单叶；花小型；核果；心皮 3～6 个，呈星状排列，各含 1 胚珠

·································· 防己科 Menispermaceae

241. 叶为掌状复叶或由 3 小叶组成；花中型；浆果，心皮 3 个至多数，轮状或螺旋状排列。各含 1 个或多数胚珠 ·································· 木通科 Lardizabalaceae

239. 雌蕊 1 个。

242. 子房 2 至数室。

243. 花萼裂齿不明显或微小；以卷须缠绕它物的灌木或草本植物 ·················· 葡萄科 Vitaceae

243. 花萼具 4～5 裂片；乔木、灌木或草本植物，有时虽也可为缠绕性，但无卷须。

244. 雄蕊连成单体。

245. 叶为单叶；每子房室内含胚珠 2～6 个（或在可可树亚族 *Theobromineae* 中为多数）

·································· 梧桐科 Sterculiaceae

245. 叶为掌状复叶；每子房室内含胚珠多数 ·················· 木棉科 Bombacaceae

(吉贝属 *Ceiba*)

244. 雄蕊互相分离，或稀可在其下部连成一管。

246. 叶无托叶；萼片各不相等，呈覆瓦状排列；花瓣不相等，在内层的 2 片常很小

·································· 清风藤科 Sabiaceae

246. 叶常有托叶；萼片同大，呈镊合状排列；花瓣均大小同形。

247. 叶为单叶 ·································· 鼠李科 Rhamnaceae

247. 叶为 1～3 回羽状复叶 ·································· 葡萄科 Vitaceae

(火筒树属 *Leea*)

242. 子房 1 室（在马齿苋科的土人参属 *Talinum* 及铁青树科的铁青树属 *Olax* 中则子房的下部多少有些成为 3 室）。

248. 子房下位或半下位。

249. 叶互生，边缘常有锯齿；蒴果 ·································· 大风子科 Flacourtiaceae

(天料木属 *Homalium*)

249. 叶多对生或轮生，全缘；浆果或核果 ·················· 桑寄生科 Loranthaceae

248. 子房上位。

250. 花药以舌瓣裂开 ·································· 小檗科 Berberidaceae

250. 花药不以舌瓣裂开。

251. 缠绕草本；胚珠 1 个；叶肥厚，肉质 ·················· 落葵科 Basellaceae

(落葵属 *Basella*)

251. 直立草本，或有时为木本；胚珠 1 个至多数。

252. 雄蕊连成单体；胚珠 2 个 ·················· 梧桐科 Sterculiaceae

(蛇婆子属 *Waltheria*)

252. 雄蕊互相分离；胚珠 1 个至多数。

253. 花瓣 6～9 片；雌蕊单纯 ·················· 小檗科 Berberidaceae

253. 花瓣 4～8 片；雌蕊复合。

254. 常为草本；花萼有 2 个分离萼片。

255. 花瓣 4 片；侧膜胎座 ·················· 罂粟科 Papaveraceae

(角茴香属 *Hypecoum*)

255. 花瓣常 5 片；基底胎座 ·················· 马齿苋科 Portulacaceac

254. 乔木或灌木，常蔓生，花萼呈倒圆锥形或杯状。

256. 通常雌雄同株；花萼裂片 4～5；花瓣呈覆瓦状排列；无不育雄蕊；胚珠有 2 层珠被
　　　　……………………………………………………………… 紫金牛科 Myrsinaceae
　　　　　　　　　　　　　　　　　　　　　　　　　　　（信筒子属 *Embelia*）

256. 花两性；花萼于开花时微小，而具不明显的齿裂；花瓣多为镊合状排列；有不育雄蕊
　　　（有时代以蜜腺）；胚珠无珠被。

257. 花萼于结果时增大；子房的下部为 3 室，上部为 1 室，内含 3 个胚珠
　　　　…………………………………………………………… 铁青树科 Olacaceae
　　　　　　　　　　　　　　　　　　　　　　　　　　　（铁青树属 *Olax*）

257. 花萼于结果时不增大；子房 1 室，内仅含 1 个胚珠 ………… 山柚子科 Opiliaceae

238. 成熟雄蕊和花瓣不同数，如同数时则雄蕊和它互生。

258. 雌雄异株，雄蕊 8 个，不相同，其中 5 个较长，有伸出花外的花丝，且和花瓣相互生，另 3 个则较
　　　短而藏于花内；灌木或灌木状草本，互生或对生单叶，心皮单生；雌花无花被，无梗，贴生于宽圆
　　　形的叶状苞片 ……………………………………………… 漆树科 Anacardiaceae
　　　　　　　　　　　　　　　　　　　　　　　　　　（九子不离母属 *Dobinea*）

258. 花两性或单性，纵为雌雄异株时，其雄花中也无上述情形的雄蕊。

259. 花萼或其筒部和子房多少有些相连合。

260. 每子房室内含胚珠或种子 2 个至多数。

261. 花药以顶端孔裂开；草本或木本植物；叶对生或轮生，大都于叶片基部具 3～9 脉
　　　　…………………………………………………………… 野牡丹科 Melastomaceae

261. 花药纵长裂开。

262. 草本或亚灌木；有时为攀援性。

263. 具卷须的攀援草本；花单性 …………………………………… 葫芦科 Cucurbitaceae

263. 无卷须的植物；花常两性。

264. 萼片或花萼裂片 2 片；植物体多缺少肉质而多水分 ………… 马齿苋科 Portulacaceae
　　　　　　　　　　　　　　　　　　　　　　　　　　　（马齿苋属 *Portulaca*）

264. 萼片或花萼裂片 4～5 片；植物体常不为肉质。

265. 花萼裂片呈覆瓦状或镊合状排列；花柱 2 个或更多；种子具胚乳
　　　　………………………………………………………………… 虎耳草科 Saxifragaceae

265. 花萼裂片呈镊合状排列；花柱 1 个，具 2～4 裂，或为 1 呈头状的柱头；种子无
　　　胚乳
　　　　……………………………………………………………… 柳叶菜科 Onagraceae

262. 乔木或灌木，有时为攀援性。

266. 叶互生。

267. 花数朵至多数成头状花序；常绿乔木；叶革质，全缘或具浅裂
　　　　…………………………………………………………… 金缕梅科 Hamamelidaceae

267. 花成总状或圆锥花序。

268. 灌木；叶为掌状分裂，基部具 3～5 脉；子房 1 室，有多数胚珠；浆果
　　　　…………………………………………………………… 虎耳草科 Saxifragaceae
　　　　　　　　　　　　　　　　　　　　　　　　　　　（茶藨子属 *Ribes*）

268. 乔木或灌木；叶缘有锯齿或细锯齿，有时全缘，具羽状脉；子房 3～5 室，每室内
　　　含 2 至数个胚珠，或在山茉莉属 *Huodendron* 为多数；干燥或木质核果，或蒴果，
　　　有时具棱角或有翅 ……………………………………… 野茉莉科 Styracaceae

266. 叶常对生（使君子科的榄李树属 *Lumnitzera* 例外，同科的风车子属 *Combretum* 也可有
　　　互生，或互生和对生共存于一枝上）。

269. 胚珠多数，除冠盖藤属 *Pileostegia* 自子房室顶端垂悬外，均位于侧膜或中轴胎座上；
　　　浆果或蒴果；叶缘有锯齿或为全缘，但均无托叶；种子含胚乳 ……………………
　　　　………………………………………………………………… 虎耳草科 Saxifragaceae

269. 胚珠 2 个至数个，近于自子房室顶端垂悬；叶全缘或叶缘有锯齿；果实多不裂开，内有种子 1 至数个。

 270. 乔木或灌木，常为蔓生，无托叶，不为形成海岸林的组成分子（榄李树属 *Lumnitzera* 例外）；种子无胚乳，落地后始萌芽⋯⋯⋯⋯ 使君子科 Combretaceae

 270. 常绿灌木或小乔木，具托叶；多为形成海岸林的主要组成分子；种子常有胚乳，在落地前即萌芽（胎生）⋯⋯⋯⋯⋯⋯⋯⋯ 红树科 Rhizophoraceae

260. 每子房室内仅含胚珠或种子 1 个。

271. 果实裂开为 2 个干燥的离果，并共同悬于一果梗上；花序常为伞形花序（在变豆菜属 *Sanicula* 及鸭儿芹属 *Cryptotaenia* 中为不规则的花序，在刺芫菱属 *Eryngium* 中，则为头状花序）⋯⋯⋯⋯⋯⋯⋯⋯⋯⋯⋯⋯⋯⋯⋯⋯⋯⋯⋯⋯⋯⋯ 伞形科 Umbelliferae

271. 果实不裂开或裂开而不是上述情形的；花序可为各种形式。

 272. 草本植物。

  273. 花柱或柱头 2～4 个；种子具胚乳；果实为小坚果或核果，具棱角或有翅⋯⋯⋯⋯⋯⋯⋯⋯⋯⋯⋯⋯⋯⋯⋯⋯⋯⋯⋯⋯⋯⋯ 小二仙草科 Haloragaceae

  273. 花柱 1 个，具有 1 头状或呈 2 裂的柱头；种子无胚乳。

   274. 陆生草本植物，具对生叶；花为二出数；果实为一具钩状刺毛的坚果⋯⋯⋯⋯⋯⋯⋯⋯⋯⋯⋯⋯⋯⋯⋯⋯⋯⋯⋯⋯⋯⋯ 柳叶菜科 Onagraceae
             （露珠草属 *Circaea*）

   274. 水生草本植物，有聚生而漂浮水面的叶片；花为四出数；果实为具 2～4 刺的坚果（栽培种果实可无显著的刺）⋯⋯⋯⋯⋯⋯⋯⋯ 菱科 Trapaceae
             （菱属 *Trapa*）

 272. 木本植物。

  275. 果实干燥或为蒴果状。

   276. 子房 2 室；花柱 2 个 ⋯⋯⋯⋯⋯⋯⋯⋯⋯⋯ 金缕梅科 Hamamelidaceae
   276. 子房 1 室；花柱 1 个。

    277. 花序伞房状或圆锥状 ⋯⋯⋯⋯⋯⋯⋯⋯⋯ 莲叶桐科 Hernandiaceae
    277. 花序头状 ⋯⋯⋯⋯⋯⋯⋯⋯⋯⋯⋯⋯⋯⋯ 珙桐科 Nyssaceae
             （旱莲木属 *Camptotheca*）

  275. 果实核状或浆果状。

   278. 叶互生或对生；花瓣呈镊合状排列；花序有各种形式，但稀为伞形或头状，有时且可生于叶片上。

    279. 花瓣 3～5 片，卵形至披针形；花药短 ⋯⋯⋯⋯ 山茱萸科 Cornaceae
    279. 花瓣 4～10 片，狭窄形并向外翻转；花药细长 ⋯⋯ 八角枫科 Alangiaceae
             （八角枫属 *Alangium*）

   278. 叶互生；花瓣呈覆瓦状或镊合状排列；花序常为伞形或呈头状。

    280. 子房 1 室；花柱 1 个；花杂性兼雌雄异株，雌花单生或数朵聚生，雄花多数，腋生为有花梗的簇丛 ⋯⋯⋯⋯⋯⋯⋯⋯⋯⋯⋯⋯⋯⋯⋯⋯⋯ 珙桐科 Nyssaceae
             （蓝果树属 *Nyssa*）

    280. 子房 2 室或更多室；花柱 2～5 个；如子房为 1 室而具 1 花柱时（例如马蹄参属 *Diplopanax*），则花两性，形成顶生类似穗状的花序⋯⋯⋯⋯⋯⋯ 五加科 Araliaceae

259. 花萼和子房相分离。

281. 叶片中有透明微点。

 282. 花整齐，稀可两侧对称；果实不为荚果 ⋯⋯⋯⋯⋯⋯⋯⋯ 芸香科 Rutaceae
 282. 花整齐或不整齐；果实为荚果⋯⋯⋯⋯⋯⋯⋯⋯⋯⋯⋯ 豆科 Leguminosae

281. 叶片中无透明微点。

 283. 雌蕊 2 个或更多，互相分离或仅有局部连合；也可子房分离而花柱连合成 1 个。

  284. 多水分的草本，具肉质的茎及叶 ⋯⋯⋯⋯⋯⋯⋯ 景天科 Crassulaceae

284. 植物体为其他情形。
285. 花为周位花。
286. 花的各部分呈螺旋状排列，萼片逐渐变为花瓣；雄蕊5或6个；雌蕊多数
　　　　　　　　　　　　　　　　　　　　　　　　　蜡梅科 Calycanthaceae
　　　　　　　　　　　　　　　　　　　　　　　　　（蜡梅属 *Chimonanthus*）
286. 花的各部分呈轮状排列，萼片和花瓣甚有分化。
287. 雌蕊2～4个，各有多数胚珠；种子有胚乳；无托叶 ………… 虎耳草科 Saxifragaceae
287. 雌蕊2个至多数，各有1至数个胚珠，种子无胚乳；有或无托叶 …… 蔷薇科 Rosaceae
285. 花为下位花，或在悬铃木科中微呈周位。
288. 草本或亚灌木。
289. 各子房的花柱互相分离。
290. 叶常互生或基生，多少有些分裂；花瓣脱落性，较萼片为大，或于天葵属 *Semiaqui-legia* 稍小于成花瓣状的萼片 …………………… 毛茛科 Ranunculaceae
290. 叶对生或轮生，为全缘单叶；花瓣宿存性，较萼片小 ………… 马桑科 Coriariaceae
　　　　　　　　　　　　　　　　　　　　　　　　　（马桑属 *Coriaria*）
289. 各子房合具一共同的花柱或柱头；叶为羽状复叶；花为五出数；花萼宿存；花中有和花瓣互生的腺体；雄蕊10个 …………………… 牻牛儿苗科 Geraniaceae
　　　　　　　　　　　　　　　　　　　　　　　　　（熏倒牛属 *Biebersteinia*）
288. 乔木、灌木或木本的攀援植物。
291. 叶为单叶。
292. 叶对生或轮生 …………………………………………… 马桑科 Coriariaceae
　　　　　　　　　　　　　　　　　　　　　　　　　（马桑属 *Coriaria*）
292. 叶互生。
293. 叶为脱落性，具掌状脉；叶柄基部扩张成帽状以覆盖腋芽 … 悬铃木科 Platanaceae
　　　　　　　　　　　　　　　　　　　　　　　　　（悬铃木属 *Platanus*）
293. 叶为常绿性或脱落性，具羽状脉。
294. 雌蕊7个至多数（稀可少至5个）；1直立或缠绕性灌木；花两性或单性
　　　　　　　　　　　　　　　　　　　　　　　　　木兰科 Magnoliaceae
294. 雌蕊4～6个；乔木或灌木；花两性。
295. 子房5或6个，以1个共同的花柱而连合，各子房均可成熟为核果
　　　　　　　　　　　　　　　　　　　　　　　　　金莲木科 Ochnaceae
　　　　　　　　　　　　　　　　　　　　　　　　　（赛金莲木属 *Gomphia*）
295. 子房4～6个，各具1花柱，仅有1子房可成熟为核果
　　　　　　　　　　　　　　　　　　　　　　　　　漆树科 Anacardiaceae
　　　　　　　　　　　　　　　　　　　　　　　　　（山榄子属 *Buchanania*）
291. 叶为复叶。
296. 叶对生 …………………………………………………… 省沽油科 Staphyleaceae
296. 叶互生。
297. 木质藤本；叶为掌状复叶或三出复叶 ………………… 木通科 Lardizabalaceae
297. 乔木或灌木（有时在牛栓藤科中有缠绕性者）；叶为羽状复叶。
298. 果实为1含多数种子的浆果，状似猫屎 ………………… 木通科 Lardizabalaceae
　　　　　　　　　　　　　　　　　　　　　　　　　（猫儿屎属 *Decaisnea*）
298. 果实为其他情形。
299. 果实为蓇葖果 ………………………………………… 牛栓藤科 Connaraceae
299. 果实为离果，或在臭椿属 *Ailanthus* 中为翅果 ………… 苦木科 Simaroubaceae
283. 雌蕊1个，或至少其子房为1个。
300. 雌蕊或子房确是单纯的，仅1室。

301. 果实为核果或浆果。
  302. 花为三出数，稀可二出数；花药以舌瓣裂开 ·················· 樟科 Lauraceae
  302. 花为五出或四出数；花药纵长裂开。
    303. 落叶具刺灌木；雄蕊 10 个，周位，均可发育 ·················· 蔷薇科 Rosaceae
      （扁核木属 *Prinsepia*）
    303. 常绿乔木；雄蕊 1～5 个，下位，常仅其中 1 或 2 个可发育 ············ 漆树科 Anacardiaceae
      （杜果属 Mangifero）
301. 果实为蓇葖果或荚果。
  304. 果实为蓇葖果。
    305. 落叶灌木；叶为单叶；蓇葖果内含 2 至数个种子 ·················· 蔷薇科 Rosaceae
      （绣线菊亚科 *Spiraeoideae*）
    305. 常为木质藤本；叶多为单数复叶或具 3 小叶，有时因退化而只有 1 小叶；蓇葖果内仅含 1 个种子 ·················· 牛栓藤科 Connaraceae
  304. 果实为荚果 ·················· 豆科 Leguminosae
300. 雌蕊或子房并非单纯者，有 1 个以上的子房室或花柱、柱头、胎座等部分。
  306. 子房 1 室或因有 1 假隔膜的发育而成 2 室，有时下部 2～5 室，上部 1 室。
    307. 花下位，花瓣 4 片，稀可更多。
      308. 萼片 2 片 ·················· 罂粟科 Papaveraceae
      308. 萼片 4～8。
        309. 子房柄常细长，呈线状 ·················· 白花菜科 Capparidaceae
        309. 子房柄极短或不存在。
          310. 子房为 2 个心皮连合组成，常具 2 子房室及 1 假隔膜 ·············· 十字花科 Cruciferae
          310. 子房 3～6 个心皮连合组成，仅 1 子房室。
            311. 叶对生，微小，为耐寒旱性；花为辐射对称；花瓣完整，具瓣爪，其内侧有舌状的鳞片附属物 ·················· 瓣鳞花科 Frankeniaceae
              （瓣鳞花属 *Frankenia*）
            311. 叶互生，显著，非为耐寒旱性；花为两侧对称；花瓣常分裂，但其内侧并无鳞片状的附属物 ·················· 木樨草科 Resedaceae
    307. 花周位或下位，花瓣 3～5 片，稀可 2 片或更多。
      312. 每子房室内仅有胚珠 1 个。
        313. 乔木，或稀为灌木；叶常为羽状复叶。
          314. 叶常为羽状复叶，具托叶及小托叶 ·················· 省沽油科 Staphyleaceae
            （银鹊树属 *Tapiscia*）
          314. 叶为羽状复叶或单叶，无托叶及小托叶 ·················· 漆树科 Anacardiaceae
        313. 木本或草本；叶为单叶。
      315. 通常均为木本，稀在樟科的无根藤属 *Cassytha* 为缠绕性寄生草本；叶常互生，无膜质托叶。
        316. 乔木或灌木，无托叶；花为三出或二出数，萼片和花瓣同形，稀可花瓣较大；花药以舌瓣裂开；浆果或核果 ·················· 樟科 Lauraceae
        316. 蔓生性的灌木，茎为合轴型，具钩状的分枝；托叶小而早落；花为五出数，萼片和花瓣不同形，前者且于结采时增大成翅状；花药纵长裂开；坚果 ·········· 钩枝藤科 Ancistrocladaceae
           （钩枝藤属 *Ancistrocladus*）
      315. 草本或亚灌木；叶互生或对生，具膜质托叶 ·················· 蓼科 Polygonaceae
      312. 每子房室内有胚珠 2 个至多数。
        317. 乔木、灌木或木质藤本。
          318. 花瓣及雄蕊均着生于花萼上 ·················· 千屈菜科 Lythraceae
          318. 花瓣及雄蕊均着生于花托上（或于西番莲科中雄蕊着生于子房柄上）。
            319. 核果或翅果，仅有 1 种子。

320. 花萼具显著的 4 或 5 裂片或裂齿，微小而不能长大 ············· 茶茱萸科 Icacinaceae

320. 花萼呈截平头或具不明显的萼齿，微小，但能在果实上增大

·· 铁青树科 Olacaceae

（铁青树属 *Olax*）

319. 蒴果或浆果，内有 2 个至多数种子。

321. 花两侧对称。

322. 叶为 2～3 回羽状复叶；雄蕊 5 个 ·············· 辣木科 Moringaceae

（辣木属 *Moringa*）

322. 叶为全缘的单叶；雄蕊 8 个 ················· 远志科 Polygalaceae

321. 花辐射对称；叶为单叶或掌状分裂。

323. 花瓣具有直立而常彼此衔接的瓣爪 ············· 海桐花科 Pittosporaceae

（海桐花属 *Pittosporum*）

323. 花瓣不具细长的瓣爪。

324. 植物体为耐寒旱性，有鳞片状或细长形的叶片；花无小苞片

·· 柽柳科 Tamaricaceae

324. 植物体非为耐寒旱性，具有较宽大的叶片。

325. 花两性。

326. 花萼和花瓣不甚分化，且前者较大 ········· 大风子科 Flacourtiaceae

（红子木属 *Erythrospermum*）

326. 花萼和花瓣有很大分化，前者很小 ············· 堇菜科 Violaceae

（雷诺木属 *Rinorea*）

325. 雌雄异株或花杂性。

327. 乔木；花的每一花瓣基部各具位于内方的一鳞片；无子房柄

·· 大风子科 Flacourtiaceae

（大风子属 *Hydnocarpus*）

327. 多为具卷须而攀援的灌木；花常具一由 5 鳞片所成的副冠，各鳞片和萼片相对
生；有子房柄 ·············· 西番莲科 Passifloraceae

（蒴莲属 *Adenia*）

317. 草本或亚灌木。

328. 胎座位于子房室的中央或基底。

329. 花瓣着生于花萼的喉部 ···················· 千屈菜科 Lythraceae

329. 花瓣着生于花托上。

330. 萼片 2 片；叶互生，稀可对生 ············· 马齿苋科 Portulacaceae

330. 萼片 5 或 4 片；叶对生 ················· 石竹科 Caryophyllaceae

328. 胎座为侧膜胎座。

331. 食虫植物，具生有腺体刚毛的叶片 ············· 茅膏菜科 Droseraceae

331. 非为食虫植物，也无生有腺体毛茸的叶片。

332. 花两侧对称。

333. 花有一位于前方的距状物；蒴果 3 瓣裂开 ············· 堇菜科 Violaceae

333. 花有一位于后方的大型花盘；蒴果仅于顶端裂开 ········· 木樨草科 Resedaceae

332. 花整齐或近于整齐。

334. 植物体为耐寒旱性；瓣内侧各有 1 舌状的鳞片 ··········· 瓣鳞花科 Frankeniaceae

（瓣鳞花属 *Frankenia*）

334. 植物体非为耐寒旱性；花瓣内侧无鳞片的舌状附属物。

335. 花中有副冠及子房柄 ···················· 西番莲科 Passifloraceae

（西番莲属 *Passiflora*）

335. 花中无副冠及子房柄 ···················· 虎耳草科 Saxifragaceae

306. 子房 2 室或更多室。

  336. 花瓣形状彼此极不相等。

    337. 每子房室内有数个至多数胚珠。

      338. 子房 2 室 ·················· 虎耳草科 Saxifragaceae

      338. 子房 5 室 ·················· 凤仙花科 Balsaminaceae

    337. 每子房室内仅有 1 个胚珠。

      339. 子房 3 室；雄蕊离生；叶盾状，叶缘具棱角或波纹 ····· 旱金莲科 Tropaeolaceae
（旱金莲属 *Tropaeolum*）

      339. 子房 2 室（稀可 1 或 3 室）；雄蕊连合为一单体；叶不呈盾状，全缘 ····· 远志科 Polygalaceae

  336. 花瓣形状彼此相同或微有不同，且有时花也可为两侧对称。

    340. 雄蕊数和花瓣数既不相等，也不是它的倍数。

      341. 叶对生。

        342. 雄蕊 4～10 个，常 8 个。

          343. 蒴果 ·················· 七叶树科 Hippocastanaceae

          343. 翅果 ·················· 槭树科 Aceraceae

        342. 雄蕊 2 或 3 个，稀为 4 或 5 个。

          344. 萼片及花瓣均为五出数；雄蕊多为 3 个 ····· 翅子藤科 Hippocrateaceae

          344. 萼片及花瓣常均为四出数；雄蕊 2 个，稀可 3 个 ····· 木樨科 Oleaceae

      341. 叶互生。

        345. 叶为单叶，多全缘，或在油桐属 *Aleurites* 中可具 3～7 裂片；花单性 ·················· 大戟科 Euphorbiaceae

        345. 叶为单叶或复叶；花两性或杂性。

          346. 萼片为镊合状排列；雄蕊连成单体 ····· 梧桐科 Sterculiaceae

          346. 萼片为覆瓦状排列；雄蕊离生。

            347. 子房 4 或 5 室，每子房室内有 8～12 胚珠；种子具翅 ····· 楝科 Meliaceae
（香椿属 *Toona*）

            347. 子房常 3 室，每子房室内有 1 至数个胚珠；种子无翅。

              348. 花小型或中型，下位，萼片互相分离或微有连合 ····· 无患子科 Sapindaceae

              348. 花大型，美丽，周位，萼片互相连合成一钟形的花萼 ··· 钟萼木科 Bretschneideraceae
（钟萼木属 *Bretschneidera*）

    340. 雄蕊数和花瓣数相等，或是它的倍数。

      349. 每子房室内有胚珠或种子 3 个至多数。

        350. 叶为复叶。

          351. 雄蕊连合成为单体 ·················· 酢浆草科 Oxalidaceae

          351. 雄蕊彼此相互分离。

            352. 叶互生。

              353. 叶为 2～3 回的三出叶，或为掌状叶 ····· 虎耳草科 Saxifragaceae
（落新妇亚族 *Astilbaae*）

              353. 叶为 1 回羽状复叶 ·················· 楝科 Meliaceae
（香椿属 *Toona*）

            352. 叶对生。

              354. 叶为双数羽状复叶 ·················· 蒺藜科 Zygophyllaceae

              354. 叶为单数羽状复叶 ·················· 省沽油科 Staphyleaceae

        350. 叶为单叶。

          355. 草本或亚灌木。

            356. 花周位；花托多少有些中空。

              357. 雄蕊着生于杯状花托的边缘 ·················· 虎耳草科 Saxifragaceae

357. 雄蕊着生于杯状或管状花萼（或即花托）的内侧 ………………… 千屈菜科 Lythraceae
　356. 花下位；花托常扁平。
　　358. 叶对生或轮生，常全缘。
　　　359. 水生或沼泽草本，有时（例如田繁缕属 Bergia）为亚灌木；有托叶
　　　　　………………………………………………………………… 沟繁缕科 Elatinaceae
　　　359. 陆生草本；无托叶 ……………………………………… 石竹科 Caryophyllaceae
　　358. 叶互生或基生；稀可对生，边缘有锯齿，或叶退化为无绿色组织的鳞片。
　　　360. 草本或亚灌木；有托叶；萼片呈镊合状排列，脱落 ………… 椴树科 Tiliaceae
　　　　　　（黄麻属 Corchorus，田麻属 Corchoropsis）
　　　360. 多年生常绿草本，或为死物寄生植物而无绿色组织；无托叶；萼片呈覆瓦状排列，宿
　　　　　存性 ………………………………………………………… 鹿蹄草科 Pyrolaceae
355. 木本植物。
　361. 花瓣常有彼此衔接或其边缘互相依附的柄状瓣爪 ………………… 海桐花科 Pittosporaceae
　　　　　　　　　　　　　　　　　　　　　　　　　　　　　　（海桐花属 Pittosporum）
　361. 花瓣无瓣爪，或仅具互相分离的细长柄状瓣爪。
　　362. 花托空凹；萼片呈镊合状或覆瓦状排列。
　　　363. 叶互生，边缘有锯齿，常绿性 ……………………………… 虎耳草科 Saxifragaceae
　　　　　　　　　　　　　　　　　　　　　　　　　　　　　　　（鼠刺属 Itea）
　　　363. 叶对生或互生，全缘，脱落性。
　　　　364. 子房 2～6 室，仅具 1 花柱；胚珠多数，着生于中轴胎座上 ……… 千屈菜科 Lythraceae
　　　　364. 子房 2 室，具 2 花柱；胚珠数个，垂悬于中轴胎座上 ……… 金缕梅科 Hamamelidaceae
　　　　　　　　　　　　　　　　　　　　　　　　　　　　　　　（双花木属 Disanthus）
　　362. 花托扁平或微凸起；萼片呈覆瓦状或于杜英科中呈镊合状排列。
　　　365. 花为四出数，果实呈浆果状或核果状；花药纵长裂开或顶端舌瓣裂开。
　　　　366. 穗状花序腋生于当年新枝上；花瓣先端具齿裂 ……………… 杜英科 Elaeocarpaceae
　　　　　　　　　　　　　　　　　　　　　　　　　　　　　　（杜英属 Elaeocarpus）
　　　　366. 穗状花序腋生于昔年老枝上；花瓣完整 ………………… 旌节花科 Stachyuraceae
　　　　　　　　　　　　　　　　　　　　　　　　　　　　　　（旌节花属 Stachyurus）
　　　365. 花为五出数；果实呈蒴果状；花药顶端孔裂。
　　　　367. 花粉粒单纯；子房 3 室 ………………………………… 山柳科 Clethraceae
　　　　　　　　　　　　　　　　　　　　　　　　　　　　　　（山柳属 Clethra）
　　　　367. 花粉粒复合，成为四合体；子房 5 室 ………………… 杜鹃花科 Ericaceae
349. 每子房室内有胚珠或种子 1 或 2 个。
　368. 草本植物，有时基部呈灌木状。
　　369. 花单性、杂性，或雌雄异株。
　　　370. 具卷须的藤本；叶为二回三出复叶 …………………………… 无患子科 Sapindaceae
　　　　　　　　　　　　　　　　　　　　　　　　　　　　　　（倒地铃属 Cardiospermum）
　　　370. 直立草本或亚灌木；叶为单叶 …………………………………… 大戟科 Euphorbiaceae
　　369. 花两性。
　　　371. 萼片呈镊合状排列；果实有刺 ………………………………… 椴树科 Tiliaceae
　　　　　　　　　　　　　　　　　　　　　　　　　　　　　　（刺蒴麻属 Triumfetta）
　　　371. 萼片呈覆瓦状排列，果实无刺。
　　　　372. 雄蕊彼此分离；花柱互相连合 ………………………… 牻牛儿苗科 Geraniaceae
　　　　372. 雄蕊互相连合；花柱彼此分离 ………………………………… 亚麻科 Linaceae
368. 木本植物。
　373. 叶肉质，通常仅为 1 对小叶所组成的复叶 …………………… 蒺藜科 Zygophyllaceae
　373. 叶为其他情形。

374. 叶对生；果实为 1、2 或 3 个翅果所组成。
　375. 花瓣细裂或具齿裂；每果实有 3 个翅果 …………………… 金虎尾科 Malpighiaceae
　375. 花瓣全缘；每果实具 2 个或连合为 1 个的翅果 ……………………… 槭树科 Aceraceae
374. 叶互生，如为对生时，则果实不为翅果。
　376. 叶为复叶，或稀可为单叶而有具翅的果实。
　　377. 雄蕊连为单体。
　　　378. 萼片及花瓣均为三出数；花药 6 个，花丝生于雄蕊管的口部 ……… 橄榄科 Burseraceae
　　　378. 萼片及花瓣均为四出至六出数；花药 8~12 个，无花丝，直接着生于雄蕊管的喉部或裂
　　　　齿之间 ………………………………………………………………………… 楝科 Meliaceae
　　377. 雄蕊各自分离。
　　　379. 叶为单叶；果实为一具 3 翅而其内仅有 1 个种子的小坚果 ………… 卫矛科 Celastraceae
　　　　　　　　　　　　　　　　　　　　　　　　　　　（雷公藤属 *Tripterygium*）
　　　379. 叶为复叶；果实无翅。
　　　　380. 花柱 3~5 个；叶常互生，脱落性 ………………………………… 漆树科 Anacardiaceae
　　　　380. 花柱 1 个；叶互生或对生。
　　　　　381. 叶为羽状复叶，互生，常绿性或脱落性；果实有各种类型 … 无患子科 Sapindaceae
　　　　　381. 叶为掌状复叶，对生，脱落性；果实为蒴果 ………… 七叶树科 Hippocastanaceae
　376. 叶为单叶；果实无翅。
　　382. 雄蕊连成单体，或如为 2 轮时，至少其内轮者如此，有时其花药无花丝（例如大戟科的三
　　　宝木属 *Trigonostemon*）。
　　　383. 花单性；萼片或花萼裂片 2~6 片，呈镊合状或覆瓦状排列
　　　　…………………………………………………………………… 大戟科 Euphorbiaceae
　　　383. 花两性；萼片 5 片，呈覆瓦状排列。
　　　　384. 果实呈蒴果状，子房 3~5 室，各室均可成熟 …………………… 亚麻科 Linaceae
　　　　384. 果实呈核果状；子房 3 室，大都其中的 2 室为不孕性，仅另 1 室可成熟，而有 1 或 2
　　　　　个胚珠 ………………………………………………………… 古柯科 Erythroxylaceae
　　　　　　　　　　　　　　　　　　　　　　　　　　　　（古柯属 *Erythroxylum*）
　　382. 雄蕊各自分离，有时在毒鼠子科中可和花瓣相连合而形成 1 管状物。
　　　385. 果呈蒴果状。
　　　　386. 叶互生或稀可对生；花下位。
　　　　　387. 叶脱落性或常绿性，花单性或两性；子房 3 室，稀可 2 或 4 室，有时可多至 15 室
　　　　　　（例如算盘子属 *Glochidion*）………………………………… 大戟科 Euphorbiaceae
　　　　　387. 叶常绿性；花两性；子房 5 室 ………………… 五列木科 Pentaphylacaceae
　　　　　　　　　　　　　　　　　　　　　　　　　　　（五列木属 *Pentaphylax*）
　　　　386. 叶对生或互生；花周位 ………………………………………… 卫矛科 Celastraceae
　　　385. 果呈核果状，有时木质化，或呈浆果状。
　　　　388. 种子无胚乳，胚体肥大而多肉质。
　　　　　389. 雄蕊 10 个 ……………………………………………… 蒺藜科 zygophyllaceae
　　　　　389. 雄蕊 4 或 5 个。
　　　　　　390. 叶互生；花瓣 5 片，各 2 裂或成 2 部分………… 毒鼠子科 Dichapetalaceae
　　　　　　　　　　　　　　　　　　　　　　　　　　　（毒鼠子属 *Dichapetalum*）
　　　　　　390. 叶对生，花瓣 4 片，均完整 …………………… 刺茉莉科 Salvadoraceae
　　　　　　　　　　　　　　　　　　　　　　　　　　（刺茉莉属 *Azima*）
　　　　388. 种子有胚乳，胚体有时很小。
　　　　　391. 植物体为耐寒旱性；花单性，三出或二出数 …………… 岩高兰科 Empetraceae
　　　　　　　　　　　　　　　　　　　　　　　　　　（岩高兰属 *Empetrum*）
　　　　　391. 植物体为普通形状；花两性或单性，五出或四出数。

392. 花瓣呈镊合状排列。

    393. 雄蕊和花瓣同数 ·· 茶茱萸科 Icacinaceae

    393. 雄蕊为花瓣的倍数。

        394. 枝条无刺，而有对生的叶片 ························· 红树科 Rhizophoraceae

            （红树族 Cynotrocheae）

        394. 枝条有刺，而有互生的叶片 ························· 铁青树科 Olacaceae

            （海檀木属 Ximenia）

392. 花瓣呈覆瓦状排列，或在大戟科的小束花属 Microdesmis 中为扭转兼覆瓦状排列。

    395. 花单性，雌雄异株；花瓣略小于萼片 ··········· 大戟科 Euphorbiaceae

            （小盘木属 Microdesmis）

    395. 花两性或单性，花瓣常较大于萼片。

        396. 落叶攀援灌木，雄蕊 10 个，子房 5 室，每室内有胚珠 2 个

          ··· 猕猴桃科 Actinidiaceae

            （藤山柳属 Clematoclethra）

        396. 多为常绿乔木或灌木；雄蕊 4 或 5 个。

           397. 花下位，雌雄异株或杂性，无花盘 ··········· 冬青科 Aquifoliaceae

              （冬青属 Ilex）

           397. 花周位，两性或杂性，有花盘 ············· 卫矛科 Celastraceae

              （异卫矛亚科 Cassinioideae）

160. 花冠为多少有些连合的花瓣组成。

  398. 成熟雄蕊或单体雄蕊的花药数多于花冠裂片。

    399. 心皮 1 个至数个，互相分离或大致分离。

      400. 叶为单叶或有时可为羽状分裂，对生，肉质 ··········· 景天科 Crassulaceae

      400. 叶为二回羽状复叶，互生，不呈肉质 ··············· 豆科 Leguminosae

           （含羞草亚科 Mimosoideae）

    399. 心皮 2 个或更多，连合成一复合性子房。

      401. 雌雄同株或异株，有时为杂性。

        402. 子房 1 室；无分枝而呈棕榈状的小乔木 ··········· 番木瓜科 Caricaceae

            （番木瓜属 Carica）

        402. 子房 2 室至多室；具分枝的乔木或灌木。

          403. 雄蕊连成单体，或至少内层者如此；蒴果 ······· 大戟科 Euphorbiaceae

             （麻疯树科 Jatropha）

          403. 雄蕊各自分离；浆果 ······························· 柿树科 Ebenaceae

  401. 花两性。

    404. 花瓣连成一盖物，或花萼裂片及花瓣均可合成为 1 或 2 层的盖状物。

      405. 叶为单叶，具有透明微点 ··························· 桃金娘科 Myrtaceae

      405. 叶为掌状复叶，无透明微点 ························· 五加科 Araliaceae

           （多蕊木属 Tupidanthus）

    404. 花瓣及花萼裂片均不连成盖状物。

      406. 每子房室中有 3 个至多数胚珠。

        407. 雄蕊 5～10 个或其数不超过花冠裂片的 2 倍，稀在野茉莉科的银钟花属 Halesia 其数可达 16 个，而为花冠裂片的 4 倍。

          408. 雄蕊连成单体或其花丝于基部互相连合；花药纵裂；花粉粒单生。

            409. 叶为复叶，子房上位；花柱 5 个 ··········· 酢浆草科 Oxalidaceae

            409. 叶为单叶，子房下位或半下位；花柱 1 个；乔木或灌木，常有星状毛

              ··· 野茉莉科 Styracaceae

          408. 雄蕊各自分离，花药顶端孔裂，花粉粒为四合型 ······· 杜鹃花科 Ericaceae

407. 雄蕊为不定数。
　　410. 萼片和花瓣常各为多数，而无显著的区分；子房下位，植物体肉质，绿色，常具棘针，而其叶退化 ·················· 仙人掌科 Cactaceae
　　410. 萼片和花瓣常为 5 片，而有显著的区分；子房上位。
　　　　411. 萼片呈镊合状排列，雄蕊连成单体 ·················· 锦葵科 Malvaceae
　　　　411. 萼片呈显著的覆瓦状排列。
　　　　　　412. 雄蕊连成 5 束且每束着生于 1 花瓣的基部；花药顶端孔裂开；浆果
　　　　　　·················· 猕猴桃科 Actinidiaceae
　　　　　　（水东哥属 *Saurauia*）
　　　　　　412. 雄蕊的基部连成单体；花药纵长裂开，蒴果 ·················· 山茶科 Theaceae
　　　　　　（紫茎木属 *Stewartia*）
406. 每子房室中常仅有 1 或 2 个胚珠。
　　413. 花萼中的 2 片或更多片于结实时能长大成翅状 ·················· 龙脑香科 Dipterocarpaceae
　　413. 花萼裂片无上述变大的情形。
　　　　414. 植物体常有星状毛茸 ·················· 野茉莉科 *Styracaceae*
　　　　414. 植物体无星状毛茸。
　　　　　　415. 子房下位或半下位；果实歪斜 ·················· 山矾科 Symplocaceae
　　　　　　（山矾属 *Symplocos*）
　　　　　　415. 子房上位。
　　　　　　　　416. 雄蕊相互连合为单体；果实成熟时分裂为离果 ·················· 锦葵科 Malvaceae
　　　　　　　　416. 雄蕊各自分离；果实不是离果。
　　　　　　　　　　417. 子房 1 或 2 室；蒴果 ·················· 瑞香科 Thymelaeaceae
　　　　　　　　　　（沉香属 *Aquilaria*）
　　　　　　　　　　417. 子房 6～8 室；浆果 ·················· 山榄科 Sapotaceae
　　　　　　　　　　（紫荆木属 *Madhuca*）
398. 成熟雄蕊并不多于花冠裂片，但有时因花丝的分裂则多。
　418. 雄蕊和花冠裂片为同数且对生。
　　419. 植物体内有乳汁 ·················· 山榄科 Sapotaceae
　　419. 植物体内不含乳汁。
　　　420. 果实内有数个至多数种子。
　　　　421. 乔木或灌木；果实呈浆果状或核果状 ·················· 紫金牛科 Myrsinaceae
　　　　421. 草本；果实呈蒴果状 ·················· 报春花科 Primulaceae
　　　420. 果实内仅有 1 个种子。
　　　　422. 子房下位或半下位。
　　　　　　423. 乔木或攀援性灌木；叶互生 ·················· 铁青树科 Olacaceae
　　　　　　423. 常为半寄生性灌木；叶对生 ·················· 桑寄生科 Loranthaceae
　　　　422. 子房上位。
　　424. 花两性。
　　　425. 攀援性草本；萼片 2；果为肉质宿存花萼所包围 ·················· 落葵科 Basellaceae
　　　　（落葵属 *Basella*）
　　　425. 直立草本或亚灌木，有时为攀援性；萼片或萼裂片 5；果为蒴果或瘦果，不为花萼所包围
　　　　·················· 蓝雪科 Plumbaginaceae
　424. 花单性，雌雄异株；攀援性灌木。
　　426. 雄蕊连合成单体；雌蕊单纯性 ·················· 防己科 Menispermaceae
　　　（锡生藤亚族 *Cissampelinae*）
　　426. 雄蕊各自分离；雌蕊复合性 ·················· 茶茱萸科 Icacinaceae
　　　（微花藤属 *Iodes*）

418. 雄蕊和花冠裂片为同数且互生，或雄蕊数较花冠裂片为少。

 427. 子房下位。

  428. 植物体常以卷须而攀援或蔓生；胚珠及种子皆为水平生长于侧膜胎座上
   ·· 葫芦科 Cucurbitaceae

  428. 植物体直立，如为攀援时也无卷须；胚珠及种子并不水平生长。

   429. 雄蕊互相连合。

    430. 花整齐或两侧对称，成头状花序，或在苍耳属 *Xanthium* 中，雌花序为一仅含 2 花的果壳，其外生有钩状刺毛；子房 1 室，内仅有 1 个胚珠 ················· 菊科 Compositae

    430. 花多两侧对称，单生或成总状或伞房花序；子房 2 或 3 室，内有多数胚珠。

     431. 冠裂片呈镊合状排列；雄蕊 5 个，具分离的花丝及连合的花药
      ·· 桔梗科 Campanulaceae
           （半边莲亚科 *Lobelioideae*）

     431. 花冠裂片呈覆瓦状排列；雄蕊 2 个，具连合的花丝及分离的花药
      ·· 花柱草科 Stylidiaceae
           （花柱草属 *Stylidium*）

   429. 雄蕊各自分离。

    432. 雄蕊和花冠分离或近于分离。

     433. 花药顶端孔裂开；花粉粒连合成四合体；灌木或亚灌木 ············· 杜鹃花科 Ericaceae
           （乌饭树亚科 *Vaccinioideae*）

     433. 花药纵长裂开，花粉粒单纯；多为草本。

      434. 花冠整齐；子房 2～5 室，内有多数胚珠 ············· 桔梗科 Campanulaceae

      434. 花冠不整齐；子房 1～2 室，每子房室内仅有 1 或 2 个胚珠
       ·· 草海桐科 Goodeniaceae

    432. 雄蕊着生于花冠上。

     435. 雄蕊 4 或 5 个，和花冠裂片同数。

      436. 叶互生；每子房室内有多数胚珠 ············· 桔梗科 Campanulaceae

      436. 叶对生或轮生；每子房室内有 1 个至多数胚珠。

       437. 叶轮生，如为对生时，则有托叶存在 ············· 茜草科 Rubiaceae

       437. 叶对生，无托叶或稀可有明显的托叶。

        438. 花序多为聚伞花序 ············· 忍冬科 Caprifoliaceae

        438. 花序为头状花序 ············· 川续断科 Dipsacaceae

     435. 雄蕊 1～4 个，其数较花冠裂片为少。

      439. 子房 1 室。

       440. 胚珠多数，生于侧膜胎座上 ············· 苦苣苔科 Gesneriaceae

       440. 胚珠 1 个，垂悬于子房的顶端 ············· 川续断科 Dipsacaceae

      439. 子房 2 室或更多室，具中轴胎座。

       441. 子房 2～4 室，所有的子房室均可成熟；水生草本 ············· 胡麻科 Pedaliaceae
           （茶菱属 *Trapella*）

       441. 子房 3 或 4 室，仅其中 1 或 2 室可成熟。

        442. 落叶或常绿灌木；叶片常全缘或边缘有锯齿
         ·· 忍冬科 Caprifoliaceae

        442. 陆生草本；叶片常有很多的分裂 ············· 败酱科 Valerianaceae

427. 子房下位。

443. 子房深裂为 2～4 部分；花柱自子房裂片之间伸出。

 444. 花冠两侧对称或稀可整齐；叶对生 ············· 唇形科 Labiatae

 444. 花冠整齐；叶互生。

  445. 花柱 2 个；多年生匍匐性小草本，叶片呈圆肾形 ············· 旋花科 Convolvulaceae

（马蹄金属 *Dichondra*）

445. 花柱 1 个 ·· 紫草科 Boraginaceae

443. 子房完整或微有分割，或为 2 个分离的心皮所组成；花柱自子房的顶端伸出。

446. 雄蕊的花丝分裂。

447. 雄蕊 2 个，各分为 3 裂 ···································· 罂粟科 Papaveraceae

（紫堇亚科 Fumarioideae）

447. 雄蕊 5 个，各分为 2 裂 ···································· 五福花科 Adoxaceae

（五福花属 *Adoxa*）

446. 雄蕊的花丝单纯。

448. 花冠不整齐，常多少有些呈二唇状。

449. 成熟雄蕊 5 个。

450. 雄蕊和花冠离生 ·· 杜鹃花科 Ericaceae

450. 雄蕊着生于花冠上 ······································ 紫草科 Boraginaceae

449. 成熟雄蕊 2 或 4 个，退化雄蕊有时也可存在。

451. 每子房室内仅含 1 或 2 个胚珠。

452. 叶对生或轮生，雄蕊 4 个，稀可 2 个；胚珠直立，稀可垂悬。

453. 子房 2～4 室，共有 2 个或更多的胚珠 ·············· 马鞭草科 Verbenaceae

453. 子房 1 室，仅含 1 个胚珠 ·························· 透骨草科 Phrymaceae

（透骨草属 *Phryma*）

452. 叶互生或基生；雄蕊 2 或 4 个，胚珠垂悬；子房 2 室，每子房室内仅有 1 个胚珠

·· 玄参科 Scrophulariaceae

451. 每子房室内有 2 个至多数胚珠。

454. 子房 1 室具侧膜胎座或中央胎座（有时可因侧膜胎座的深入而为 2 室）。

455. 草本或木本植物，不为寄生性，也非食虫性。

456. 多为乔木或木质藤本；叶为单叶或复叶，对生或轮生，稀可互生，种子有翅，但

无胚乳 ··· 紫葳科 Bignoniaceae

456. 多为草本，叶为单叶，基生或对生，种子无翅，有或无胚乳

·· 苦苣苔科 Gesneriaceae

455. 草本植物，为寄生性或食虫性。

457. 植物体寄生于其他植物的根部，而无绿叶存在；雄蕊 4 个；侧膜胎座

·· 列当科 Orobanchaceae

457. 植物体为食虫性，有绿叶存在，雄蕊 2 个；特立中央胎座；多为水生或沼泽植

物，且有具距的花冠 ······················· 狸藻科 Lentibulariaceae

454. 子房 2～4 室，具中轴胎座，或于角胡麻科中为子房 1 室而具侧膜胎座。

458. 植物体常具分泌黏液的腺体毛茸，种子无胚乳或具一薄层胚乳。

459. 子房最后成为 4 室，蒴果的果皮质薄而不延伸为长喙；油料植物

·· 胡麻科 Pedaliaceae

（胡麻属 *Sesamum*）

459. 子房 1 室，蒴果的内皮坚硬而呈木质，延伸为钩状长喙；栽培花卉

·· 角胡麻科 Martyniaceae

（角胡麻属 *Pooboscidea*）

458. 植物体不具上述的毛茸；子房 2 室。

460. 叶对生；种子无胚乳，位于胎座的钩状突起上 ·············· 爵床科 Acanthaceae

460. 叶互生或对生，种子有胚乳，位于中轴胎座上。

461. 花冠裂片具深缺刻；成熟雄蕊 2 个 ·················· 茄科 Solanaceae

（蝴蝶花属 *Schizanthus*）

461. 花冠裂片全缘或仅其先端具一凹陷；成熟雄蕊 2 或 4 个

　　　　　　　　　　　　　　　　　　　　　　　　　　……………… 玄参科 Scrophulariaceae

448. 花冠整齐，或近于整齐。

462. 雄蕊数较花冠裂片为少。

463. 子房 2～4 室，每室内仅含 1 或 2 个胚珠。

464. 雄蕊 2 个 ……………………………………………………… 木樨科 Oleaceae

464. 雄蕊 4 个。

465. 叶互生，有透明腺体微点存在 …………………… 苦槛蓝科 Myoporaceae

465. 叶对生，无透明微点 ……………………………… 马鞭草科 Verbenaceae

463. 子房 1 或 2 室，每室内有数个至多数胚珠。

466. 雄蕊 2 个，每子房室内有 4～10 个胚珠垂悬于室的顶端 ………………… 木樨科 Oleaceae

　　　　　　　　　　　　　　　　　　　　　　　　　　　　（连翘属 Forsythia）

466. 雄蕊 4 或 2 个；每子房室内有多数胚珠着生于中轴或侧膜胎座上。

467. 子房 1 室，内具分歧的侧膜胎座，或因胎座深入而使子房成 2 室

　　……………………………………………………………… 苦苣苔科 Gesneriaceae

467. 子房为完全的 2 室，内具中轴胎座。

468. 花冠于蕾中常折叠；子房 2 心皮的位置偏斜 ………………… 茄科 Solanaceae

468. 花冠于蕾中不折叠，而呈覆瓦状排列，子房的 2 心皮位于前后方

　　………………………………………………………… 玄参科 Scrophulariaceae

462. 雄蕊和花冠裂片同数。

469. 子房 2 个，或为 1 个而成熟后呈双角状。

470. 雄蕊各自分离，花粉粒也彼此分离 ………………… 夹竹桃科 Apocynaceae

470. 雄蕊互相连合，花粉粒连成花粉块 ………………… 萝藦科 Asclepiadaceae

469. 子房 1 个，不呈双角状。

471. 子房 1 室或因 2 侧膜胎座的深入而成 2 室。

472. 子房为 1 心皮所成。

473. 花显著，呈漏斗形而簇生；果实为 1 瘦果，有棱或有翅 ………… 紫茉莉科 Nyctaginaceae

　　　　　　　　　　　　　　　　　　　　　　　　　　　（紫茉莉属 Mirabilis）

473. 花小型而形成球形的头状花序，果实为 1 荚果，成熟后则裂为仅含 1 种子的节荚

　　…………………………………………………………… 豆科 Leguminosae

　　　　　　　　　　　　　　　　　　　　　　　　　　　（含羞草属 Mimosa）

472. 子房为 2 个以上连合心皮所成。

474. 乔木或攀援性灌木，稀可为一攀援性草本，而体内具有乳汁（例如心翼果属 Cardiopteris）；果实呈核果状（但心翼果属则为干燥的翅果），内有 1 个种子

　　…………………………………………………………… 茶茱萸科 Icacinaceae

474. 草本或亚灌木，或于旋花科的麻辣仔藤属 Erycibe 中为攀援灌木，果实呈蒴果状（或于麻辣仔藤属中呈浆果状），内有 2 个或更多的种子。

475. 花冠裂片呈覆瓦状排列。

476. 叶茎生，羽状分裂或为羽状复叶（限于我国植物）……… 田基麻科 Hydrophyllaceae

　　　　　　　　　　　　　　　　　　　　　　　　　　　（水叶族 Hydrophylleae）

476. 叶基生，单叶，边缘具齿裂 ……………………… 苦苣苔科 Gesneriaceae

　　　　　　　　　　　　（苦苣苔属 Conandron，黔苣苔属 Tengia）

475. 花冠裂片常呈旋转状或内折的镊合状排列。

477. 攀援性灌木，果实呈浆果状，内有少数种子 ………… 旋花科 Convolvulaceae

　　　　　　　　　　　　　　　　　　　　　　　　　（麻辣仔藤属 Erycibe）

477. 直立陆生或漂浮水面的草本；果实呈蒴果状，内有少数至多数种子

　　…………………………………………………………… 龙胆科 Gentianaceae

471. 子房 2～10 室。

478. 无绿叶而为缠绕性的寄生植物 ·· 旋花科 Convolvulaceae

（莵丝子亚科 Cuscutoideae）

478. 不是上述的无叶寄生植物。

　479. 叶常对生，且多在两叶之间具有托叶所成的连接线或附属物 ··········· 马钱科 Loganiaceae

　479. 叶常互生，或有时基生，如为对生时，其两叶之间也无托叶所成的联系物，有时其叶也可
　　　轮生。

　　480. 雄蕊和花冠离生或近于离生。

　　　481. 灌木或亚灌木，花药顶端孔裂；花粉粒为四合体；子房常 5 ····· 杜鹃花科 Ericaceae

　　　481. 一年或多年生草本，常为缠绕性；花药纵长裂开；花粉粒单纯；子房常 3～5 室
　　　　　 ·· 桔梗科 Campanulaceae

　　480. 雄蕊着生于花冠的筒部。

　　　482. 雄蕊 4 个，稀可在冬青科为 5 个或更多。

　　　　483. 无主茎的草本，具由少数至多数花朵所形成的穗状花序生于一基生花葶上
　　　　　　 ·· 车前科 Plantaginaceae

（车前属 Plantago）

　　　　483. 乔木、灌木，或具有主茎的草本。

　　　　　484. 叶互生，多常绿 ·· 冬青科 Aquifoliaceae

（冬青属 Ilex）

　　　　　484. 叶对生或轮生。

　　　　　　485. 子房 2 室，每室内有多数胚珠 ··································· 玄参科 Scrophulariaceae

　　　　　　485. 子房 2 室至多室，每室内有 1 或 2 个胚珠 ··············· 马鞭草科 Verbenaceae

　　　482. 雄蕊常 5 个，稀可更多。

　　　　486. 每子房室内仅有 1 或 2 个胚珠。

　　　　　487. 子房 2 或 3 室；胚珠自子房室近顶端垂悬；木本植物，叶全缘。

　　　　　　488. 每花瓣 2 裂或 2 分；花柱 1 个；子房无柄，2 或 3 室，每室内各有 2 个胚珠，
　　　　　　　　核果；有托叶 ··· 毒鼠子科 Dichapetalaceae

（毒鼠子属 Dichapetalum）

　　　　　　488. 每花瓣均完整；花柱 2 个；子房具柄，2 室，每室内仅有 1 个胚珠；翅果；无
　　　　　　　　托叶 ·· 茶茱萸科 Icacinaceae

　　　　　487. 子房 1～4 室；胚珠在子房室基底或中轴的基部直立或上举；无托叶；花柱 1 个，
　　　　　　　稀可 2 个，有时在紫草科的破布木属 Cordia 中其先端 2 裂。

　　　　　　489. 果实为核果；花冠有明显的裂片，并在蕾中呈覆瓦状或旋转状排列，叶全缘或
　　　　　　　　有锯齿；通常均为直立木本或草本，多粗壮或具刺毛 ····· 紫草科 Boraginaceae

　　　　　　489. 果实为蒴果，花瓣完整或具裂片；叶全缘或具裂片，但无锯齿缘。

　　　　　　　490. 通常为缠绕性，稀可为直立草本，或为半木质的攀援植物至大型木质藤本
　　　　　　　　　（例如盾苞藤属 Neuropeltis）；萼片多互相分离；花冠常完整而几无裂片，于
　　　　　　　　　蕾中呈旋转状排列，也可有时深裂而其裂片成内折的镊合状排列（例如盾苞
　　　　　　　　　藤属）·· 旋花科 Convolvulaceae

　　　　　　　490. 通常均为直立草本；萼片连合成钟形或筒状；花冠有明显的裂片，唯于蕾中
　　　　　　　　　也成旋转状排列 ··· 花荵科 Polemoniaceae

　　　　486. 每子房室内有多数胚珠，或在花荵科中有时为 1 至数个；多无托叶。

　　　　　491. 高山区生长的耐寒旱性低矮多年生草本或丛生亚灌木；叶多小型，常绿，紧密排
　　　　　　　列成覆瓦状或莲座式；花无花盘；花单生至聚集成几为头状花序；花冠裂片成覆
　　　　　　　瓦状排列；子房 3 室，花柱 1 个，柱头 3 裂；蒴果室背开裂 ·····················
　　　　　　　 ·· 岩梅科 Diapensiaceae

　　　　　491. 草本或木本，不为耐寒旱性，叶常为大型或中型，脱落性，疏松排列而各自展
　　　　　　　开；花多有位于子房下方的花盘。

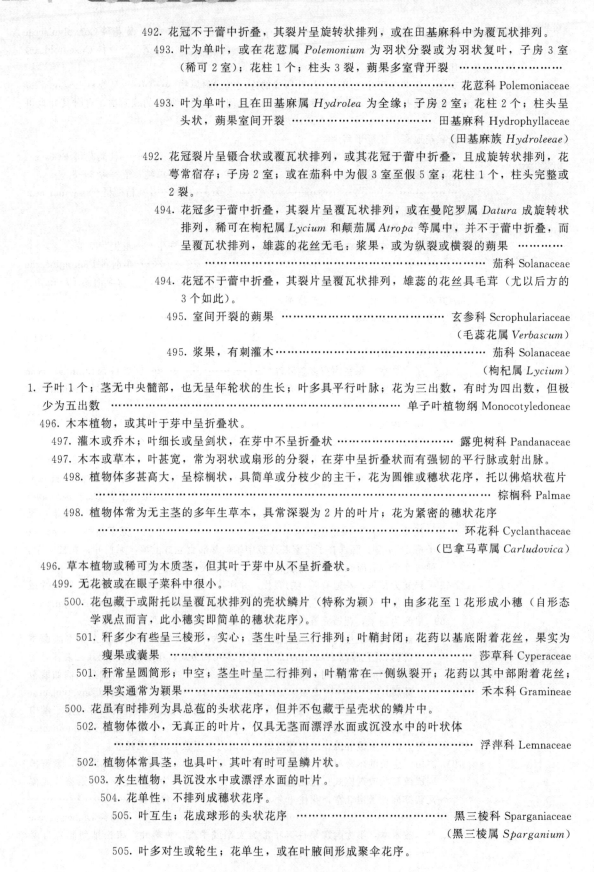

492. 花冠不于蕾中折叠,其裂片呈旋转状排列,或在田基麻科中为覆瓦状排列。

 493. 叶为单叶,或在花荵属 *Polemonium* 为羽状分裂或为羽状复叶,子房 3 室 (稀可 2 室);花柱 1 个;柱头 3 裂,蒴果多室背开裂 ……………………………………… 花荵科 Polemoniaceae

 493. 叶为单叶,且在田基麻属 *Hydrolea* 为全缘;子房 2 室;花柱 2 个;柱头呈头状,蒴果室间开裂 ………………… 田基麻科 Hydrophyllaceae (田基麻族 *Hydroleeae*)

492. 花冠裂片呈镊合状或覆瓦状排列,或其花冠于蕾中折叠,且成旋转状排列,花萼常宿存;子房 2 室;或在茄科中为假 3 室至假 5 室;花柱 1 个,柱头完整或 2 裂。

 494. 花冠多于蕾中折叠,其裂片呈覆瓦状排列,或在曼陀罗属 *Datura* 成旋转状排列,稀可在枸杞属 *Lycium* 和颠茄属 *Atropa* 等属中,并不于蕾中折叠,而呈覆瓦状排列,雄蕊的花丝无毛;浆果,或为纵裂或横裂的蒴果 ………… ……………………………………… 茄科 Solanaceae

 494. 花冠不于蕾中折叠,其裂片呈覆瓦状排列,雄蕊的花丝具毛茸(尤以后方的 3 个如此)。

  495. 室间开裂的蒴果 ……………………… 玄参科 Scrophulariaceae (毛蕊花属 *Verbascum*)

  495. 浆果,有刺灌木 ……………………………… 茄科 Solanaceae (枸杞属 *Lycium*)

1. 子叶 1 个;茎无中央髓部,也无呈年轮状的生长;叶多具平行叶脉;花为三出数,有时为四出数,但极少为五出数 …………………………………… 单子叶植物纲 Monocotyledoneae

496. 木本植物,或其叶于芽中呈折叠状。

 497. 灌木或乔木;叶细长或呈剑状,在芽中不呈折叠状 ……………… 露兜树科 Pandanaceae

 497. 木本或草本,叶甚宽,常为羽状或扇形的分裂,在芽中呈折叠状而有强韧的平行脉或射出脉。

  498. 植物体多甚高大,呈棕榈状,具简单或分枝少的主干,花为圆锥或穗状花序,托以佛焰状苞片 ……………………………………… 棕榈科 Palmae

  498. 植物体常为无主茎的多年生草本,具常深裂为 2 片的叶片;花为紧密的穗状花序 ……………………………………… 环花科 Cyclanthaceae (巴拿马草属 *Carludovica*)

496. 草本植物或稀可为木质茎,但其叶于芽中从不呈折叠状。

 499. 无花被或在眼子菜科中很小。

  500. 花包藏于或附托以呈覆瓦状排列的壳状鳞片(特称为颖)中,由多花至 1 花形成小穗(自形态学观点而言,此小穗实即简单的穗状花序)。

   501. 秆多少有些呈三棱形,实心;茎生叶呈三行排列;叶鞘封闭;花药以基底附着花丝,果实为瘦果或囊果 ……………………………………… 莎草科 Cyperaceae

   501. 秆常呈圆筒形;中空;茎生叶呈二行排列,叶鞘常在一侧纵裂开;花药以其中部附着花丝;果实通常为颖果 …………………………………………… 禾本科 Gramineae

  500. 花虽有时排列为具总苞的头状花序,但并不包藏于呈壳状的鳞片中。

   502. 植物体微小,无真正的叶片,仅具无茎而漂浮水面或沉没水中的叶状体 ……………………………………… 浮萍科 Lemnaceae

   502. 植物体常具茎,也具叶,其叶有时可呈鳞片状。

    503. 水生植物,具沉没水中或漂浮水面的叶片。

     504. 花单性,不排列成穗状花序。

      505. 叶互生;花成球形的头状花序 …………………… 黑三棱科 Sparganiaceae (黑三棱属 *Sparganium*)

      505. 叶多对生或轮生;花单生,或在叶腋间形成聚伞花序。

506. 多年生草本；雌蕊为1个或更多而互相分离的心皮所成，胚珠自子房室顶端垂悬
　　······························· 眼子菜科 Potamogetonaceae
　　（角果藻族 Zannichellieae）

506. 一年生草本；雌蕊1个，具2～4柱头，胚珠直立于子房室的基底
　　······························· 茨藻科 Najadaceae
　　（茨藻属 Najas）

504. 花两性或单性，排列成简单或分歧的穗状花序。

507. 花排列于1扁平穗轴的一侧。

508. 海水植物，穗状花序不分歧，但具雌雄同株或异株的单性花；雄蕊1个，具无花丝而为1室的花药，雌蕊1个，具2柱头；胚珠1个，垂悬于子房室的顶端 ··· 眼子菜科 Potamogetonaceae
　　（大叶藻属 Zostera）

508. 淡水植物；穗状花序常分为二歧而具两性花；雄蕊6个或更多，具极细长的花丝和2室的花药；雌蕊为3～6个离生心皮所成；胚珠在每室内2个或更多，基生
　　······························· 水蕹科 Aponogetonaceae
　　（水蕹属 Aponogeton）

507. 花排列于穗轴的周围，多为两性花；胚珠常仅1个 ··············· 眼子菜科 Potamogetonaceae

503. 陆生或沼泽植物，常有位于空气中的叶片。

509. 叶有柄，全缘或有各种形状的分裂，具网状脉，花形成一肉穗花序，后者常有一大型且常具色彩的佛焰苞片 ··············· 天南星科 Araceae

509. 叶无柄，细长形、剑形，或退化为鳞片状，其叶片常具平行脉。

510. 花形成紧密的穗状花序，或在帚灯草科为疏松的圆锥花序。

511. 陆生或沼泽植物，花序为由位于苞腋间的小穗所组成的疏散圆锥花序，雌雄异株，叶多呈鞘状
　　······························· 帚灯草科 Restionaceae
　　（薄果草属 Leptocarpus）

511. 水生或沼泽植物；花序为紧密的穗状花序。

512. 穗状花序位于一呈二棱形的基生花葶的一侧，而另一侧则延伸为叶状的佛焰苞片；花两性
　　······························· 天南星科 Araceae
　　（石菖蒲属 Acorus）

512. 穗状花序位于一圆柱形花梗的顶端，形如蜡烛而无佛焰苞；雌雄同株 ······ 香蒲科 Typhaceae

510. 花序有各种形式。

513. 花单性，成头状花序。

514. 头状花序单生于基生无叶的花葶顶端，叶狭窄，呈禾草状，有时叶为膜质
　　······························· 谷精草科 Eriocaulaceae
　　（谷精草属 Eriocaulon）

514. 头状花序散生于具叶的主茎或枝条的上部，雄性者在上，雌性者在下，叶细长，呈扁三棱形，直立或漂浮水面，基部呈鞘状 ··············· 黑三棱科 Sparganiaceae
　　（黑三棱属 Sparganium）

513. 花常两性。

515. 花序呈穗状或头状，包藏于2个互生的叶状苞片中；无花被；叶小，细长形或呈丝状；雄蕊1或2个；子房上位，1～3室，每子房室内仅有1个垂悬胚珠 ··· 刺鳞草科 Centrolepidaceae

515. 花序不包藏于叶状的苞片中；有花被。

516. 子房3～6个，至少在成熟时互相分离 ··············· 水麦冬科 Juncaginaceae
　　（水麦冬属 Triglochin）

516. 子房1个，由3心皮连合所组成 ··············· 灯心草科 Juncaceae

499. 有花被，常显著，且呈花瓣状。

517. 雌蕊3个至多数，互相分离。

518. 死物寄生性植物，具呈鳞片状而无绿色叶片。

519. 花两性，具2层花被片；心皮3个，各有多数胚珠 ……………………… 百合科 Liliaceae
（无叶莲属 *Petrosavia*）

519. 花单性或稀可杂性，具一层花被片；心皮数个，各仅有1个胚珠 ………… 霉草科 Triuridaceae
（喜阴草属 *Sciaphila*）

518. 不是死物寄生性植物，常为水生或沼泽植物，具有发育正常的绿叶。

520. 花被裂片彼此相同；叶细长，基部具鞘 …………………………………… 水麦冬科 Juncaginaceae
（芝菜属 *Scheuchzeria*）

520. 花被裂片分化为萼片和花瓣2轮。

521. 叶（限于我国植物）呈细长形，直立，花单生或成伞形花序；蓇葖果 … 花蔺科 Butomaceae
（花蔺属 *Butomus*）

521. 叶呈细长兼披针形至卵圆形，常为箭镞状而具长柄，花常轮生，成总状或圆锥花序，瘦果
…………………………………………………………………………………… 泽泻科 Alismataceae

517. 雌蕊1个，复合性或于百合科的岩菖蒲属 *Tofieldia* 中其心皮近于分离。

522. 子房上位，或花被和子房相分离。

523. 花两侧对称；雄蕊1个，位于前方，即着生于远轴的1个花被片的基部 …… 田葱科 Philydraceae
（田葱属 *Philydrum*）

523. 花辐射对称，稀可两侧对称，雄蕊3个或更多。

524. 花被分化为花萼和花冠2轮，后者于百合科的重楼族中，有时为细长形或线形的花瓣所组成，
稀可缺如。

525. 花形成紧密而具鳞片的头状花序，雄蕊3个，子房1室 ………………… 黄眼草科 Xyridaceae
（黄眼草属 *Xyris*）

525. 花不形成头状花序；雄蕊数在3个以上。

526. 叶互生，基部具鞘，平行脉；花为腋生或顶生的聚伞花序，雄蕊6个，或因退化而数较少
………………………………………………………………………………… 鸭跖草科 Commelinaceae

526. 叶以3个或更多个生于茎的顶端而成一轮，网状脉于基部具3～5脉；花单独顶生；雄蕊6
个、8个或10个 ………………………………………………………………… 百合科 Liliaceae
（重楼族 *Parideae*）

524. 花被裂片彼此相同或近于相同，或于百合科的白丝草属 *Chinographis* 中则极不相同，又在同
科的油点草属 *Tricyrtis* 中其外层3个花被裂片的基部呈囊状。

527. 花小型，花被裂片绿色或棕色。

528. 花位于一穗形总状花序上，蒴果自一宿存的中轴上裂为3～6瓣，每果瓣内仅有1个种子
………………………………………………………………………………… 水麦冬科 Juncaginaceae
（水麦冬属 *Triglochin*）

528. 花位于各种形式的花序上；蒴果室背开裂为3瓣，内有多数至3个种子
………………………………………………………………………………… 灯心草科 Juncaceae

527. 花大型或中型，或有时为小型，花被裂片具鲜明的色彩。

529. 叶（限于我国植物）的顶端变为卷须，并有闭合的叶鞘；胚珠在每室内仅为1个；花排列
为顶生的圆锥花序 …………………………………………………………… 须叶藤科 Flagellariaceae
（须叶藤属 *Flagellaria*）

529. 叶的顶端不变为卷须；胚珠在每子房室内为多数，稀可仅为1个或2个。

530. 直立或漂浮的水生植物；雄蕊6个，彼此不相同，或有时有不育者
………………………………………………………………………………… 雨久花科 Pontederiaceae

530. 陆生植物；雄蕊6个、4个或2个，彼此相同。

531. 花为四出数，叶（限于我国植物）对生或轮生，具有显著纵脉及密生的横脉
………………………………………………………………………………… 百部科 Stemonaceae
（百部属 *Stemona*）

531. 花为三出或四出数；叶常基生或互生 ………………………………… 百合科 Liliaceae

522. 子房下位，或花被多少有些和子房相愈合。

  532. 花两侧对称或为不对称形。

    533. 花被片均成花瓣状；雄蕊和花柱多少有些互相连合 ·················· 兰科 Orchidaceae

    533. 花被片并不是均成花瓣状，其外层者形如萼片；雄蕊和花柱相分离。

      534. 后方的 1 个雄蕊常为不育性，其余 5 个则均发育、具有花药。

        535. 叶和苞片排列成螺旋状；花常因退化而为单性；浆果；花管呈管状，其一侧不久即裂开

           ··· 芭蕉科 Musaceae

           （芭蕉属 *Musa*）

        535. 叶和苞片排列成 2 行；花两性，蒴果。

          536. 萼片互相分离或至多可和花冠相连合；居中的 1 花瓣并不成为唇瓣

           ··· 芭蕉科 Musaceae

           （鹤望兰属 *Strelitzia*）

          536. 萼片互相连合成管状；居中（位于远轴方向）的 1 花瓣为大形而成唇瓣

           ··· 芭蕉科 Musaceae

           （兰花蕉属 *Orchidantha*）

      534. 后方的 1 个雄蕊发育而具有花药，其余 5 个则退化，或变形为花瓣状。

        537. 花药 2 室；萼片互相连合为一萼筒，有时呈佛焰苞状 ·········· 姜科 Zingiberaceae

        537. 花药 1 室；萼片互相分离或至多彼此相衔接。

          538. 子房 3 室，每子房室内有多数胚珠位于中轴胎座上；各不育雄蕊呈花瓣状，互相于基部

           连合 ··· 美人蕉科 Cannaceae

           （美人蕉属 *Canna*）

          538. 子房 3 室或因退化而成 1 室，每子房室内仅含 1 个基生胚珠；各不育雄蕊也呈花瓣状，

           但多少有些互相连合 ···························· 竹芋科 Marantaceae

532. 花常辐射对称，也即花整齐或近于整齐。

  539. 水生草本，植物体部分或全部沉没水中 ·················· 水鳖科 Hydrocharitaceae

  539. 陆生草本。

    540. 植物体为攀援性；叶片宽广，具网状脉（还有数主脉）和叶柄 ·········· 薯蓣科 Dioscoreaceae

    540. 植物体不为攀援性；叶具平行脉。

      541. 雄蕊 3 个。

        542. 叶 2 行排列，两侧扁平而无背腹面之分，由下向上重叠跨覆层裂片相对生

           ··· 鸢尾科 Iridaceae

        542. 叶不为 2 行排列；茎生叶呈鳞片状，雄蕊和花被的内层裂片相对生

           ·· 水玉簪科 Burmanniaceae

      541. 雄蕊 6 个。

        543. 果实为浆果或蒴果，而花被残留物多少和它相合生，或果实为一聚花果；花被的内层裂片各

          于其基部有 2 舌状物；叶呈带形，边缘有刺齿或全缘·················· 凤梨科 Bromeliaceae

        543. 果实为蒴果或浆果，仅为 1 花所成；花被裂片无附属物。

          544. 子房 1 室，内有多数胚珠位于侧膜胎座上；花序为伞形，具细丝状的总苞片

           ··· 蒟蒻薯科 Taccaceae

          544. 子房 3 室，内有多数至少数胚珠位于中轴胎座上。

           545. 子房部分下位 ·································· 百合科 Liliaceae

           （肺筋草属 *Aletris*，沿阶草属 *Ophiopogon*，球子草属 *Peliosanthes*）

           545. 子房完全下位 ·································· 石蒜科 Amaryllidaceae

附录二　药用植物学常用试剂溶液的配制和使用

1．水合氯醛溶液配制

取水合氯醛 50g，加水 15ml 与甘油 10ml 使溶解，即得。本试液为最常用的透明剂，能迅速透入组织，使干燥而收缩的细胞膨胀、细胞与组织透明清晰，并能溶解淀粉粒、树脂、蛋白质和挥发油等物质。

2．钌红染液的配制

钌红是细胞间层的专性染料。取 5～10mg 钌红溶于 25～50ml 蒸馏水中即可。因配制后不易保存，应现用现配。

3．间苯三酚溶液配制

取 5g 间苯三酚的白色粉末溶解于 95％酒精 100ml 中备用。本试液与盐酸合用可使木质化的细胞壁显红色或紫红色。应置玻璃塞瓶内，于暗处保存。

4．1％番红水溶液的配制

番红 1g，蒸馏水 100ml。

5．1％番红酒精溶液的配制

番红 1g，溶于 50％酒精 100ml 中，过滤即得。

6．1％固绿酒精溶液的配制

固绿 1g，95％酒精 100ml。

7．加拿大树胶

将树胶溶于二甲苯即配成。绝不溶入水和酒精，配制浓度以在玻璃棒一端形成小滴而不呈线状为宜。制成时绝不可加热。

8．稀碘液的配制

碘化钾 1g，溶于 100ml 蒸馏水中，再加碘 0.3g，置棕色玻璃瓶内保存。应用时通常还要稀释至淡黄色。本试液可使淀粉显蓝色，糊粉粒呈黄色。

9．碘化钾试液

取碘 0.5g，碘化钾 1.5g，加水 25ml 使溶解，即得。本试液可将蛋白质染成暗黄色。

10．5％福尔马林溶液的配制

在配制福尔马林溶液（固定液或保存液）时，应将 37％～40％的甲醛作为整个溶质来配。配制 5％福尔马林是取市售 37％～40％甲醛溶液 5ml，95ml 蒸馏水。

11．α-萘酚试液

取 α-萘酚 1.5g，溶于 95％乙醇 10ml 中，即得。应用时滴加本试液，1～2min 后再加 80％硫酸 2 滴，可使菊糖显紫色。

12．紫草试液

取紫草粗粉 10g，加 95％乙醇 100ml，浸渍 24h 后，过滤，滤液中加入等量的甘油，混合，放置 2h，滤过，即得。使脂肪和脂肪油显紫红色。

13．F. A. A 固定液

取福尔马林（38％甲醛）5ml、冰醋酸 5ml、70％乙醇 90ml，混合即成。本固定液可防止植物材料收缩，亦可加入甘油 5ml，以防止蒸发（即材料变硬），常用于固定作切片用的植物材料。同时，亦兼有保存剂的作用。

参 考 文 献

[1]   中国科学院植物研究所.中国高等植物图鉴.第1-5卷.北京:科学出版社,2002.
[2]   丁宝章,王遂义,高增义.河南植物志(1～4册).河南:河南人民出版社,1978.
[3]   郑汉臣.药用植物学.北京:人民卫生出版社,2010.
[4]   蔡岳文.药用植物识别技术.北京:化学工业出版社,2008.
[5]   曾庆钱,蔡岳文.药用植物野外识别图鉴.北京:化学工业出版社,2009.
[6]   潘凯元.药用植物学.北京:高等教育出版社,2005.
[7]   严寒静.生药学笔记.北京:科学出版社,2010.
[8]   中国植物志编委会.中国植物志.第1-80卷.北京:科学出版社,1961～2004.
[9]   肖培根.新编中药志.北京:化学工业出版社,2002.
[10] 刘合刚.药用植物学学习重点、复习要点、考试难点.北京:中国中医药出版社,2005.
[11] 郑小吉.药用植物学学习指导与习题集.北京:人民卫生出版社,2005.
[12] 姬生国.药用植物学笔记.北京:科学出版社,2010.
[13] 吴征镒,路安民,汤彦承等.中国被子植物科属综论.北京:科学出版社,2001.
[14] 国家药典委员会.中华人民共和国药典(2010年版一部).北京:中国医药科学技术出版社,2010.
[15] 李扬汉.植物学.上海:上海科学技术出版社,1982.
[16] 中国医学科学院药用植物资源开发研究所、中国医学科学院药物研究所等.中药志.北京:人民卫生出版社,1994.
[17] 李正理,张新英.植物解剖学.北京:高等教育出版社,1996.
[18] Staflew F. A. et al. 国际植物命名法规(圣路易斯法规).朱光华译.北京:北京科学技术出版社;密苏里植物园出版社(美国),2001.